赵 明　杨明山　编著

实用工程塑料
配方设计·改性·实例

SHIYONG GONGCHENG SULIAO
PEIFANG SHEJI GAIXING SHILI

化学工业出版社

·北京·

内 容 简 介

随着工程塑料应用领域的不断扩大，工程塑料配方与改性技术在目前塑料加工工业中的应用也越来越广泛和重要。本书立足于生产实际需要，侧重对工程塑料配方进行具体分析，以较为详细的具体实例，介绍通用工程塑料、特种工程塑料的配方组成、加工工艺和材料性能，涵盖聚酰胺、ABS、聚碳酸酯、热塑性聚酯、高强高模聚乙烯、聚甲醛、聚砜、聚芳醚酮、聚苯醚、聚醚醚酮、氟材料、聚苯硫醚等主要工程塑料品种，突出先进性和可操作性。

全书内容力求深浅适度，覆盖面广，数据准确，便于读者全面掌握工程塑料配方和改性技术。本书适合工程塑料、塑料行业从事研发、生产、销售和应用的人员阅读和参考，同时可供高等学校高分子材料专业师生使用，也可以作为企业的技术参考书。

图书在版编目（CIP）数据

实用工程塑料配方设计·改性·实例/赵明，杨明山编著．—北京：化学工业出版社，2021.7
ISBN 978-7-122-38882-7

Ⅰ．①实⋯ Ⅱ．①赵⋯②杨⋯ Ⅲ．①工程塑料-配方 Ⅳ．①TQ322.304

中国版本图书馆 CIP 数据核字（2021）第 064019 号

责任编辑：朱　彤	文字编辑：张瑞霞
责任校对：宋　玮	装帧设计：刘丽华

出版发行：化学工业出版社（北京市东城区青年湖南街 13 号　邮政编码 100011）
印　　装：北京盛通数码印刷有限公司
787mm×1092mm　1/16　印张 13½　字数 350 千字　2023 年 1 月北京第 1 版第 1 次印刷

购书咨询：010-64518888　　售后服务：010-64518899
网　　址：http://www.cip.com.cn
凡购买本书，如有缺损质量问题，本社销售中心负责调换。

定　　价：85.00 元

前言

▶▶▶

随着中国经济的快速发展，我国塑料工业近几年仍持续稳定地高速发展，已成为世界最大的塑料制品生产和消费国家之一。工程塑料产业是塑料工业发展最活跃的领域之一，工程塑料也属于当今发展最快、用量最大的工程材料之一，被广泛应用于机械、汽车、电子、电器和航空、航天、生物、医用等领域，其应用领域仍在不断扩大。

工程塑料作为新型高分子材料，可以通过各种改性技术，使其具备高的机械强度和优异的电性能，既耐热又耐化学腐蚀，可使材料制品具备优良性能和特定功能以适应各类环境甚至能在苛刻条件下得到应用。目前我国正在调整塑料产业结构，向高技术含量产品转移。因此，大力开发和生产工程塑料新材料是目前我国塑料工业的重要任务之一，对于世界制造业大国的我国而言，工程塑料的应用同样也极具发展前景。

为了使广大从事塑料改性方面工作的读者更好地了解并掌握工程塑料配方和改性方法，以及相关新技术和新工艺，我们在广泛收集近几年国内外资料的基础上，结合自己的大量工作经验和实践体会，编写了这本《实用工程塑料配方设计·改性·实例》一书。本书共12章，主要从增强增韧、抗静电、导电、导热、阻燃等主要功能进行编排和介绍。此外，还介绍耐磨、耐候、3D打印材料等方面的内容。全书内容基本涵盖聚酰胺（PA）、ABS、聚碳酸酯（PC）、热塑性聚酯（PET与PBT）、高强高模聚乙烯（UHMWPE）、聚甲醛（POM）、聚砜（PSU）、聚芳醚酮（PAEK）、聚苯醚（PPO）、聚醚醚酮（PEEK）、氟材料（PTFE与PTFCE）、聚苯硫醚（PPS）等主要工程塑料品种。

本书列举了大量实例与配方，从配方的制备方法、性能与用途等几个方面进行编写，提供了较为详细的工艺条件，方便读者在生产中的实际应用，力求深浅适度、覆盖面广、数据准确。同时，本书在列出产品基本性能的同时，尽可能给予说明，有利于读者进行对照和参考，也有利于读者加深对工程塑料配方的认识。考虑到生产的实用性，所选择的大多数配方都是生产方法较为简便和利于实施的。需要指出的是，工程塑料的加工、生产涉及面较广，有的品种加工技术难度要求较高，加工企业的设备存在差异。因此，书中所列配方仅供参考，在具体生产实践中，读者还请根据具体情况进行分析和改进。

本书由赵明、杨明山共同编写。本书第1~6章，第10章、第12章由赵明负责编写，其余章节由北京石油化工学院杨明山教授编写。杨明山教授对全书进行了审阅并提出了宝贵意见，特此表示感谢。

由于作者水平有限，本书肯定还存在不足之处，敬请广大读者批评、指正。

编著者

2021 年 5 月

目录

第 11 章 氟材料改性配方与应用 …………………………………………… 172

第 1 章

▷▷▷

聚酰胺改性配方与应用

1.1 聚酰胺增强改性

1.1.1 短玻璃纤维增强 PA6

（1）配方（质量分数/%）

PA6	58.5	防玻璃纤维外露剂 TAF	0.4
短玻璃纤维	40	抗氧剂 225	0.3
硅烷偶联剂	0.5	润滑剂 EBS	0.3

注：PA6 为天津海晶聚合有限公司产品；短玻璃纤维为四川威玻新材料集团有限公司产品。

（2）加工工艺 分别将 PA6 和短玻璃纤维（SGF）在 100℃的条件下烘干 24h。将 PA6 由料斗中进行喂料，短玻璃纤维由排气口侧进料，控制挤出温度在 215～250℃范围内、螺杆转速在 200～300r/min 范围内、喂料速度在 60～80r/min 范围内进行挤出。注塑机参数设定见表 1-1。

表 1-1 PA6 的注塑工艺参数

螺杆温度/℃				模具温度 /℃	注射压力 /MPa	成型周期/s
一区	二区	三区	喷嘴			
210～220	230～240	235～245	230～240	60～80	60～90	12

（3）参考性能 将制备得到的不同含量的 SGF/PA6 复合材料进行冲击强度的测试，结果如图 1-1 所示。当短玻璃纤维含量为 42% 时，冲击强度达到最高点 17.4kJ/m²，此后虽然短玻璃纤维含量继续增加，冲击强度却呈现下降趋势。

当短玻璃纤维含量达到 49% 时，拉伸强度达到 152MPa，比纯 PA6 增加 126.87%；拉伸弹性模量达到 12043MPa，比纯 PA6 增加 407.5%，如图 1-2 所示。

当短玻璃纤维含量达到 49% 时，弯曲强度达到 210MPa，是纯 PA6 样品的 3 倍多；当短玻璃纤维含量达到 42% 时，弯曲模量达到 10410MPa，约是纯 PA6 样品的 5 倍，如图 1-3 所示。

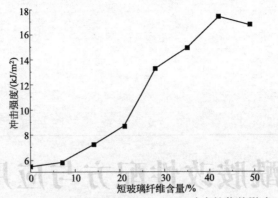

图 1-1　短玻璃纤维含量对 SGF/PA6 冲击性能的影响

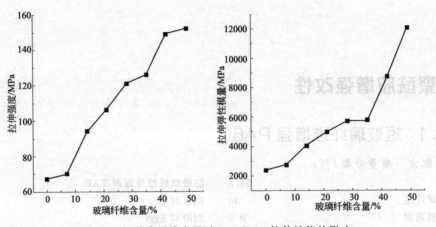

图 1-2　短玻璃纤维含量对 SGF/PA6 拉伸性能的影响

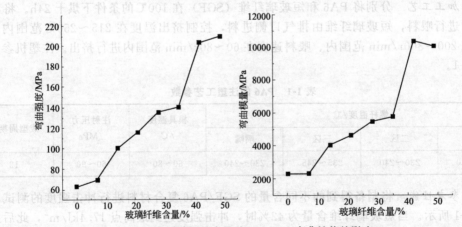

图 1-3　短玻璃纤维含量对 SGF/PA6 弯曲性能的影响

1.1.2　长玻璃纤维增强 PA6 母粒

（1）配方（质量分数/%）

配方 1

长玻璃纤维增强 PA6 母粒　　　　　　　40　　　PA6 树脂　　　　　　　　　　　　　　20

矿物母粒　　　　　　　　　　　　　　　40

① 长玻璃纤维增强 PA6 母粒组分

PA6	50	长玻璃纤维	50

② 矿物母粒组分

PA6	25	抗氧剂 168	0.3
滑石粉	73.4	润滑剂 (芥酸酰胺)	1
抗氧剂 1098	0.3		

配方 2

长玻璃纤维增强 PA6 母粒	60	PA6 树脂	10
矿物母粒	30		

① 长玻璃纤维增强 PA6 母粒组分

PA6	40	长玻璃纤维	60

② 矿物母粒组分

PA6	30	抗氧剂 168	0.5
云母、碳酸钙	66	润滑剂 (芥酸酰胺)	3
抗氧剂 1098	0.5		

（2）加工工艺　将 PA6、抗氧剂、润滑剂加入混合机中使之混合均匀，将得到的混合物加入双螺杆挤出机内，将树脂熔体挤入与双螺杆挤出机机头连接的浸渍模具中，继而将长玻璃纤维通过浸渍模具，使长玻璃纤维被熔体充分浸渍，最后冷却、牵引、切粒，得到长玻璃纤维增强聚酰胺母粒；将聚酰胺、矿物、抗氧剂和润滑剂按比例称重混合，经 230～260℃双螺杆挤出机挤出造粒制得矿物母粒；将长玻璃纤维增强聚酰胺母粒、矿物母粒和聚酰胺树脂按比例称重混合，然后双螺杆挤出造粒，工艺参数见表 1-2。

表 1-2　工艺参数

挤出机加热温度/℃	模具加热温度/℃	挤出机转速/(r/min)	喂料速度/(r/min)	牵引速度/(r/min)
80～240	1250±10	80～120	20±3	15±2

（3）参考性能　长玻璃纤维增强 PA6 性能见表 1-3。

表 1-3　长玻璃纤维增强 PA6 性能

项目	试验方法	国外产品	本例
拉伸强度/MPa	GB/T 1447	182	196
弯曲强度/MPa	GB/T 9341	215	239
无缺口冲击强度/(kJ/m^2)	GB/T 1043	46	46
填充含量/%	GB/T 9345	35	35
横向收缩率/%	GB/T 17037	0.2	0.2
线性膨胀系数/10^{-5}K^{-1}	ASTM D-696	5.1	3.4

1.1.3　纳米氮化硼协同玻璃纤维复合增强 PA6

（1）配方（质量分数/%）

PA6	67	玻璃纤维	30
纳米氮化硼	3		

注：玻璃纤维为 PPG 工业公司产品；多巴胺为 Sigma Aldrich 公司产品；三羟甲基氨基甲烷（Tris）为天津市江天化工技术有限公司产品；盐酸为天津市化学试剂厂产品；纳米氮化硼是白色粉末，密度 2.25g/cm^3，粒径大小 (60±20)nm，为 Guidechem 化学公司产品；PA6 为 BASF（中国）有限公司产品。

（2）加工工艺

① 多巴胺改性玻璃纤维　称取一定量的多巴胺加入去离子水中配制浓度为 2g/L 的多巴胺水溶液，用 Tris-HCl 调节 pH 值为 8.5。将一定量清洁后的玻璃纤维加入多巴胺缓冲液中进行磁力搅拌，室温反应 24h 后用去离子水清洗纤维 3 遍，60℃真空干燥，得到多巴胺改性后的玻璃纤维，用 D-GF 表示。

② 纳米氮化硼玻璃纤维制备　按照上述方法配制同样浓度的多巴胺溶液，将纳米氮化硼（玻璃纤维质量分数的 10%）加入其中，同时将经过多巴胺改性后的玻璃纤维放入溶液中，磁力搅拌，利用聚多巴胺层吸附纳米粒子，反应 1h 离心分离（3000r/min、5min），经清洗后得到表面涂覆纳米氮化硼的玻璃纤维，用 BN-D-GF 表示。

③ 增强 PA6 制备　将预处理好的玻璃纤维与 PA6 混合挤出造粒。

（3）参考性能　从图 1-4 中可看出玻璃纤维表面沉积多巴胺后复合材料的拉伸强度、弯曲强度和冲击强度均有所提高，复合材料拉伸强度、弯曲强度和冲击强度均达到最大，分别为 143.9MPa、167.7MPa 和 22.1J/m^2。

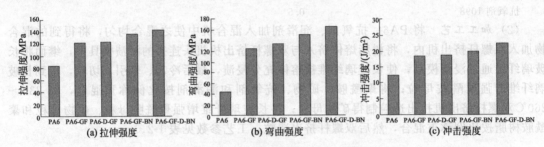

图 1-4　玻璃纤维改性前后对复合材料的影响

纯 PA6 的热导率为 0.32W/(m·K)，加入氮化硼后，由于氮化硼是良好的导热填料，复合材料的热导率为 0.39W/(m·K)。当通过多巴胺黏合剂将氮化硼涂覆在玻璃纤维表面时，复合材料的热导率进一步提高到 0.44W/(m·K)，玻璃纤维改性前后复合材料的热导率见图 1-5。

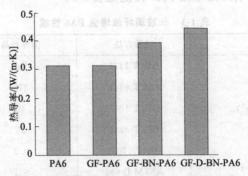

图 1-5　玻璃纤维改性前后复合材料的热导率

1.1.4　耐高寒玻璃纤维增韧 PA66

（1）配方（质量份）

PA66	61	POE-g-MAH	6
玻璃纤维	33	复合添加剂	0.7

注：PA66，EPR27，为平顶山神马工程塑料有限责任公司产品；玻璃纤维，E7CS10-03-568H，为巨石集团有限公司产品；POE-g-MAH，PC-28，为佛山市南海柏晨高分子新材料有限公司产品；复合添加剂为 THANOX。

（2）加工工艺　将 PA66 110℃干燥 4h，然后将原材料按配方比例预混后造粒，挤出温度

240~270℃，螺杆转速 350r/min。粒料在 120℃干燥 4h 后用注塑机制样，注塑温度为 255~285℃。

（3）参考性能　在常温条件下对材料性能进行表征，结果如表 1-4 所示。

表 1-4　耐寒材料力学性能

测试性能	数据	测试性能	数据
玻璃纤维含量/%	32.97	拉伸强度/MPa	173.86
简支梁无缺口冲击强度/(kJ/m²)	91.1	弯曲强度/MPa	224.13
简支梁缺口冲击强度/(kJ/m²)	26.3		

3# 样品为根据配方所制材料，6# 样品其配比与 3# 样品基本相同，只是其复合添加剂换用 NJ01（株洲时代新材料科技股份有限公司）。所制得的样条经过不同低温（-30℃、-40℃）及高寒（-5℃）处理 2h 后，即对其进行无缺口和缺口冲击强度测试，结果如图 1-6 所示。从图 1-6(a) 可以看出，当温度由室温降至 -30℃时，两种材料的缺口冲击强度均出现了明显的下降，但此后随着温度的继续降低，3# 材料的下降幅度变缓，而 6# 材料则继续大幅度下降；当温度降至 -50℃时，3# 材料的缺口冲击强度明显高于 6# 材料，3# 材料的耐高寒性能前景最优。从图 1-6(b) 可以看出，随着温度的降低，材料的无缺口冲击强度数据稍有增加，主要是因为低温冷冻状态时，其刚性强度会有所增加。图 1-7 为耐寒材料的断面 SEM 照片。

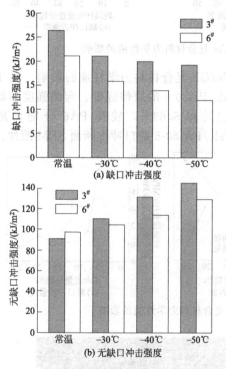

图 1-6　不同温度下材料的冲击性能

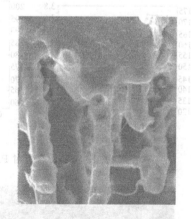

图 1-7　耐寒材料的断面 SEM 照片

1.1.5　滑石粉-玻璃纤维协同增强聚酰胺纤维

（1）配方（质量分数/%）

PA6	62.5	润滑剂	2
玻璃纤维	30	抗氧剂	0.3
滑石粉	5	偶联剂	0.2

注：高流动 PA6 树脂为株洲时代新材料科技股份有限公司产品；玻璃纤维，988A，为巨石集团有限公司产品；滑石粉，1250 目，为广东清新县鑫鑫公司产品；润滑剂、抗氧剂、偶联剂等其他助剂为市售产品。

（2）**加工工艺** PA6 在 90℃鼓风干燥 8h，滑石粉在 105℃鼓风干燥 1h；然后将 PA6、抗氧剂、偶联剂和润滑剂按配比混合均匀，再加入滑石粉混合均匀成 PA6 预混料。玻璃纤维丝束的预热温度为 200℃，挤出机各段温度设置为 230～290℃。PA6 预混料经挤出机加料口进入，经螺杆熔融塑化后再注入温度范围为 290℃左右的浸渍模头；经预热的玻璃纤维丝束以 10～20m/min 的速度在牵引力作用下穿过浸渍模头，经在模头内的高流动 PA6 熔体包覆浸渍。浸渍好的改性聚酰胺样条经吹风冷却后，切成聚酰胺粒料。

（3）**参考性能** 图 1-8 是 GF（玻璃纤维）含量对 GF/PA6 复合材料力学性能的影响。由图 1-8 可以看出，随着 GF 含量的增加，GF/PA6 复合材料拉伸强度、弯曲强度、弯曲模量和缺口冲击强度整体趋势上均有提高。特别是当 GF 含量大于 20% 以后，力学强度随 GF 含量增加趋势尤为明显。

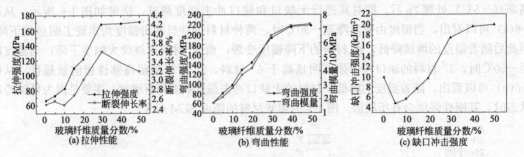

图 1-8　GF（玻璃纤维）含量对 GF/PA6 复合材料力学性能的影响

图 1-9 是不同 Talc（滑石粉）含量对 PA6/Talc/GF 复合材料力学性能的影响。在 Talc 含量为 5% 时，复合材料的力学性能最好，GF/Talc/PA30-5 的拉伸强度、弯曲强度和缺口冲击强度分别比 GF-PA30 增加了 2.38%、2.21% 和 5.63%，较纯 PA6 分别增加了 160.21%、227.98% 和 88.04%。图 1-10 为 GF/Talc/PA 30-5 缺口冲击断面 SEM 照片。

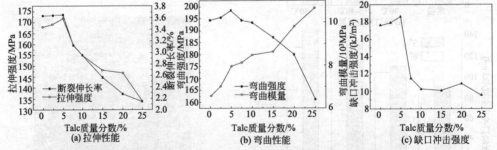

图 1-9　Talc 含量对 PA6/Talc/GF 复合材料力学性能的影响

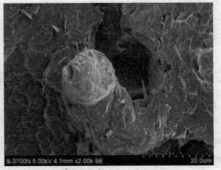

(a) 放大500倍　　　　　　　　(b) 放大2000倍

图 1-10　GF/Talc/PA30-5 缺口冲击断面 SEM 照片

1.1.6　玻璃纤维增强 PA6/蒙脱土复合材料

（1）配方（质量分数/%）

PA6/蒙脱土切片	86.4	抗氧剂168	0.15
高强度短切玻璃纤维	10	抗氧剂1010	0.15
润滑剂EBS	0.3		

注：PA6/蒙脱土切片，工业级，蒙脱土的含量为2%，为中国石油化工股份有限公司巴陵分公司产品；高强度短切玻璃纤维，HS4，直径4μm，长度为12mm，出厂时已做表面处理，可直接混合，为南京玻璃纤维设计研究院产品。

（2）加工工艺　将10%的玻璃纤维与PA6/蒙脱土切片经高速混合机混合均匀，然后倒入双螺杆挤出机的加料斗中，升温至230～250℃，将熔体挤出、拉条、水冷、切粒、干燥后即得到玻璃纤维含量为10%的PA6/蒙脱土/玻璃纤维复合材料。

（3）参考性能　PA6/蒙脱土/玻璃纤维复合材料的力学性能见表1-5。当玻璃纤维含量为10%时，12mm玻璃纤维增强的复合材料拉伸强度和冲击强度比PA6/蒙脱土复合材料分别提高了17.4%和84.1%。随着玻璃纤维含量的增加，PA6/蒙脱土/玻璃纤维复合材料的拉伸强度和冲击强度也相应增大；而在同一玻璃纤维含量时，随着玻璃纤维长度的增加，复合材料的拉伸强度和冲击强度也相应增大，如图1-11、图1-12所示。

表 1-5　PA6/蒙脱土/玻璃纤维复合材料的力学性能

测试项目	玻璃纤维含量10%	玻璃纤维含量12%
拉伸强度/MPa	80.55	95.59
冲击强度/(kJ/m²)	7.38	13.59

1.1.7　玻璃纤维增强 MC 尼龙力学性能

（1）配方（质量份）

MC尼龙(MC尼龙又称浇铸尼龙)	100	浸润剂	0.3～1.0
玻璃纤维丝束	70	抗氧剂	0.4
相容剂493D	3.0～9.0	高温抗氧剂	0.4
偶联剂	0.5～1.5		

（2）加工工艺　长玻璃纤维增强MC尼龙预浸料制备流程如图1-13所示。挤出温度设定为230～290℃，玻璃纤维丝束预热温度200℃。混配好的MC尼龙自入料口加入，待其熔融塑化之后将温度控制在280～300℃由浸渍模头注入。玻璃纤维丝束预热后按照10～20m/min的速度在牵引力的作用之下穿过浸渍模头，MC尼龙熔体在模头内包覆上浸渍的玻璃纤维丝束。样条浸渍好经过冷却，切成12mm长的粒料。图1-14为装置示意图，表1-6为注塑工艺参数。

表 1-6　注塑工艺参数

熔体温度/℃	螺杆转速/(r/min)	注射压力/MPa	背压/MPa	保压压力/MPa	冷却时间/s	模具温度/℃
270～290	100	40	10	25	20	80

（3）参考性能　如表1-7所示，玻璃纤维含量50%的MC尼龙复合材料力学性能同玻璃纤维含量40%的MC尼龙相比，冲击强度、拉伸强度、弯曲强度分别提高29.63%、5.43%、6.47%，力学性能较好。此外，尼龙复合材料的拉伸强度、弯曲强度及冲击强度都随纤维长度的增长而增加；玻璃纤维的长度越长，MC尼龙复合材料力学性能提升效果越好。切断长度粒料为12mm，即玻璃纤维长度达到12mm较为适宜。

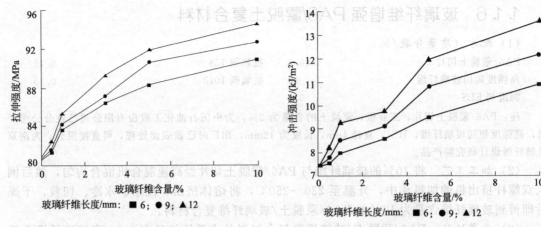

图 1-11 玻璃纤维含量和长度对 PA6/蒙脱土/
玻璃纤维复合材料拉伸强度的影响

图 1-12 玻璃纤维含量和长度对 PA6/蒙脱土/
玻璃纤维复合材料冲击强度的影响

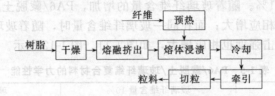

图 1-13 长玻璃纤维增强 MC 尼龙预浸料制备流程

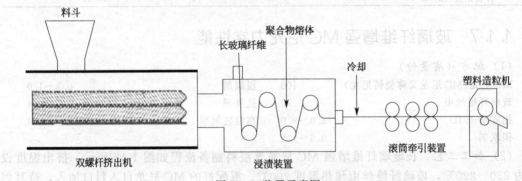

图 1-14 装置示意图

表 1-7 不同玻璃纤维含量的 MC 尼龙复合材料的力学性能

测试项目	玻璃纤维含量 40%MC 尼龙	玻璃纤维含量 50%MC 尼龙复合材料
拉伸强度/MPa	221	233
弯曲强度/MPa	309	329
弯曲模量/GPa	11.5	13.2
悬臂梁缺口的冲击强度/(kJ/m^2)	27.0	35.0

1.1.8 酚醛树脂增强玻璃纤维增强 PA66 并提高耐湿性能

(1) 配方（质量分数/%）

PA66	65.8	LPF	4
GF	30	1098	0.2

注：PA66（PA66），4800，为美国英威达公司产品；无碱玻璃纤维（GF），998A，为巨石集团有限公司产品；线型酚醛树脂（LPF），2130，黏度 1000s（涂 4 杯，25℃），为新乡市伯马风帆实业有限公司产

品;抗氧剂,1098,为天津利安隆化工有限公司产品。

(2) 加工工艺　将 PA66、LPF、抗氧剂按配方配比在高速混合机中混合均匀,通过双螺杆挤出机进行共混造粒。工艺设定:机筒温度 220～275℃,主机转速 250r/min,主机电流 25A,GF 通过双螺杆挤出机玻璃纤维加入口加入,通过调节加料转速和 GF 股数保证玻璃纤维含量为 30%。

(3) 参考性能　图 1-15 为 LPF 用量与 PA66/GF/LPF 复合材料(调湿时间 8d)吸水率的关系曲线。从图 1-15 可以看出,随着 LPF 用量的增加,PA66/GF/LPF 复合材料的吸水率呈不断下降趋势。其中当 LPF 用量达到 4% 左右时,吸水率的降低趋势较为明显,LPF所含有的酚基比水分子更容易与 PA66 中的酰氨基形成氢键,并且 LPF 分子中的苯环极性弱、空间位阻大,能够在一定程度上阻止水分子的进入。

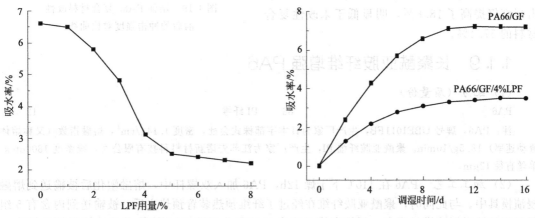

图 1-15　LPF 用量对 PA66/GF/LPF
复合材料吸水率的影响

图 1-16　增强 PA66 复合材料改性前后
的吸水率对比曲线

图 1-16 为增强 PA66 复合材料改性前后的吸水率对比曲线。从图 1-16 可以看出,与未改性复合材料(PA66/GF)相比,同条件下(调湿处理时间相同)改性复合材料(PA66/GF/4%LPF)的吸水率明显下降,其调湿处理达到平衡状态时的吸水率由未改性复合材料的 7.2% 下降至 3.5%。图 1-17 为 LPF 用量与 PA66/GF/LPF 复合材料力学性能的关系曲线。从图 1-17 可以看出,随着 LPF 用量的增加,PA66/GF/LPF 复合材料的拉伸强度呈增大趋势,冲击强度变化趋势则相反,逐渐减小。

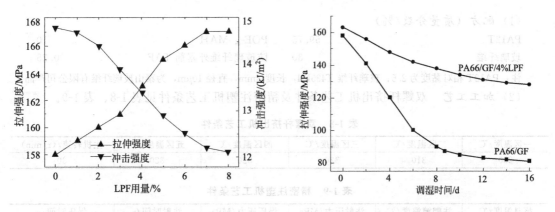

图 1-17　LPF 用量对 PA66/GF/LPF
复合材料力学性能的影响

图 1-18　增强 PA66 复合材料改性前
后的拉伸强度对比曲线

图 1-18 为增强 PA66 复合材料（经调湿处理）改性前后的拉伸强度对比曲线。从图 1-18 可以看出，经调湿处理的改性复合材料 PA66/GF/4％LPF，其拉伸强度保持率远大于未改性复合材料 PA66/GF。图 1-19 为增强 PA66 复合材料（经调湿处理）改性前后的冲击强度对比曲线。从图 1-19 可以看出，随着调湿处理时间的增加，增强 PA66 复合材料（包括改性与未改性）的冲击强度均逐渐增大。当调湿处理 10d 后，改性复合材料 PA66/GF/4％LPF 的冲击强度仅提高了 18.6％，明显低于未改性复合材料的 57.4％。

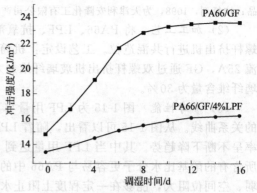

图 1-19　增强 PA66 复合材料改性前后的冲击强度对比曲线

1.1.9　长聚酰亚胺纤维增强 PA6

（1）配方（质量份）

| PA6 | 88 | PI 纤维 | 12 |

注：PA6，牌号 UBE1011FB，生产厂家为日本宇部株式会社，密度 1.14g/cm³，熔融指数（又称熔体流动速率）18.5g/10min。聚酰亚胺纤维 PI，生产厂家为江苏先诺新材料科技有限公司，线密度 1800dtex，单丝直径 12μm。

（2）加工工艺　PA6 在 110℃下干燥 12h，PA6 加入双螺杆中，熔融塑化后被输送到熔融浸渍模具中。与此同时，聚酰亚胺纤维在经过了纤维预热装置预热之后，被输送到内含有 5 组导丝辊的熔融浸渍模具当中。纤维在模具当中经过充分浸渍 PA6 熔体之后从特制的口模当中输出。经过风冷设备、牵引机之后将其通过切料设备得到长聚酰亚胺纤维增强 PA6 切粒。具体工艺参数为：双螺杆挤出机各段温度为 235～255℃，螺杆转速为 80r/min 左右，喂料速度为 4～6r/min。纤维预热温度为 200℃。浸渍模具有三段加热，设定温度分别为 270℃/280℃/280℃。牵引机牵引速度为 6～10m/min。切料机切得的切料长度为 10～15mm。

（3）参考性能　纤维的加入不仅提高了材料的拉伸性能及弯曲性能，同时明显提升了材料的冲击性能。当纤维含量为 12％时，材料的拉伸强度达到了 138MPa，拉伸模量达到了 4.73GPa，与相同含量的玻璃纤维、碳纤维性能相当。

1.1.10　短切玻璃纤维增强尼龙 12T

（1）配方（质量分数/％）

| PA12T | 59.75 | POE-g-MAH | 10 |
| 玻璃纤维 | 30 | 防玻璃纤维外露剂 TAF | 0.25 |

注：PA12T 相对黏度为 2.6；玻璃纤维 T435IM，长度 3mm，直径 10μm，为泰山玻璃纤维有限公司产品。

（2）加工工艺　双螺杆挤出机工艺条件及精密注塑机工艺条件见表 1-8、表 1-9。

表 1-8　双螺杆挤出机工艺条件

一区温度/℃	二区温度/℃	三区温度/℃	四区温度/℃	五区温度/℃	主机转速/(r/min)
280	310	320	320	320	30

表 1-9　精密注塑机工艺条件

模具温度/℃	注塑筒温度/℃	注射压力/MPa	保压压力/MPa	注射时间/s	保压时间/s
120	340	0.6	0.5	12	16

（3）参考性能 从表 1-10 数据可以看出，随玻璃纤维含量的增加，复合材料的力学强度提高。当玻璃纤维含量为 30％时，与 PA12T 纯料相比，拉伸强度提高了 2.17 倍，弯曲强度提高了 3.12 倍，缺口冲击强度提高了 2.02 倍，邵氏硬度略有提高；材料的断裂伸长率不断降低，说明玻璃纤维的加入使材料的柔性显著下降，尺寸稳定性变好。

表 1-10 不同玻璃纤维含量的 PA12T/SGF 复合材料的力学性能

玻璃纤维含量	0%	10%	20%	30%	40%
拉伸强度/MPa	81	107	136	176	192
弯曲强度/MPa	58	79	121	181	260
断裂拉伸应变/%	50	30	26	23	22
缺口冲击强度/(kJ/m²)	4.7	5.3	8.3	9.5	14
邵氏硬度(D)	76.3	78.3	79.8	81.4	82.0

1.1.11 碳纤维增强生物活性材料——纳米羟基磷灰石/PA66

（1）配方（质量份）

PA66	70	碳纤维 CF	20
纳米羟基磷灰石	30		

（2）参考性能 当复合材料中碳纤维 CF 质量分数为 20％时，20CF-r-HA/PA66 复合材料抗压强度、拉伸强度、抗弯强度均数分别为 212MPa、181MPa、138MPa，均较人类皮质骨高；此外，其弹性模量为 5.8GPa，接近人类皮质骨。因此，碳纤维增强纳米羟基磷灰石/PA66 复合材料在骨科内固定物的制备和骨缺损修复方面具有很大潜力。

1.1.12 钛酸钾晶须增强 MC 尼龙

（1）配方（质量份）

己内酰胺	100	钛酸钾晶须(PTW)	0.5～3
氢氧化钠	0.1～0.2	甲苯二异氰酸酯	0.4～0.5

（2）加工工艺 将己内酰胺加热熔化，当温度达到 110℃左右时，加入氢氧化钠（己内酰胺量的 0.1％～0.2％）和经硅烷偶联剂处理好的 PTW（0.5％～3％），进行真空反应 10～20min，温度控制在 135℃左右，加入甲苯二异氰酸酯（0.4％～0.5％）混合均匀，浇入 160℃烘箱中预热好的模具中，聚合完全后降温冷却至室温、出模，得到 PTW 增强 MC 尼龙复合材料。

(a) ×3000   (b) ×12000

图 1-20 经硅烷偶联剂表面处理的 PTW 形貌 SEM 图

（3）参考性能　图 1-20 为经硅烷偶联剂表面处理的 PTW 形貌 SEM 图。其中，图
1-20（a）为 PTW 放大 3000 倍的形貌，图 1-20（b）是单
个 PTW 的形貌。图 1-21 为 MC 尼龙/PTW 复合材料断
面形貌 SEM 图。由图 1-21 可以看出，MC 尼龙为鱼鳞
状结构，而纤细的 PTW 与 MC 尼龙几乎融为一体，整
体表现出的是鱼鳞结构，其界面具有较好的结合效果，
晶须均匀地分散到 MC 尼龙相中。图 1-22～图 1-24 分
别显示 PTW 不同含量对复合材料拉伸强度、弯曲强度、
冲击强度的影响。结果表明，材料的拉伸强度与弯曲强
度在 PTW 质量分数为 1.5％时最大，冲击强度在 PTW
质量分数为 1％时最大。可以根据对材料性能的使用要
求，选择相应的 PTW 填充含量。

图 1-21　MC 尼龙/PTW
复合材料断面形貌 SEM 图

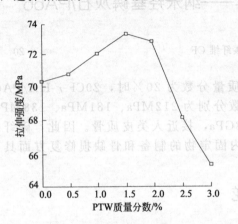

图 1-22　PTW 含量对复合材料拉伸强度的影响

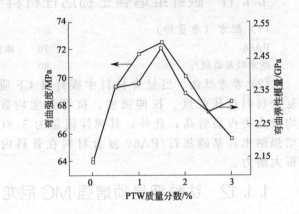

图 1-23　PTW 含量对复合材料弯曲性能的影响

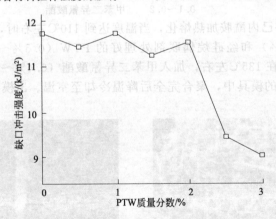

图 1-24　PTW 含量对复合材料缺口冲击强度的影响

1.1.13　凹凸棒/玻璃纤维增强 PA6 降低吸水率

（1）配方（质量份）

PA6	74.5	玻璃纤维	20
AT	5	mPE	3

（2）**加工工艺**　将 PA6、AT 置 80℃真空烘箱中干燥 12h，然后按 PA6/AT/GF 74.5/5/20 的质量比，PA6/AT/GF/PP-*g*-MAH 和 PA6/AT/GF/mPE 均为 74.5/5/20/3 的质量比称取物料，在高速混合机中将物料混合均匀，用双螺杆挤出机熔融共混制备一系列 PA6/AT/GF 共混物。

（3）**参考性能**　图 1-25 是 PA6/AT/GF、PA6/AT/GF/PP-*g*-MAH 和 PA6/AT/GF/mPE 复合材料的 SEM 照片。

(a) PA6/AT/GF(×500)　　　　　　(b) PA6/AT/GF(×1000)

(c) PA6/AT/GF/PP-*g*-MAH(×1000)　　　　　(d) PA6/AT/GF/mPE(×1000)

图 1-25　相容剂对 PA6/AT/GF 复合材料断面形貌的影响

PA6/AT/GF/mPE 复合材料在 25℃水中浸泡 170h 后，其吸水率比纯 PA6 降低了 40%；在 40℃下，其吸水率可降低 33.3%。与采用 PP-*g*-MAH 作为相容剂的 PA6/AT/GF/PP-*g*-MAH 在 25℃、40℃水中做了相应对比，结果如图 1-26、图 1-27 显示，降低吸水率采用 mPE 效果更好。

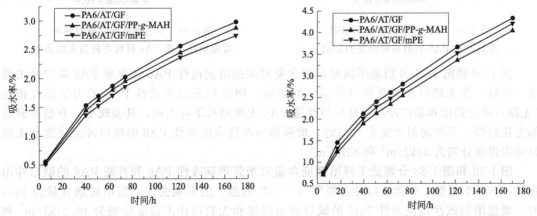

图 1-26　25℃水中复合材料吸水率变化曲线　　　图 1-27　40℃水中复合材料吸水率变化曲线

相容剂对 PA6/AT/GF 复合材料力学性能的影响见表 1-11。

表 1-11　相容剂对 PA6/AT/GF 复合材料力学性能的影响

试样	拉伸强度/MPa	弯曲强度/MPa	冲击强度/(kJ/m²)
PA6	59.7	87.3	60.1
PA6/AT/GF	72.6	123.1	8.8
PA6/AT/GF/PP-g-MAH	77.9	124.4	9.1
PA6/AT/GF/mPE	81.7	132.4	9.9

1.1.14　高流动性 PA6 的增强增韧改性

（1）**配方**（质量分数/%）

PA6	68	聚硅氧烷树脂	1.5
玻璃纤维	15	抗氧剂	0.5
增韧剂 POE-g-MAH	15		

（2）**加工工艺**　按配方混合物料，在双螺杆挤出机（长径比为 40∶1）中挤出造粒，制备得到增韧剂含量为 15% 的增强增韧 PA6 改性粒料。挤出工艺为：主机转速为 350r/min，一区到九区的温度段分别为 210℃、220℃、235℃、235℃、245℃、230℃、220℃、220℃、240℃。

（3）**参考性能**　当增韧剂含量为 15% 时，增强增韧改性高流动性 PA6 的拉伸强度和弯曲强度仍分别保持为 98MPa 和 103MPa，如图 1-28、图 1-29 所示。

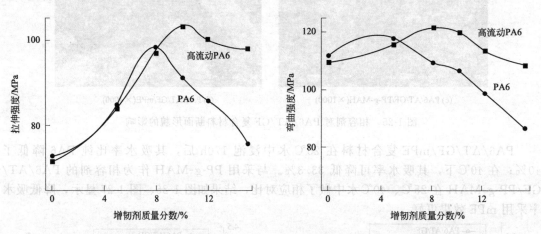

图 1-28　不同增韧剂含量对增强
增韧改性 PA6 材料拉伸强度的影响

图 1-29　不同增韧剂含量对两种
增强增韧改性 PA6 材料弯曲强度的影响

图 1-30 和图 1-31 分别是不同增韧剂含量对增强增韧改性 PA6 和普通 PA6 缺口冲击强度（常温）和无缺口冲击强度（常温）的影响。增强增韧高流动性 PA6 的力学韧性指标（无缺口冲击强度和缺口冲击强度）与普通 PA6 先增加后下降不同，其表现出一直稳步升高的变化趋势。当增韧剂含量为 15% 时，增强增韧改性高流动性 PA6 的缺口冲击强度和无缺口冲击强度分别为 34kJ/m² 和 82kJ/m²。

图 1-32 和图 1-33 分别是不同增韧剂含量对增强增韧改性 PA6 和普通 PA6 的缺口冲击强度（−50℃低温）和无缺口冲击强度（−50℃低温）的影响曲线。当增韧剂含量为 15% 时，增强增韧改性高流动性 PA6 的缺口冲击强度和无缺口冲击强度分别为 10.24kJ/m² 和 26.87kJ/m²。

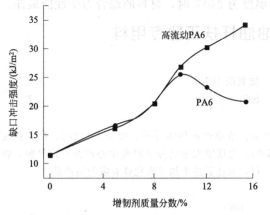

图 1-30 增韧剂含量对增强增韧改性 PA6 和
普通 PA6 缺口冲击强度（常温）的影响

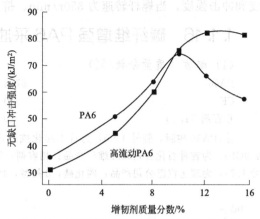

图 1-31 增韧剂含量对增强增韧改性 PA6 和
普通 PA6 无缺口冲击强度（常温）的影响

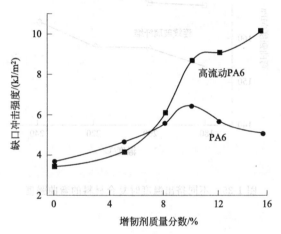

图 1-32 增韧剂含量对增强增韧改性 PA6
和普通 PA6 的缺口冲击强度的影响（-50℃）

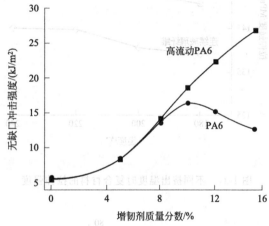

图 1-33 增韧剂含量对增强增韧改性 PA6
和普通 PA6 的无缺口冲击强度的影响（-50℃）

1.1.15 增强增韧 PA6

（1）配方（质量份）

PA6	66	抗氧剂 168		0.15
玻璃纤维	30	抗氧剂 1098		0.15
增韧剂	4			

注：PA6，YH-800，为巴陵石化有限责任公司产品；连续玻璃纤维，EC14-2000，为北京兴旺玻璃纤维有限公司产品；短切玻璃纤维，ECS10-3.0-T435C，为泰山玻璃纤维有限公司产品；增韧剂，LP-28，自制；抗氧剂：1098，168，为利安隆（天津）化工有限公司产品。

（2）加工工艺 将 PA6 在 100℃环境下鼓风干燥 8h，增韧剂在 70℃环境下鼓风干燥4h，然后按照配比使用双螺杆挤出机挤出造粒。挤出温度（剪切段）为 240℃（熔融段温度低于剪切段 20℃），螺杆转速分别为 350r/min。将挤出粒料烘干后用注塑机制成标准试样，注塑温度为 260℃，注塑压力和保压压力均为 6.5MPa，注射时间 8s，保压时间 10s，冷却时间 6s。

（3）参考性能 图 1-34～图 1-36 示出了不同挤出温度时复合材料的拉伸强度、弯曲强度和冲击强度。当螺杆转速为 350r/min、挤出温度为 240℃时，材料的综合力学性能最佳。

1.1.16 碳纤维增强 PA6 采油抽油杆扶正器专用料

（1）配方（质量分数/%）

PA66	67.8	抗氧剂 1076	0.2
CF	20	SiC	2
相容剂 TK-95	10		

注：PA66 树脂，牌号 1300，为日本旭化成公司产品；集束性短切碳纤维，牌号 JHTD-1，拉伸强度
4.9GPa，为吉林石化公司碳纤维厂产品；相容剂，TK-95，为辽宁大学高分子研究中心产品；抗氧剂，牌
号 1076，为瑞士汽巴公司产品；碳化硅，β 晶型，1500 目，为连云港市加贝碳化硅有限公司产品。

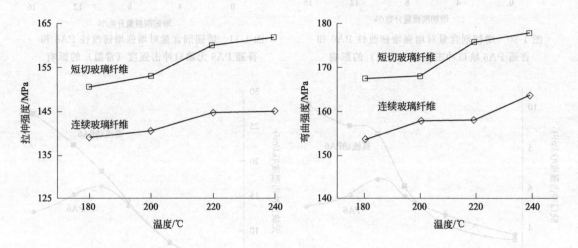

图 1-34 不同挤出温度时复合材料的拉伸强度　　图 1-35 不同挤出温度时复合材料的弯曲强度

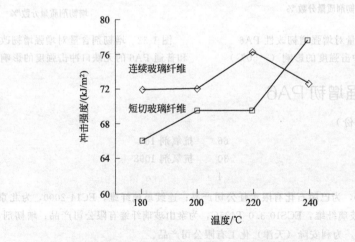

图 1-36 不同挤出温度时复合材料的冲击强度

（2）加工工艺　按试验配方将 PA66 树脂、集束性短切碳纤维、相容剂、耐磨助剂、抗氧剂等加入高速混合机中，在室温下混合 5～10min，出料待用。将混合好的原料通过双螺杆挤出机熔融共混，挤出，经水冷、干燥后进行切粒，挤出工艺条件见表 1-12，注塑工艺条件见表 1-13。

表 1-12　CF/PA66 树脂复合材料挤出工艺条件

各区温度/℃						转速/(r/min)	
一区	二区	三区	四区	五区	机头	螺杆	喂料
220	240	255	265	270	265	200	20

表 1-13　CF/PA66 树脂复合材料注塑工艺条件

注塑温度/℃				模具温度/℃	注塑压力/MPa	冷却时间/s
一区	二区	三区	四区	60	9	60
245	255	265	270			

（3）参考性能　碳纤维（CF）增强 PA66 复合材料质轻，可以广泛应用于油田采油系统耐磨部件，尤其是应用于抽油杆体上的扶正器，防偏磨效果极佳。本扶正器专用料不同配比及性能指标如表 1-14 所示。相比于标准要求，CF/PA66 扶正器专用料性能提高明显，而且通过油田井下试验，20%碳纤维填充的体系，碳纤维扶正器磨损速度 18.25mm/a，磨损周期 3.18a，寿命较长。如图 1-37 所示，复合材料表面耐磨程度较明显。

表 1-14　扶正器材料不同配比及性能指标

性能	标准要求	PA66：CF：TK95：助剂			
		73：15：10：2	63：20：15：2	63：25：10：2	58：30：10：2
拉伸强度/MPa	≥103	180	210	212	216
弯曲强度/MPa	≥120	135	145	147	152
缺口冲击强度/(kJ/m²)	≥13	11	13	13	10
热变形温度/℃	≥180	230	240	242	245
摩擦系数 μ	≤0.018	0.045	0.043	0.043	0.048
磨损量(2000N/1h)/mm		7.5	7.2	7.6	7.8
磨损速度/(mm/a)		20	18.25	21.22	24

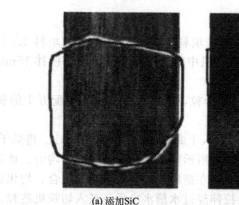

(a) 添加SiC　　　(b) 未添加SiC

图 1-37　复合材料表面磨损程度照片

1.1.17　汽车发动机罩盖的增强 PA6

本例选用了相对黏度在 2.4～2.5 之间的 PA6 切片（YH400）作为基体树脂，对照长安汽车提出的性能要求，开发一款专用于汽车发动机罩盖（长安"睿骋1.8T"）（见图 1-38），且能够稳定批量生产的填充、增强 PA6 材料。

（1）配方（质量份）

配方：

① 母粒配方

硅灰石粉	150	硬脂酸钙	2
抗氧剂 1098	2	褐煤蜡	3
抗氧剂 626	3	低密度聚乙烯 LD607	20

② 产品配方

PA6（YH400）	100	褐煤蜡	0.5
接枝 PE	2	PE2718	1.5
填充母粒 A	18	GF	20%❶

注：PA6（YH400），为湖南岳化化工股份有限公司产品；马来酸酐（MAH）接枝聚乙烯（PE）为北京鼎基化学有限公司产品；褐煤蜡为德国布吕格曼化工公司产品；1098（抗氧剂）为天津市瑞安得科技发展有限公司产品；626（抗氧剂）为天津市瑞安得科技发展有限公司产品；聚乙烯 LD607 为中国石化北京燕山分公司产品。

图 1-38 长安"睿骋 1.8T"轿车的发动机罩盖

（2）加工工艺

① 硅灰石表面处理 处理方法为：将占填料 1% 的 KH550 用占填料 1.0% 的乙醇溶液（体积分数为 95%）进行稀释，在高速混合机中将硅灰石粉与其低速搅拌 15min，处理温度控制在 50～70℃之间。

② 双辊开炼制备 用双辊开炼机制备母粒，粉体含量可将母粒配方中的粉体组分含量提升至 90%。

③ 共混挤出造粒 将 PA6 树脂切片放入干燥器中 110℃下烘干 3h。将烘干好的 PA6 切片与矿物填充母粒及其他功能助剂按配方中所示重量准确称量并混合均匀。玻璃纤维（连续纤维）从玻璃纤维口引入双螺杆，各种物料在挤出机内经过熔融、混合、均化后，通过与机头连接的出丝板形成料条，将其牵引、拉伸经过水槽水冷后，送入切粒机造粒。

螺杆转速（r/min）：220。

挤出温度（℃）：245/250/250/245/240/240（机头温度）。

螺杆长径比（L/D）：35。

（3）参考性能 测试数据见表 1-15，除通过"睿骋 1.8T"车型发动机罩盖的试模及后期测试外，还试制了长安汽车"CS-75"车型的发动机罩盖，在成型过程中不仅降低了原有工艺的注射压力，减轻了制件重量，而且样件外观效果也得到了成型厂的认可。此外，通过

❶ GF 占整个产品配方质量份的 20% 的质量。

横向拓展，由这款产品生产的用于长城汽车"哈佛 H6"车型的发动机罩盖在外观、尺寸及性能方面均能够满足客户提出的各项指标。

表 1-15 测试数据

检测项目	单位	标准	数值
密度	g/cm³	1.45±0.02	1.45
拉伸强度	MPa	≥105	120
弯曲强度	MPa	≥165	178
缺口悬臂梁冲击强度(23℃)	kJ/m²	≥4	5.8
缺口悬臂梁冲击强度(-25℃)	kJ/m²	≥3	5.4
热变形温度(1.8MPa)	℃	≥190	207
灰分含量	%	30±2	20
熔融指数(250℃,2.16kg)	g/10min	—	20
熔融指数(270℃,2.16kg)	g/10min	—	35
熔融指数(290℃,2.16kg)	g/10min	—	66

为了进一步降低成本，用于"睿骋"车型的发动机罩盖在成型脱模后会带有流道形状的料把，可将料把收集起来与带有注塑缺陷的制件一起粉碎，再按一定比例与新料混合后继续生产。30%三次回填后样品的测试数据见表 1-16。即使是添加了 30%三次回填料的样品，测试后的各项数据也能够符合客户要求的性能指标。

表 1-16 30%三次回填料性能测试数据

检测项目	单位	标准	数值
拉伸强度	MPa	≥105	118
弯曲强度	MPa	≥165	182
缺口悬臂梁冲击强度(23℃)	kJ/m²	≥4	5.7
缺口悬臂梁冲击强度(-25℃)	kJ/m²	≥3	5.1
热变形温度(1.8MPa)	℃	≥190	201

1.2 聚酰胺增韧改性

1.2.1 EPM-g-MAH 及玻璃纤维增韧增强 PA6

（1）配方（质量份）

PA6	80	SGF	30~40
EPM	10	抗氧剂 1010	0.15
EPM-g-MAH	10	抗氧剂 168	0.15

注：PA6，M2800，密度 1.14g/cm³，相对黏度 2.83，为广东新会美达股份有限公司产品；EPM，BUNA EP G 2070 P VP，密度 0.86g/cm³，乙烯/丙烯比为 73/27，为德国朗盛公司产品；EPM-g-MAH，BUNA EP XT 2708 VP，密度 0.78g/cm³，乙烯/丙烯比为 73/27，接枝率 0.8%，为德国朗盛公司产品；抗氧剂 1010，工业级；抗氧剂 168，IRGAFOS，为瑞士汽巴特种化学品公司产品；短切玻璃纤维（SGF），T435w，为泰山玻璃纤维有限公司产品。

（2）加工工艺 将 PA6 在 100℃、鼓风条件下干燥 8h，然后与 EPM、EPM-g-MAH 和 SGF 以及抗氧剂按一定质量比混合，再将混合好的物料用双螺杆挤出机挤出，经冷却、切粒。

（3）参考性能 表 1-17 所示为 EPM/EPM-g-MAH 配比对 PA6 缺口冲击强度的影响，

EPM-g-MAH 用量为 10 份时，增韧效果最佳。图 1-39 给出了共混弹性体不同配比对 PA6 拉伸强度的影响。图 1-40 为 PA6/EPM/EPM-g-MAH 复合材料的 SEM 照片及粒径分布。SEM 照片中显示出的空穴是试样经二甲苯刻蚀掉弹性体粒子而产生的，这更能从微观结构说明问题。从图 1-40(a) 可以看出，PA6/EPM 呈现明显的"海-岛"结构，分散相 EPM 在 PA6 基体中的粒径较大。从图 1-40(b) 可以看出，分散相粒径显著减小且分布均匀，断裂时橡胶粒子同时断裂。从图 1-40(c) 可以看出，共混物分散尺寸更小，且颗粒大小均匀，粒径范围较窄，此时平均粒径仅为 0.13μm，但断裂时大部分橡胶粒子未断裂，而是从基体中拔出。图 1-39 为 EPM/EPM-g-MAH 配比对复合材料拉伸强度的影响。图 1-41 为 SGF 用量对复合材料力学性能的影响。当 SGF 用量为高聚物总量（100 份）的 30～40 份时，PA6/共混弹性体/SGF 复合材料的综合性能较好，缺口冲击强度可达到 $25.4kJ/m^2$，拉伸强度可达到 73MPa。

表 1-17 EPM/EPM-g-MAH 配比对 PA6 缺口冲击强度的影响

PA/EPM/EPM-g-MAH	100/0/0	80/20/0	80/15/5	80/10/10	80/5/15	80/0/20
缺口冲击强度/(kJ/m²)	6	6.1	32.3 部分断裂	47 部分断裂	34.8 部分断裂	33.3 部分断裂

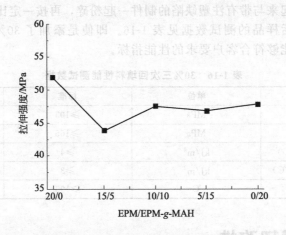

图 1-39 EPM/EPM-g-MAH 配比对复合材料拉伸强度的影响

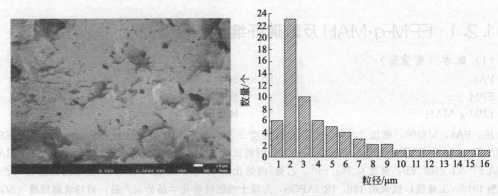

(a) PA6/EPM/EPM-g-MAH(80/20/0)

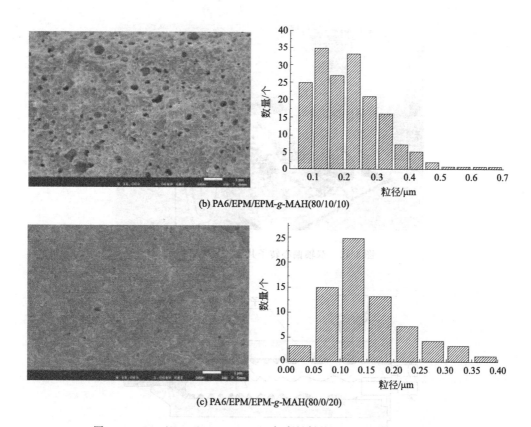

(b) PA6/EPM/EPM-*g*-MAH(80/10/10)

(c) PA6/EPM/EPM-*g*-MAH(80/0/20)

图 1-40 PA6/EPM/EPM-*g*-MAH 复合材料的 SEM 照片及粒径分布

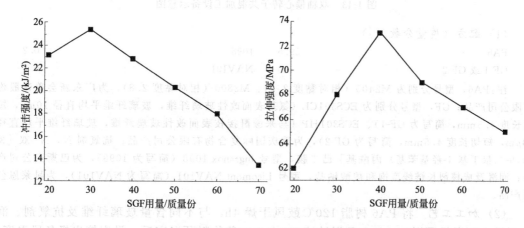

图 1-41 SGF 用量对复合材料力学性能的影响

1.2.2 体积拉伸流变共混制备玻璃纤维增强 PA6

与双螺杆挤出制备的聚合物相比，双轴偏心转子挤出机共混制备的聚合物耐黄变、长期热氧老化、蠕变和疲劳等特征性能更优异。本例采用以体积拉伸流变为主导的双轴偏心转子挤出机对玻璃纤维增强尼龙进行挤出加工。双轴偏心转子共混加工装置样机见图 1-42，双轴偏心转子共混加工设备示意图为图 1-43。

图 1-42 双轴偏心转子共混加工装置样机

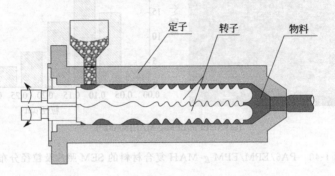

图 1-43 双轴偏心转子共混加工设备示意图

（1）**配方**（质量分数/%）

PA6	59.5	1098	0.2
GF-1 或 GF-2	40	NAV101	0.3

注：PA6，型号分别为 M2400（相对黏度 2.4）、M2800（相对黏度 2.8），为广东新会美达股份有限公司产品；GF，型号分别为 ECS301CL（氨基表面改性玻璃纤维，玻璃纤维平均直径 10μm，短切长度 4.5mm，简写为 GF-1）、ECS301HP（马来酸酐接枝表面改性玻璃纤维，玻璃纤维平均直径 10μm，短切长度 4.5mm，简写为 GF-2），为重庆国际复合物有限公司产品；抗氧剂 N,N'-双［3-(3,5-二叔丁基-4-羟基苯基) 丙酰基］己二胺，型号 Ingranox 1098（简写为 1098），为巴斯夫公司产品；润滑及成核剂长链线型饱和羧酸钠盐，型号 Licomont NAV101（简写为 NAV101），为科莱恩公司产品。

（2）**加工工艺** 将 PA6 树脂 120℃鼓风干燥 4h，与不同含量玻璃纤维及抗氧剂、润滑剂投入预混机预混 10min，预混转速 50r/min。待物料预混完后，设定挤出机各段温度，加热到设定温度后保温 20min 通过主喂料系统投入，将 PA6/玻璃纤维预混物置于双轴偏心转子拉伸流变挤出机中，按熔融塑化温度为 280℃，转子转速为 20r/min 制得 PA6-GF 复合物。

（3）**参考性能** 通过拉伸流变共混设备制备的复合材料拉伸及弯曲强度较双螺杆加工工艺制备的复合物提升仅 8% 以下，而简支梁缺口冲击强度则提高 1.15 倍，如图 1-44～图 1-46 所示。也就是说，通过拉伸流变共混设备制备的复合材料更适宜用来提高材料的韧性，其增韧效果比较明显。

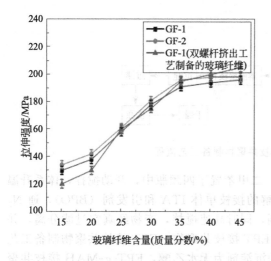

图 1-44　PA6/GF 拉伸强度
随玻璃纤维含量的变化曲线

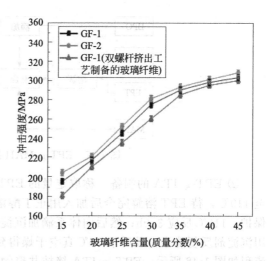

图 1-45　PA6/GF 缺口冲击强度
随玻璃纤维含量的变化曲线

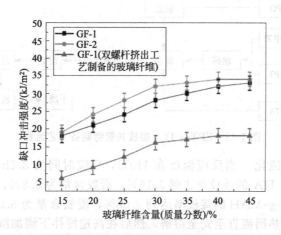

图 1-46　PA6/GF 简支梁缺口冲击强度随玻璃纤维含量的变化曲线

1.2.3　EPT 接枝物的制备及其对 PA6 的增韧改性

（1）配方（质量分数/%）

① EPT-g-MAH 作为相容剂

PA6	60	EPT-g-MAH　9
EPT	31	

② EPT-g-ITA 作为相容剂

PA6	60	EPT-g-ITA　9
ITA	31	

（2）加工工艺　接枝共聚物的制备。

① EPT-g-MAH 的制备　称取定量的 EPT、二甲苯置于四颈瓶中，开动搅拌，体系升温至 110℃，待 EPT 溶解完全后加入接枝单体 MAH 和引发剂（BPO），通 N₂ 保护，110℃反应 3.0h；然后向体系滴加沉淀剂，同时高速搅拌，产物经真空过滤分离，并用沉淀剂反复洗涤，最后于 70℃真空干燥得到 EPT 接枝共聚物。EPT 接枝共聚物制备工艺流程如图 1-47 所示。

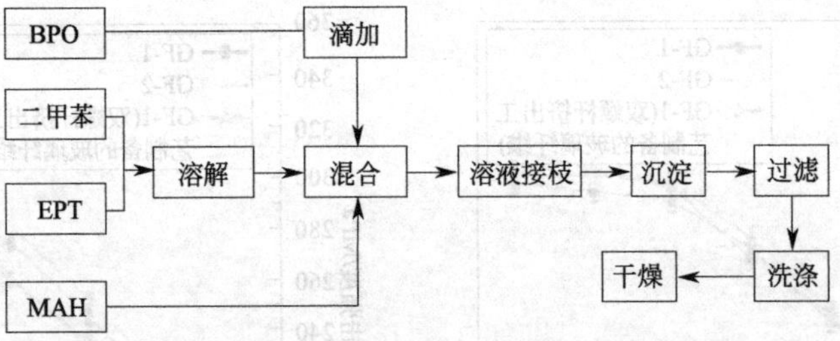

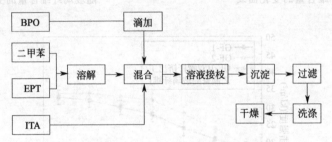

图 1-47　EPT-*g*-MAH 接枝共聚物制备工艺流程

② EPT-*g*-ITA 的制备　称取定量的 EPT、二甲苯置于四颈瓶中，开动搅拌，体系升温至 110℃，待 EPT 溶解完全后加入用正丁醇溶解的接枝单体 ITA 和引发剂（BPO），通 N_2 保护，110℃反应 3.0h；然后向体系滴加沉淀剂，同时高速搅拌，产物经真空过滤分离，并用沉淀剂反复洗涤，最后于 70℃真空干燥得到 EPT 接枝共聚物。EPT 接枝共聚物制备工艺流程如图 1-48 所示，EPT-*g*-ITA 接枝共聚物的沉淀剂为无水乙醇，EPT-*g*-MAH 接枝共聚物的沉淀剂为丙酮。

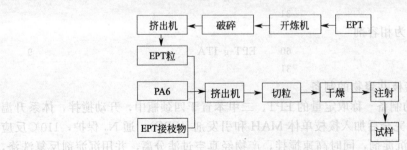

图 1-48　EPT-*g*-ITA 接枝共聚物制备工艺流程

③ 接枝共聚物的纯化　当反应温度在 110℃，反应时间为 3.5h，EPT∶ITA∶BPO＝100∶20∶4 时，EPT-*g*-ITA 的接枝率达到 3.16%，凝胶含量为 8.8%；EPT∶MAH∶BPO＝100∶8∶0.64 时，EPT-*g*-MAH 的接枝率达到 3.58%，凝胶含量为 6.0%。称取少量 EPT 接枝共聚物于二甲苯中加热回流直至完全溶解，然后在高速搅拌下滴加沉淀剂沉淀出 EPT 接枝共聚物。沉淀物经真空过滤，并用沉淀剂反复洗涤，目的是除去残留的接枝单体及其均聚物。最后于 70℃真空干燥 6h 得到纯净的 EPT 接枝共聚物。PA6/EPT 共混物的制备：将经 80℃真空烘箱充分干燥好的 PA6、EPT、EPT 接枝共聚物按一定配比混合均匀后，采用 SHJ-20 双螺杆挤出机熔融共混、挤出造粒，挤出机料筒温度 190～220℃（见表 1-18），螺杆转速 90r/min，PA6/EPT 共混物制备工艺流程如图 1-49 所示。将共混物粒料经充分干燥后用注射机注射成力学性能测试标准试样，注射机料筒温度控制在 210～240℃（见表 1-19）。

图 1-49　PA6/EPT 共混物制备工艺流程图

表 1-18 PA6/EPT 共混物挤出工艺参数

料筒温区	一区	二区	三区	四区	五区	机头
温度/℃	190	200	210	220	220	210

表 1-19 PA6/EPT 共混物注射工艺参数

料筒温区	一区	二区	三区	机头
温度/℃	190	220	220	210

(3) 参考性能 由表 1-20 可知,相对于纯 PA6,PA6/EPT 相比共混物合金的弯曲和拉伸强度均下降。当接枝物达到 PA6 用量的 15% 时,共混物的断裂伸长率和缺口冲击强度明显增大,并且 PA6/EPT/EPT-g-MAH 共混物比 PA6/EPT/EPT-g-ITA 共混物增大更加明显。PA6/EPT/EPT-g-MAH 共混物最佳配比为 60 : 31 : 9,此时缺口冲击强度为 131.02kJ/m^2,比 PA6/EPT 提高了 16 倍,比纯 PA6 提高了 20 倍。

表 1-20 改性 PA6 的力学性能

项目	PA6	PA6/EPT	PA6/EPT/EPT-g-ITA	PA6/EPT/EPT-g-MAH
拉伸强度/MPa	69.72	67.54	42.36	41.95
断裂伸长率/%	16.18	18.24	41.39	46.98
弯曲强度/MPa	81.94	56.85	66.78	74.15
缺口冲击强度/(kJ/m^2)	6.50	7.61	65.85	81.75

1.2.4 MBS/纳米 BaSO$_4$ 协同增韧 PA6

(1) 配方 (质量分数/%)

PA6	80	MBS	20

注:1. DGEBA、BaSO$_4$ 分别为 PA6、MBS 总质量的 2%、1.5%。

2. PA6,牌号 1013B,为日本宇部兴产株式会社产品;MBS,牌号 EXL-2691A,为美国罗门哈斯公司产品;纳米 BaSO$_4$,Cmb-600,为上海安亿纳米材料有限公司产品;DGEBA,E20,为巴陵石化公司岳阳环氧树脂厂产品。

(2) 加工工艺 80 份 PA6、20 份 MBS 的物料加入 DGEBA (2%),先将 MBS 与一定含量的纳米 BaSO$_4$ 在双辊混炼机上混炼、造粒,得到预混料;将所得预混料与经 80℃ 恒温干燥 8h 的 PA6 及 DGEBA 在单螺杆挤出机上共混、造粒。

(3) 参考性能 表 1-21 列出了用 MBS 对 PA6 进行预增韧后的各项性能。本体系仅添加了 1.5% 纳米 BaSO$_4$。纳米 BaSO$_4$ 粒子在一定含量范围内对复合材料的拉伸强度影响不大,见图 1-50。当纳米 BaSO$_4$ 的含量为 1.5% 时,复合材料的缺口冲击强度达 85.9kJ/m^2,综合性能最优,见图 1-51。图 1-52 为不同样品冲击断面的 SEM 照片。不同体系的熔体流动速率见表 1-22。

表 1-21 PA6 基预增韧体系的性能

性能	PA6	PA6/MBS	PA6/MBS/DGEBA
冲击强度/(kJ/m^2)	4.2	12.7	57.9
拉伸强度/MPa	51.87	43.88	45.24

表 1-22 不同体系的熔体流动速率

体系	熔体流动速率/(g/10min)	体系	熔体流动速率/(g/10min)
PA6	>28	PA6/MBS/DGEBA	1.08
PA6/MBS	6.58	PA6/MBS/DGEBA/纳米 BaSO$_4$	1.96

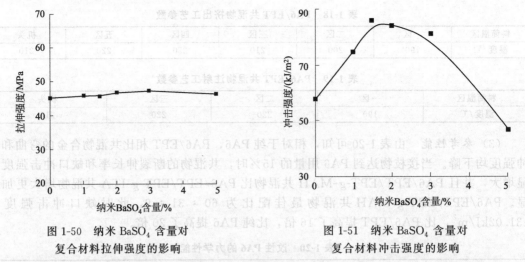

图 1-50 纳米 BaSO₄ 含量对
复合材料拉伸强度的影响

图 1-51 纳米 BaSO₄ 含量对
复合材料冲击强度的影响

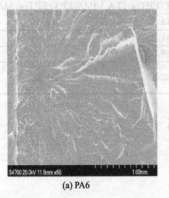
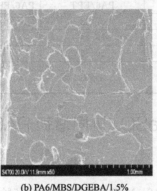
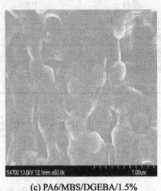

(a) PA6   (b) PA6/MBS/DGEBA/1.5%   (c) PA6/MBS/DGEBA/1.5%
纳米BaSO₄(×50)   纳米BaSO₄(×50000)

图 1-52 不同样品冲击断面的 SEM 照片

1.2.5 热塑性淀粉增韧改性 PA6

(1) 配方（质量分数/%）

PA6   75   TPS   25

注：PA6，M2500，为广东新会美达股份有限公司产品；玉米淀粉，为长春大成玉米开发有限公司；甘油，分析纯，市售。

(2) 加工工艺 将玉米淀粉 90℃下干燥 5h，与甘油按照 75:25 的配比，加入高速混合机中。在 80℃下混合 10min，制成 TPS，再加入干燥后的 PA6，与 TPS 共混 5min，制成预混料，挤出造粒。挤出机螺杆转速为 50r/min，加料频率为 2.5Hz，挤出机机筒温度设置为 210～235℃，机头温度设置为 235℃。

(3) 参考性能 TPS 可以作为有机刚性粒子增韧 PA6，共混物的拉伸强度和流动性能与纯 PA6 相比有小幅下降，但拉伸模量有所提高；共混物在 TPS 含量为 25% 时，增韧效果最好，其冲击强度比 PA6 提高了 63%。

1.2.6 竹纤维/PA6 增韧改性

(1) 配方（质量分数/%）

PA6   62/54/58   增韧剂 EVA/POE-*g*-

竹纤维   30   MAH/EVA-*g*-MAH   8/16/12

（2）加工工艺　将一定量的竹渣在 95℃下干燥后，在高速混合机内粉碎；将粉碎后的竹粉经 100 目滤筛过筛后，经 10%（质量分数）NaOH 溶液处理 24h，浸泡后的竹粉，浴比为 1∶20，混合液体呈黑褐色，用清水洗涤至中性（pH＝7 左右）；干燥温度为 105℃，时间为 24h。

PA6 在真空干燥箱中 90℃下真空干燥 12h。按配比将 PA6、碱处理后的 BF/增韧剂用双螺杆挤出机熔融共混（温度为 167～227℃，螺杆转速为 100r/min），水冷却造粒。

（3）参考性能　与未添加增韧剂 30%（质量分数）BF/PA6 的缺口冲击强度（4.4kJ/m^2）相比较，BF/EVA/PA6（30/8/12）、BF/POE-g-MAH/PA6（30/8/12）、BF/EVA-g-MAH/PA6（30/8/12）的缺口冲击强度分别提高到 8.1kJ/m^2、8.5kJ/m^2、7.5kJ/m^2。热失重分析表明，添加竹纤维会降低 PA6 的热稳定性，而添加 EVA、POE-g-MAH、EVA-g-MAH 则可提高 30%（质量分数）BF/PA6 共混物的热稳定性。吸水性分析结果表明，EVA、POE-g-MAH、EVA-g-MAH 均能有效降低 PA6 和 30%（质量分数）BF/PA6 的吸水率，其中 EVA-g-MAH 对共混物吸水率降低更明显。

1.2.7　SEBS-g-MAH 增韧改性 PA6

本例自制增韧剂 SEBS-g-MAH 用于增韧改性 PA6 和玻璃纤维增强的 PA6，进而使材料满足高强度、高韧性的标准。

（1）配方（质量份）

① 增韧改性 PA6

PA6	75	抗氧剂 1010	0.25
SEBS-g-MAH	25	抗氧剂 168	0.25
润滑剂 PETS	0.3		

注：润滑剂季戊四醇硬脂酸酯（PETS）为意大利发基有限公司产品。

② 增韧改性玻璃纤维/PA6

PA6	75	润滑剂 PETS	0.3
玻璃纤维	30	抗氧剂 1010	0.2
SEBS-g-MAH	7	抗氧剂 168	0.2
KH560	0.1		

（2）加工工艺　制备增韧剂时主要原料的配比如表 1-23 所示；双螺杆挤出机与切粒机的工艺参数设定见表 1-24 所示。接枝率为 0.95%。

表 1-23　增韧剂 SEBS-g-MAH 制备配比

配料	SEBS	MAH	DCP
配比	100	1.0～1.5	0.05

表 1-24　制备增韧剂 SEBS-g-MAH 的工艺参数

料筒温区	一区	二区	三区	四区	五区	六区	七区	机头温度
温度/℃	170	170	175	180	180	180	175	200

双螺杆挤出机的主机转速：300r/min。

双螺杆挤出机的喂料频率：18.5Hz。

切粒机的切粒转速：400r/min。

① 增韧改性 PA6 工艺　原料 PA6 在 120℃下干燥 4h，进行混料，将 PA6、增韧剂、添加剂在高速混合机下混合，双螺杆挤出机中挤出切粒。双螺杆挤出机的加工工艺参数如表 1-25 所示。双螺杆挤出机的主机转速：350r/min；双螺杆挤出机的喂料频率：28Hz；切粒

机转速：340r/min。注塑机的加工工艺参数见表1-26。

表 1-25　双螺杆挤出机的加工工艺参数

料筒温区	一区	二区	三区	四区	五区	六区	七区	机头温度
温度/℃	225	230	235	240	240	240	235	225

表 1-26　注塑机的加工工艺参数

温度设置		注射参数设置		
注塑机部位	注射温度/℃	注塑机部位	注射压力/%	注射速度/%
喷嘴	230	射胶一	46	70
二段	250	射胶二	46	70
三段	240	射胶三	46	70
四段	230	射胶四	46	70
模温	100	射胶五	44	70

② 增韧改性玻璃纤维/PA6 工艺　增韧改性玻璃纤维/PA6 制备工艺流程图如图1-53所示。

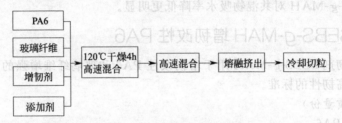

图 1-53　增韧改性玻璃纤维/PA6 制备工艺流程

（3）**参考性能**　复合材料性能如表1-27所示。图1-54为不同用量增韧剂增韧30%GF增强的PA6的Izod冲击强度，可见SEBS-*g*-MAH的增韧效果优于POE-*g*-MAH。

表 1-27　复合材料性能

性能	纯 PA6	PA6/SEBS-*g*-MAH	PA6/玻璃纤维/SEBS-*g*-MAH
拉伸强度/MPa	73.04	41.5	142.66
断裂伸长率/%	22.16	177.84	5.81
弯曲强度/MPa	—	—	220.95
弯曲模量/GPa	—	—	10.18
Izod 冲击强度/(kJ/m²)	2.75	82.07	32.57
熔体流动速率/(g/10min)	—	2.36	1.08

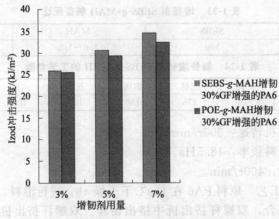

图 1-54　不同用量增韧剂增韧 30%GF 增强的 PA6 的 Izod 冲击强度

1.2.8　聚丙烯酸酯核壳粒子增韧 PA6

（1）配方（质量分数/%）

PA6	80	PBMM	20

注：PBMM 制备时，壳层最外层功能单体为 MAA 且用量为 0.5%，核层交联剂 ALMA 用量为 0.5%，PBA 含量为 85%。其中，PBA 百分含量和功能单体 MAA 百分含量的基准都是单体总量，即丙烯酸正丁酯和甲基丙烯酸甲酯的总量。

（2）加工工艺

① 聚丙烯酸酯核壳粒子的制备　称取一定量的乳化剂（S）和去离子水，搅拌均匀，即得到乳化剂水溶液。称取一定量的交联剂（ALMA）、乳化剂（S）和丙烯酸正丁酯（BA），搅拌均匀，即得到核层单体预乳化液。称取一定量的乳化剂（S）、甲基丙烯酸甲酯和甲基丙烯酸，搅拌均匀，即得到壳层单体预乳化液。称取 0.43g 引发剂（KPS）与 20g 去离子水搅拌至充分溶解，得到引发剂溶液 I。称取 0.11g 引发剂（KPS）与 10g 去离子水搅拌至充分溶解，得到引发剂溶液 II；称 0.043g 引发剂（KPS）与 10g 去离子水搅拌至充分溶解，得到 1 份引发剂溶液 III，配制 3 份相同的引发剂溶液 III，备用。整个乳液聚合过程始终在氮气保护下，在装有恒压滴液漏斗、水银温度计、搅拌桨的 500mL 烧瓶中进行，反应装置如图 1-55 所示。烧瓶置于恒温水浴中，温度为 78℃±1℃。通过搅拌调速器控制搅拌速率为 190r/min 左右。向回流冷凝器通冷凝水。以一定速率向烧瓶通 30min 氮气，尽量排净烧瓶中的空气。将乳化剂水溶液加到烧瓶中，搅拌 30min 后，加入一定量的种子单体（BA）和交联剂（BDDA）的混合物，搅拌分散 10min，向烧瓶中加入引发剂溶液 I，开始种子聚合，55min 后补加引发剂溶液 II，5min 后种子聚合阶段结束。

种子聚合阶段结束后，以 0.67mL/min 的速率向烧瓶中匀速滴加核层单体预乳化液，进行核增长。当核层单体预乳化液全部滴加完毕后，继续以 0.67mL/min 的速率向烧瓶中匀速滴加壳层单体乳化液，进行壳增长。当核层单体预乳化液全部滴加完毕后，继续反应 60min。停止加热，在搅拌条件下将乳液自然冷却至室温。将所得乳液经筛子过滤，除去聚结物，即得到聚丙烯酸正丁酯/聚（甲基丙烯酸甲酯-*co*-甲基丙烯酸）[PBA/P（MMA-*co*-MAA），PBMM]。在滴加核层单体预乳化液和壳层单体预乳化液时，在加完引发剂溶液 II

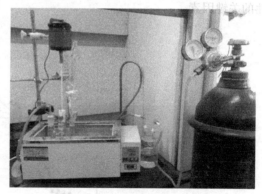

图 1-55　反应装置示意图

后，每隔 60min 补加引发剂溶液 III，等量的引发剂溶液 III 加 3 次，其中引发剂溶液均为一次性加入。整个聚合反应过程中，每隔 30min 从烧瓶中取 2mL 乳液，用来测定聚合反应的转化率及其乳胶粒子的粒径。

将乳液放入冰箱中冷冻破乳 24h，然后进行洗涤、抽滤、干燥，得到 PBMM 或 PBMA 核壳粒子。

② PA6/聚丙烯酸酯核壳粒子共混物的制备　首先使用真空干燥箱将核壳粒子在 40℃下真空干燥 24h，PA6 树脂在 110℃下真空干燥 4h；然后将上述经真空干燥的核壳粒子和 PA6 按照质量比 1:4 混合均匀，经双螺杆混炼挤出机组 TE-34（螺杆直径为 34mm，长径比为 28）熔融共混并挤出造粒。双螺杆挤出机料筒各区温度分别为 217℃、225℃、233℃、235℃、235℃，挤出机机头温度为 228℃，螺杆转速为 315r/min。将上述得到的粒料在

80℃下真空干燥12h，之后用全液压四缸直锁两板式注塑机 JPH30 注塑得到拉伸测试标准样条、缺口冲击测试标准样条和用于其他性能测试的标准样条。注塑机机筒温度为235℃、240℃、245℃，喷嘴温度为243℃。

（3）参考性能　当壳层最外层功能单体为 MAA 且用量为 0.5%、核层交联剂 ALMA 用量为 0.5% 和 PBA 含量为 85% 时，PA6 的缺口冲击强度最高（40.64kJ/m²），是纯 PA6 的 7 倍，断裂表面显示出韧性断裂特征。

1.2.9　增韧剂橡胶粒子提高 PA6 干态和低温冲击强度

（1）配方（质量份）

| PA6 | 72 | CMG5805-L | 18 |

（2）加工工艺　将 PA6 粒料在干燥箱中 110℃干燥 2h，再将干燥后的 PA6 原料和增韧剂按所需质量比称好，混合均匀后经双螺杆挤出机挤出、冷却、造粒、烘干。

（3）参考性能　CMG5805-L、CMG5805-S 为马来酸酐接枝聚烯烃弹性体（POE-g-MAH）；CMG5802 为马来酸酐接枝三元乙丙橡胶（EPDM-g-MAH）；相容剂，为南通日之升高分子新材料科技有限公司产品。CMG5805-L、CMG5805-S、CMG5802 的玻璃化转变温度（T_g）（三者均低于 -50℃并高于 -60℃）从高到低排列依次为：CMG5805-L＞CMG5805-S＞CMG5802。对比添加这三种增韧剂的 PA6 在不同温度下的悬臂梁缺口冲击强度（增韧剂质量分数均为18%），如图 1-56 所示。从图 1-56 中可以看出，添加 CMG5802 的增韧 PA6 的脆韧转变温度更低，即较低 T_g 的增韧剂可以使得增韧 PA6 的脆韧转变温度向低温方向变动。当测试温度低于增韧 PA6 的脆韧转变温度时，增韧剂的 T_g 越低，PA6 韧性越好；当测试温度高于增韧 PA6 的脆韧转变温度时，增韧剂的 T_g 不是决定增韧 PA6 韧性的关键因素。

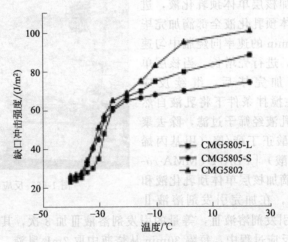

图 1-56　不同 T_g 的增韧剂对 PA6 韧性的影响

1.2.10　添加增韧母粒-改进螺杆组合增韧 PA66

（1）配方（质量分数/%）

| PA66 | 23.20 | 玻璃纤维 | 34 |
| 增韧剂母粒 | 42 | 加工助剂 | 0.8 |

注：1. 增韧剂母粒，就是指增韧剂质量分数 23.8%、PA66 质量分数为 76%、助剂质量分数为 0.2%混合后过挤出机造粒。

2. PA66 树脂：相对黏度为 2.6～2.8，为华峰集团产品；增韧剂 FUSABONDN493，为杜邦公司产品；玻璃纤维 ECS10—03—568H，为巨石集团产品；加工助剂是市售产品。

（2）加工工艺　称取干燥后的 PA66、玻璃纤维、加工助剂以及增韧剂或者增韧剂母粒，混合均匀后挤出、水冷、风干、切粒。挤出工艺：转速为 350r/min，温度为 160℃、260℃、270℃、260℃、240℃、220℃、220℃、220℃、240℃、260℃。强剪切的螺杆组合见图 1-57。

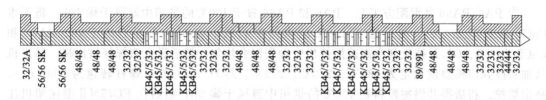

图 1-57　强剪切的螺杆组合

（3）参考性能　力学性能结果见表 1-28。

表 1-28　力学性能结果

检测项目	检测条件	测试标准	测试结果
拉伸强度/MPa	10mm/min	ISO 527—2012	151.3
弯曲强度/MPa	2mm/min	ISO 178—2016	213
弯曲模量/MPa	2mm/min	ISO 178—2016	6870
缺口冲击强度/(kJ/m²)	干态,常温	ISO 180—2000	30.88
无缺口冲击强度/(kJ/m²)	干态,常温	ISO 180—2000	91.12
缺口冲击强度/(kJ/m²)	干态,−50℃	ISO 180—2000	17.63
无缺口冲击强度/(kJ/m²)	干态,−50℃	ISO 180—2000	95.46
缺口冲击强度/(kJ/m²)	湿态,−50℃	ISO 180—2000	28.27
无缺口冲击强度/(kJ/m²)	湿态,−50℃	ISO 180—2000	91.04
抗疲劳冲击次数	干态,2J	—	17.16
抗疲劳冲击次数	湿态,2J	—	45.32

1.2.11　PA6、PA6/PA66 共混物增韧增透改性

（1）配方（质量分数/%）

① PA6 配方

PA6	90.9	甘油（GL）	0.9
CaCl₂	5	抗氧剂 B215	0.2
1,2-环己二醇二缩水甘油醚（CD）	3		

② PA6/PA66 共混配方

PA6	80.9	1,2-环己二醇二缩水甘油醚（CD）	3
PA66	10	甘油（GL）	0.9
CaCl₂	5	抗氧剂 B215	0.2

注：PA6 工业纯、BL2380，为巴陵分公司产品；PA66 工业纯、EPR27，为河南神马公司产品；1,2-环己二醇二缩水甘油醚，分析纯，为岳阳昌德化工实业有限公司产品。

（2）加工工艺

① PA6 配方工艺　将 PA6 置于 100℃ 的烘箱中鼓风干燥 10h，将无水 CaCl₂ 研磨至 200

目，然后置于 120℃的烘箱中鼓风干燥 6h，干燥后的 PA6 和 CaCl₂ 与 CD、GL 及抗氧剂在高速搅拌机中预先混合均匀，然后送入双螺杆挤出机，挤出机从加料段到口模温度设定为 180℃、240℃、240℃、240℃、240℃，螺杆转速为 200r/min，挤出切粒。将所得共混物粒料在 120℃的烘箱中鼓风干燥 8h，在 EC75NⅡ型注塑机注塑成型，制成标准试样。注塑机加料段至喷嘴的温度设定依次为 230℃、240℃、240℃、240℃、240℃，注射压力 30～65MPa。

② PA6/PA66 共混配方工艺　PA6 和 PA66 置于 100℃的烘箱中鼓风干燥 10h，将无水 CaCl₂ 研磨至 200 目，然后置于 120℃的烘箱中鼓风干燥 6h，干燥后的 PA6、PA66 和 CaCl₂ 与 CD、GL 及抗氧剂在高速搅拌机中预先混合均匀，然后送入双螺杆挤出机，挤出机从加料段到口模温度设定为 180℃、270℃、270℃、270℃、270℃，螺杆转速为 200r/min，挤出切粒。将所得共混物粒料在 120℃的烘箱中鼓风干燥 8h，然后在 EC75NⅡ型注塑机注塑成型，制成标准试样。注塑机加料段至喷嘴的温度设定依次为 270℃、270℃、270℃、270℃、270℃，注射压力 30～50MPa。

(3) 参考性能　柔韧性和透明性是 PA6 重要的发展方向，目前在这种高要求的场合中只采用成本较高的共聚尼龙，具有高的柔软性和透明性，主要用于高档钓鱼线、多层共挤薄膜及出口大型渔网领域。PA6/PA66 产品被日本宇部的产品所垄断，价格比普通 PA6 产品高出 5000 元/t。而目前中国市场上共聚尼龙尚无国产同类产品面市。

① PA6 配方性能　当 CaCl₂、GL 和 CD 用量分别为 5%、3% 和 0.9% 时，材料的综合性能最好，拉伸强度、断裂伸长率、弯曲强度和缺口冲击强度分别为 94.1MPa、282%、104.6MPa 和 93.2J/m，相较于纯 PA6 分别提升 43%、250%、26% 和 56%，透光率高达 82.8%，CaCl₂、GL 和 CD 用量对材料透光率影响见图 1-58～图 1-60。

② PA6/PA66 共混配方性能　经增韧增透改性后性能最佳的 PA6/PA66 复合材料与共聚 PA6/PA66（德国 BASF Ultramide C33）、PA6 和 PA66 的性能进行对比如表 1-29 所示，可见改性尼龙材料的拉伸强度、弯曲强度、熔体流动性和透明性均优于共聚尼龙，断裂伸长率与共聚尼龙相当，缺口冲击强度稍差一点。相较于共聚尼龙 PA6/PA66，改性共混尼龙材料的综合性能更加优异。

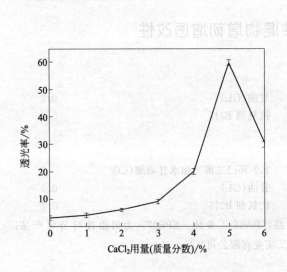

图 1-58　CaCl₂ 用量对 PA6 透光率的影响

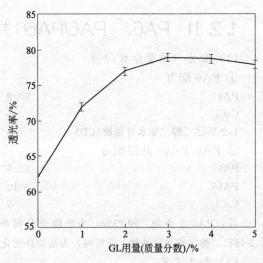

图 1-59　GL 用量对 PA6/CaCl₂ 透光率的影响

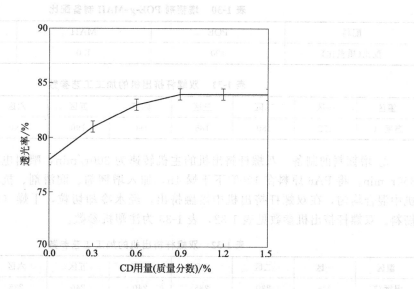

图 1-60　CD 用量对 PA6/CaCl₂/GL 透光率的影响

表 1-29　改性尼龙与共聚尼龙性能对比

性能	改性 PA6/PA66	Ultramide PA6/PA66	PA6	PA66
拉伸强度/MPa	93.4	47.0	66.3	77.9
断裂伸长率/%	287	280	91	54
弯曲强度/MPa	108.4	37.1	67.2	112.0
缺口冲击强度/(J/m)	100.4	113.8	74.1	69.0
熔体流动速率/(g/10min)	11.8	7.1	20.3	89.6
熔点 T_m/℃	190.4	189.0	222.3	261.7
结晶度/%	0	18.2	28.2	42.3
透光率/%	82.1	8.3	3.2	1.4
透明性				

注：透明性一栏的图片是为了更好地说明透明性的变化和效果，并不采用具体数据。

1.2.12　耐低温尼龙增韧剂增韧 PA6 和 PA66

ST801 是美国杜邦公司依靠其强大的开发实力推出的低温超韧耐冲尼龙，在高寒（-50℃）时韧性仍然良好。但是，其售价也是普通尼龙的两倍。美国杜邦公司也有耐低温尼龙增韧剂 N493，应用于尼龙后，在-50℃仍具有较好的冲击强度。

（1）配方（质量份）

PA6	90	抗氧剂 1076	1.6
POE-g-MAH	10	抗氧剂 168	1.6
润滑剂 PETS	2.4		

（2）加工工艺

① 增韧剂的制备　称重 MAH 和适量 DCP（配方见表 1-30）溶解在丙酮中，倒入称重后的聚烯烃弹性体颗粒中，混合混匀，等待丙酮挥发后，将混合物通过双螺杆挤出机熔融挤出，通过切粒机粉碎、干燥，制得聚烯烃类弹性体接枝物。制备增韧剂时主要原料的配比如表 1-30 所示；双螺杆挤出机的加工工艺参数设定见表 1-31。杜邦 N493 的接枝率为 0.81%，所制增韧剂的接枝率为 0.85%。

表 1-30　增韧剂 POE-*g*-MAH 制备配比

配料	POE	MAH	DCP
配比（质量比）	100	1.0	0.05

表 1-31　双螺杆挤出机的加工工艺参数

温区	一区	二区	三区	四区	五区	六区	七区	机头温度
温度/℃	175	180	185	190	190	190	185	210

② 增韧料的制备　双螺杆挤出机的主机转速为 300r/min，喂料电压 30V，切粒机转速 350r/min。将 PA6 原料在 120℃下干燥 4h，加入增韧剂、润滑剂、抗氧剂等助剂，在搅拌机中混合均匀，在双螺杆挤出机中熔融挤出，经水冷却切粒，干燥（160℃，4h），得到增韧料。双螺杆挤出机参数见表 1-32，表 1-33 为注塑机参数。

表 1-32　双螺杆挤出机的加工工艺参数

温区	一区	二区	三区	四区	五区	六区	七区	机头温度
温度/℃	225	230	235	240	240	235	235	240

表 1-33　注塑机的加工工艺参数

温度设置		注射参数设置		
注塑机部位	注射温度/℃	注塑机部位	注射压力/%	注射速度/%
喷嘴	230	射胶一	40	70
二段	250	射胶二	40	70
三段	240	射胶三	40	70
四段	230	射胶四	40	70
模温	100	射胶五	20	70

（3）参考性能　加入增韧剂后，缺口冲击强度提高较大，达到了未增韧尼龙的 7 倍。表 1-34 为增韧 PA6 的性能参数。

表 1-34　增韧 PA6 的性能参数

性能	纯 PA6	PA6/POE-*g*-MAH	PA6/N493
拉伸强度/MPa	74.48	60.72	60.62
断裂伸长率/%	12.27	26.63	14.43
弯曲强度/MPa	90.12	66.34	62.61
冲击强度/(kJ/m²)	5.01	31.08	26.25
熔体流动速率/(g/10min)	12.52	7.40	7.20

1.2.13　PA12T 耐热管材专用料

（1）配方（质量份）

PA12T　　　　　　　　　　　　　85　　POE-*g*-MAH　　　　　　　　　　15

（2）加工工艺　PA12T 耐热管材专用料挤出工艺条件见表 1-35。

表 1-35　PA12T 耐热管材专用料挤出工艺条件

一区温度/℃	二区温度/℃	三区温度/℃	四区温度/℃	五区温度/℃	螺杆转速/(r/min)
280	300	320	320	320	46

（3）参考性能　共混物的缺口冲击强度随 POE-*g*-MAH 含量增加先增大后减小，在

15％时共混物缺口冲击强度达到最大值为 84.3kJ/m² （未冲断），是纯 PA12T 的 23.4 倍，如图 1-61 所示。

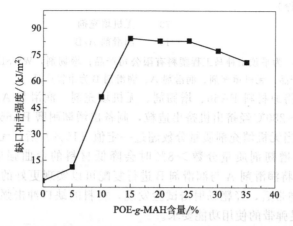

图 1-61 POE-*g*-MAH 含量对 POE-*g*-MAH/PA12T 共混物缺口冲击强度的影响

1.2.14 增韧增强汽车发动机罩

（1）配方（质量份）

PA6	62	EPDM	5
玻璃纤维	30	PP-*g*-MAH	1
纳米蒙脱土	2		

注：PA6 材料（PA6）8202，为美国霍尼韦尔有限公司产品；三元乙丙橡胶（EPDM）4570，为陶氏化学公司产品；纳米蒙脱土 G-8，为江西固康新材料有限公司产品；脲醛树脂为江门市新会区东润涂料有限公司产品；聚丙烯接枝马来酸酐（PP-*g*-MAH）为自制，玻璃纤维直径为 13.5mm。

（2）加工工艺 将纳米蒙脱土［原土先用十六烷基三甲基溴化铵（CTAB）在水相中插层处理］加入脲醛树脂中加温，高速搅拌形成乳液，然后将 PA6、增韧剂、相容剂加入乳液中搅拌均匀，最后将搅拌均匀的材料加入双螺杆进料口与玻璃纤维一起通过熔融剪切、造粒。螺杆为 65 同向双螺杆，螺杆速度为 355r/min，进料速度为 105r/min。挤出机的九段设置温度为 185℃、235℃、250℃、255℃、265℃、270℃、270℃、270℃、270℃。注塑机的三段温度设置为 255℃、265℃、260℃。工艺流程见图 1-62。

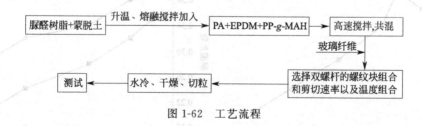

图 1-62 工艺流程

（3）参考性能 EPDM 和 POE 都主要用于改性增韧尼龙、PP、PS 等，它们具有较好的流动性和相容性。本例采用 EPDM 替代 POE 作为增韧剂，尼龙复合材料的冲击强度有了大幅度提升，拉伸强度和弯曲强度降低幅度较小。EPDM 与尼龙的相容性较好。添加纳米蒙脱土含量为 2％时得到的复合材料力学性能最为优异，拉伸强度为 140MPa，断裂伸长率为 14％，弯曲强度为 189MPa，缺口冲击强度为 35kJ/m²，熔融指数为 15g/10min。此种材料已经应用在汽车发动机罩上。

15 及用其缺陷缺口冲击速度冲击强度大带为 8.81 kJ/m²（力学测试用 D127 的 83.7 测...
如图 1-61 所示。

1.2.15　增韧耐磨尼龙弹带材料

（1）配方（质量份）

PA66	70	无机填充剂	8
增韧剂 WS SL503-1	15	润滑剂 A/B	2.5/2.5

注：PA66，EPR27，为平顶山神马工程塑料有限公司产品；增韧剂，WS SL503-1，为余姚中国塑料城塑料研究院有限公司产品；无机填充剂、润滑剂 A、润滑剂 B 为市售产品。

（2）加工工艺　将原材料 PA66、增韧剂、无机填充剂、润滑剂 A、润滑剂 B 按一定比例混合均匀，在 250～280℃经挤出机挤出造粒，制备出增韧耐磨 PA66 粒料。

（3）参考性能　当无机填充剂质量分数超过一定值（15％）后，无机填充剂对 PA66 材料的增强效果减弱；增韧剂质量分数＞8％时会降低材料的弯曲强度和拉伸强度，如图 1-63～图 1-66 所示，将润滑剂 A 与润滑剂 B 进行复配可以实现更好的性价比。将增韧耐磨 PA66 材料制成某型弹带后，经靶场射击试验发现，材料的缺口冲击强度为 $25kJ/m^2$、摩擦系数为 0.25 时，满足弹带的使用功能要求。

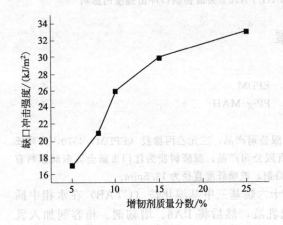

图 1-63　增韧剂用量对缺口冲击强度的影响

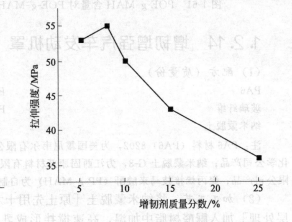

图 1-64　增韧剂用量对拉伸强度的影响

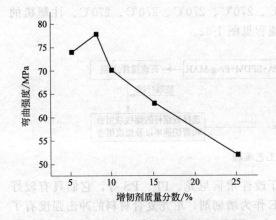

图 1-65　增韧剂用量对弯曲强度的影响

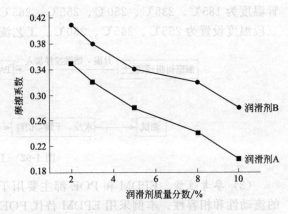

图 1-66　润滑剂含量对摩擦系数的影响

1.3 聚酰胺阻燃改性

1.3.1 HAPCP 改性次磷酸铝 (AHP)阻燃 PA6

（1）配方（质量分数/%）

PA6	82	AHP+ESR	18

（AHP：ESR＝19：1）

（2）加工工艺　将 PA6 粒料、AHP 置于真空干燥箱中 80℃烘干。用甲苯溶解环氧硅树脂，将其与 PA6 粒料混合均匀，在双螺杆挤出机中挤出造粒，双螺杆挤出机设定的各段温度：一区 210℃、二区 230℃、三区 230℃、四区 235℃、五区 230℃，机头为 220℃、口模为 235℃。

（3）参考性能　当阻燃剂添加量为 18%（质量分数），其中 AHP 与 ESR 质量比为 19：1时，PA6/AHP/ESR 体系能通过 UL-94V-0 级，LOI 值为 25.8%，PA6 材料的力学性能提高。

1.3.2 CEPPAAl/蒙脱土 OMMT 协效阻燃 PA6

（1）配方（质量分数/%）

PA6	85	OMMT	2
CEPPAAl	13		

（2）加工工艺　原料为 2-羧乙基苯基次磷酸（CEPPA）和十八水硫酸铝[Al$_2$(SO$_4$)$_3$·18H$_2$O]。其合成路线如图 1-67 所示。在装有恒压滴液漏斗、回流冷凝管、温度计、机械搅拌的 1000mL 烧瓶中加入 42.83g（0.2mol）的 CEPPA 和 400mL 蒸馏水，开启机械搅拌，待其完全溶解后，通过恒压滴液漏斗向四口瓶内滴入 200mL 含 46.45gAl$_2$(SO$_4$)$_3$·18H$_2$O（0.07mol）的水溶液，控制反应温度 85℃，反应时间 3h，待反应结束后，使用蒸馏水反复洗涤所得产物，将所得产物于 80℃鼓风干燥 12h，产率 85%。

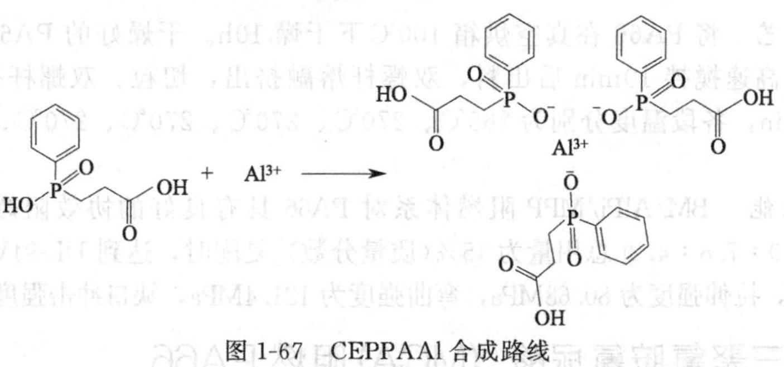

图 1-67　CEPPAAl 合成路线

（3）参考性能　OMMT 与 CEPPAAl 复配阻燃 PA6 有良好的协同效果。当 CEPPAAl添加量为 13%（质量分数）、OMMT 添加量为 2%（质量分数）时，体系的 LOI 值由21.6%升高到 29.5%，并没有熔滴产生。

1.3.3 二硫化钼/氨基磺酸胍复配阻燃 PA6

（1）配方（质量分数/%）

PA6	85	GAS	5
MoS$_2$	10		

注：二硫化钼（MoS$_2$）为长沙联恒科技有限公司产品，氨基磺酸胍（GAS）为天津市光复精细化工研究所产品。

（2）加工工艺　将 GAS 和 MoS$_2$ 放在真空烘箱中 60℃ 干燥 24h，加入 PA6 中通过双螺杆挤出机共混挤出，然后挤出的样条经过切粒化切成粒料，三个区域的螺杆挤出温度依次为 220℃、225℃、225℃，主机转速为 40r/min。

（3）参考性能　配方阻燃等级达到了 V-0 级，氧指数 31.4%。

1.3.4　无卤阻燃 PA6 阻隔防爆材料

（1）配方（质量份）

PA6	85	微胶囊化红磷	5.2
氢氧化镁	7.8	MMT（抗滴剂）	1

注：PA6，CM1017；氢氧化镁（MH），HT-206（纳米级）；微胶囊化红磷（HP），R/MIN650；有机纳米蒙脱土（MMT），DK-5。氢氧化镁和微胶囊化红磷的比例为 MH∶HP=3∶2。

（2）加工工艺　在 90℃ 下鼓风干燥箱中烘干 12h，按配方配料，高速预混 2min 后加入双螺杆挤出机中熔融挤出。双螺杆的加工温度为一区 215℃，二区 230℃，三区 235℃，四区 235℃，五区 238℃，机头为 225℃。螺杆转速为 300r/min。

（3）参考性能　阻燃剂总量为 15% 时，阻隔防爆材料的阻燃效果等级达到 UL-94V-0 级别，见表 1-36。

表 1-36　PA6 阻隔防爆材料性能

样品性能	垂直燃烧	LOI/%	拉伸强度/MPa	缺口冲击强度/(kJ/cm^2)	弯曲强度/MPa
数值	V-0	37	77.87	6.39	112.5

1.3.5　勃姆石协效阻燃 PA66

（1）配方（质量分数/%）

PA66	85	AlPi	7.8
BM	3	MPP	4.2

（2）加工工艺　将 PA66 在真空烘箱 100℃ 下干燥 10h。干燥好的 PA66 与其他配料置于高速混合机中高速搅拌 10min 后出料，双螺杆熔融挤出，切粒。双螺杆挤出机螺杆转速在 200~300r/min，各段温度分别为 265℃、270℃、270℃、270℃、270℃、260℃、255℃、255℃、250℃。

（3）参考性能　BM/AlPi/MPP 阻燃体系对 PA66 具有良好的协效阻燃作用。当 BM∶AlPi∶MPP 以 3.0∶7.8∶4.2[总用量为 15%（质量分数）]复配时，达到 UL-94V-0 级（3.2mm），氧指数为 29.7%，拉伸强度为 80.68MPa，弯曲强度为 121.4MPa，缺口冲击强度为 4.21kJ/m^2。

1.3.6　三聚氰胺氰尿酸（MCA）阻燃 PA66

（1）配方（质量分数/%）

PA66	89.4	加工助剂	0.6
MCA	10		

注：PA66 树脂，PA66EP-158，为浙江华峰新材料股份有限公司产品；MCA，MCA-01，为四川精细化工研究院产品。

（2）加工工艺　PA66 干燥后，与 MCA 和加工助剂混合均匀挤出切粒。挤出工艺：转速为 300r/min，喂料 35kg/h；温度为 160℃、250℃、240℃、220℃、200℃、200℃、200℃、210℃、220℃、240℃。将粒料在 120℃ 鼓风干燥箱中烘 4h，注塑成标准 UL-94 燃

烧样条，注塑温度 260℃、255℃、250℃、245℃。

（3）参考性能　当 MCA 用量为 10% 时，垂直燃烧测试结果为 V-0 级。

如图 1-68 所示，当 MCA 用量从 6% 提升至 20% 时，材料的 10h 烘烤黄变 ΔE（120℃）由 9.56 逐步降低到 6.12，降低 35.98%；5h 烘烤黄变由 7.02 降低到 4.22，降低 39.88%。

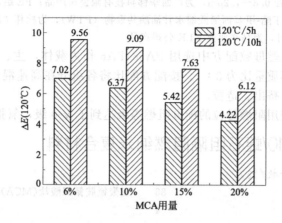

图 1-68　MCA 用量对材料烘烤黄变的影响

1.3.7　核-壳结构硅橡胶增韧增强无卤阻燃 PA66/玻璃纤维复合材料

（1）配方（质量分数/%）

PA66	47	氮磷系阻燃剂	22
扁平玻璃纤维	25	核-壳结构硅橡胶	6

注：PA66，Zytel 为美国杜邦公司产品；扁平玻璃纤维，Glass Chopped Strand CSG3PA，为日本 NittoBoseki 公司产品；氮磷系阻燃剂，ExolitOP，为瑞士科莱恩公司产品；硅橡胶增韧剂，Metablen，为日本三菱公司产品。

（2）加工工艺　将 PA66 和核-壳结构硅橡胶从双螺杆挤出机的主喂料口加入，玻璃纤维和氮磷系阻燃剂从侧喂料口加入，挤出温度为 275℃，螺杆转速为 300r/min。

（3）参考性能　当含量小于或等于 6% 时，复合材料的阻燃性能能够保持 UL-94V-0 等级。增强增韧阻燃 PA66 复合材料的缺口冲击强度比不含硅橡胶的复合材料提高了 12%（扁平玻璃纤维）；随着硅橡胶含量的增加，复合材料的力学性能有不同程度的降低。当硅橡胶含量为 6% 时，和不含硅橡胶的复合材料相比，能够保持在 85% 左右；核-壳结构橡胶含量相同时，含扁平玻璃纤维的 PA66 复合材料的缺口冲击强度高于含圆形玻璃纤维的 PA66 复合材料。

1.3.8　溴化聚苯乙烯和氧化锑制备母粒阻燃 PA66

（1）配方

阻燃母粒配方（质量分数/%）：

PA66	12	Sb_2O_3	20
PA6	5	PE 蜡	2
BPS	60	PTW	1

加工配方（质量份）：

PA66	100	短玻璃纤维	65

| 阻燃母粒 | 50 | 其他助剂 | 1.5 |

EBS 2

注：PA66，2200M6，为中国台湾南亚公司产品；PA6，L101，为杜邦公司产品；无碱短玻璃纤维，988A，经硅烷偶联剂处理，为巨石集团有限公司产品；溴化聚苯乙烯（BPS），64HW，为美国大湖公司产品；氧化锑（Sb_2O_3），粒径 0.8～1.2μm，为广西华锑科技有限公司产品；PE 蜡，WV20，为泰国 SCG 化工公司产品；乙烯-丙烯酸丁酯-甲基丙烯酸缩水甘油酯共聚物（PTW），为杜邦"易耐"（Elvaloy）；亚乙基双硬脂酰胺（EBS），325 目，为马来西亚 KLK 公司产品。

（2）加工工艺　阻燃母粒配方中选用 PA66/PA6 作为载体，主、辅阻燃剂分别为溴化聚苯乙烯和氧化锑，其质量比为 3：1。按配方配比将各组分在高速混合机混合 5min，再经过双螺杆挤出机共混、挤出、造粒。

（3）参考性能　使用阻燃母粒的配方阻燃等级达到了 V-0 级，氧指数 31.6%。

1.3.9　PA610/蛭石阻隔阻燃纳米复合材料

（1）配方（质量分数/%）

| PA610 | 88 | 三聚氰胺氰脲酸盐（MCA） | 8 |

蛭石 4

注：蛭石，粒度 74μm，阳离子交换容量（CEC）为 102mmol/100g，为河北灵寿天山矿产品加工厂产品；PA610，熔融温度为 203℃，为上海臻威复合材料有限公司产品；三聚氰胺氰脲酸盐（MCA），工业级，为济南泰星化工有限公司产品。

（2）加工工艺　对原蛭石进行钠化后，采用十六烷基三甲基溴化铵对其进行有机化修饰，以扩大其层间距以及与 PA610 基体的相容性。将有机化后的蛭石研磨烘干备用，与适量 PA610 在高速混合机中混合均匀，在真空烘箱中 90℃下烘干，烘干后的物料用双螺杆挤出机挤出造粒，挤出机各段温度为 195～250℃，螺杆转速为 20r/min。

（3）参考性能　蛭石与三聚氰胺氰脲酸盐的协同作用，使 PA610 的 LOI 达到 30%，为难燃材料，且燃烧时无熔滴。向 PA610 中加入蛭石显著改善了 PA610 的阻隔性能，当蛭石质量分数为 5% 时，PA610/蛭石复合材料的透水汽速率仅是 PA610 的 39.4%，吸水率为 PA610 的 55%。这使得该复合材料有望应用于高档包装材料。

1.3.10　二乙基次磷酸铝（DEAP）与硼酸锌协效阻燃 PA11

（1）配方（质量分数/%）

| PA11 | 80 | MP | 7 |

| DEAP | 12.5 | ZB | 0.5 |

注：PA11，LOT142170-75，为法国 Arkema 公司产品；DEAP，分析纯，为德国 Clariant 公司产品；三聚氰胺磷酸盐（MP），MP200，为济南金盈泰化工有限公司产品；硼酸锌（ZB），分析纯，为天津福辰化学品公司产品。

（2）加工工艺　将 PA11 和 DEAP/MP/ZB 按预定比例混合好，挤出机造粒，挤出温度设定依次为 190℃、195℃、200℃、200℃、190℃，主机转速为 50r/min。

（3）参考性能　复合材料的极限氧指数可达到 29%，UL-94 测试达到 V-1 级；协同使用时残炭的膨胀性、强度及致密性最好。阻燃 PA11 锥形量热仪测试数据见表 1-37。

表 1-37　阻燃 PA11 锥形量热仪测试数据

PA11/DEAP /MP/ZB	热释放速率峰值 /(kW/m^2)	引燃时间/s	达到热释放速率 峰值的时间/s	总热释放量 /(MJ/m^2)	火灾传播指数/ [(m^2·s)/kW]	火灾增长指数/ [kW/(m^2·s)]
100/0/0/0	678.7±17	69±3	161±2	93.2±15	0.10	4.2
80/12.5/7/0.5	231.2±4	68±4	146±4	81.0±16	0.29	1.2

1.4　聚酰胺导热改性

1.4.1　导热绝缘 PA6

(1) 配方 (质量分数/%)

PA6	40	氧化镁 JMTH-5	4
氧化镁 RF10C	12	玻璃纤维	20
氧化镁 JMTH-40	24		

注：高流动性 PA6，XC030；氧化镁，RF10C，$10\mu m$；氧化镁，JMTH-40，$40\mu m$；氧化镁，JMTH-5，$5\mu m$，玻璃纤维，G2000。

(2) 加工工艺　高流动性 PA6 在 110℃ 下热风干燥 4h，按配方比例，在高速混合机下混合均匀，经双螺杆挤出机挤出。

(3) 参考性能　通过粉体复配可降低因填充量过高导致的较大堆积体积，增加粉体填充量的同时可改善材料加工性能及表面光洁度。复合料表面光洁度对比如图 1-69 所示。

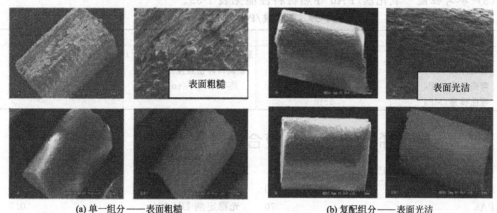

(a) 单一组分——表面粗糙　　　　　　　(b) 复配组分——表面光洁

图 1-69　复合料表面光洁度对比

对利用该材料制得的 LED 散热器进行结温测试，测试条件为：LED 功率 10.5W，环境温度 29℃。结温测试结果见表 1-38。

表 1-38　结温测试结果

检测项目	数值	检测项目	数值
热导率/[W/(m·K)]	1.05	灯杯外侧温度/℃	64.7
芯片(PIN)温度/℃	87.1		

该导热材料应用于铁路机车车箱照明灯罩、汽车及民用 LED 散热器、家电电机外壳、变压器线圈骨架等散热要求较高的电气塑料零部件领域。

1.4.2　LED 用导热 PA6

(1) 配方 (质量分数/%)

PA6	27	TPE	6
Al_2O_3	60	助剂	3
MAH-POE	4		

注：PA6 为河南平顶山神马工程塑料有限责任公司产品；Al_2O_3 为天津巴斯夫有限公司产品；马来酸酐接枝 POE 为平顶山华邦塑料工程有限公司产品；TPE 为深圳市塑源实业有限公司产品。

(2) 加工工艺　将 PA6 于 80℃下真空干燥 4h，然后与一定配比的导热填料及增韧剂在高速混合机下混合均匀，经双螺杆挤出机挤出，各段挤出温度控制在 220～260℃范围内。

(3) 参考性能　采用两种增韧剂复配，在 POE：TPE＝2：3 时，导热尼龙复合材料拉伸强度为 59.3MPa，断裂伸长率为 12%，弯曲强度为 122MPa，悬臂梁缺口冲击强度为 4.1kJ/m^2，热导率为 1.421W/(m·K)，满足了小功率 LED 灯座的需求。

1.4.3　氧化镁/PA6 导热材料

(1) 配方（质量份）

PA6	50	着色剂	1.0
氧化镁(10～12μm)	50	分散润滑剂(TAS-2A)	1.0
抗氧剂(乙烯-辛烯的共聚物)	1.5		

(2) 加工工艺　按配方混料在高速混合机中干混 15～20min，双螺杆挤出机中经挤出切粒；一区温度为 160～180℃，二区为 230～250℃，三区为 255～275℃，四区为 250～270℃，五区为 230～250℃；停留时间为 1～2min，压力为 10～15MPa。

(3) 参考性能　氧化镁/PA6 导热材料性能见表 1-39。

表 1-39　氧化镁/PA6 导热材料性能

测试项目	数值	测试项目	数值
拉伸强度/MPa	85	悬臂梁缺口冲击强度/(kJ/m^2)	75
断裂伸长率/%	6.5	非缺口冲击强度/(kJ/m^2)	16
弯曲强度/MPa	98.5	热导率/[W/(m·K)]	2.1
弯曲模量/MPa	3210		

1.4.4　聚丙烯-聚酰胺导热复合材料

(1) 配方（质量份）

聚丙烯	50	三氧化二锑	10
PA6	70	光稳定剂 UV-770	0.5
氮化硼	80	KH-570	0.2
改性玻璃纤维	30	抗氧剂 1010	0.2
马来酸酐接枝聚丙烯	20		

(2) 加工工艺

① 制备改性玻璃纤维　选用直径为 6～9μm 的无碱玻璃纤维，将玻璃纤维在 600℃条件下烧灼 1h，然后用去离子水洗涤 3 次，干燥备用。将多巴胺加入去离子水中配制成 2g/L 的多巴胺水溶液，用 Tris-HCl 将其 pH 值调节至 8.5 即可。将预处理后的玻璃纤维加入多巴胺水溶液中进行磁力搅拌 24h，然后将玻璃纤维过滤并用去离子水清洗，清洗后在 60℃条件下干燥即可得到多巴胺改性玻璃纤维。将平均颗粒尺寸为 1.50μm 的氮化铝粉末加入乙醇溶剂中并加入氮化铝粉末质量 10% 的硬脂酸，搅拌均匀后静置 2h，再加入氮化铝粉末质量 3% 的吐温 80，在 60℃条件下搅拌 4h，最后过滤出的氮化铝粉末用乙醇溶剂洗涤 3 次，烘干后即得改性氮化铝粉末。将占玻璃纤维质量 10% 的改性氮化铝粉末分散在蒸馏水中，超声波振荡 10min，形成稳定的改性氮化铝悬浊液。然后用喷枪喷涂改性氮化铝悬浊液至多巴胺改性的玻璃纤维表面，喷涂过程中要注意喷涂均匀，可以借助其他辅助工具或设备对玻璃纤维进行搅拌。采用 DRE-2C 热导率测试仪对其进行热导率测试，结果为 1.221W/(m·K)。

② 聚丙烯-聚酰胺导热复合材料制备　将配方中的混合物加入双螺杆挤出造粒机组进行熔融，加工温度为 220℃，螺杆转速为 300r/min，在侧入口喂入改性玻璃纤维，经双螺杆挤出造粒机挤出、切粒制成均匀颗粒。

（3）参考性能　采用 DRE-2C 热导率测试仪对其进行热导率测试，结果为 6.557W/(m·K)。该材料能够替代金属原材料生产零配件或外壳。

1.4.5　改性硫酸钙晶须/PA66 导热材料

（1）配方（质量份）

PA66	60	马来酸酐接枝乙烯-辛烯共聚物	6
碳化硅	16	KH550	2
氮化硼	8	十溴二苯乙烷	6
马来酸酐接枝聚苯醚	0.9	改性硫酸钙晶须	2

（2）加工工艺

① 硫酸钙晶须改性　将硫酸钙晶须与硫酸锌加入丙酮中，进行超声分散，得到分散液，将分散液升温至 70℃，然后加入铝酸酯偶联剂进行超声振荡混合改性，反应结束后干燥即可；硫酸钙晶须与所述硫酸锌的质量之比为 10:1，硫酸钙晶须与铝酸酯偶联剂的质量之比为 18:1。

② 改性硫酸钙晶须/PA66 导热材料　改性硫酸钙晶须与 PA66 通过双螺杆挤出造粒。

（3）参考性能　氧化镁/ PA6 导热材料性能见表 1-40。

表 1-40　氧化镁/ PA6 导热材料性能

测试项目	数值	测试项目	数值
拉伸强度/MPa	106	Izod 缺口冲击强度/(kJ/m²)	16.5
热变形温度/℃	195	摩擦系数	0.14
弯曲强度/MPa	176	热导率/[W/(m·K)]	26.4

1.4.6　玻璃纤维增强的 LED 灯用尼龙导热复合材料

（1）配方（质量份）

PA6	200	3%乙酸水溶液	80
氮化铝	12	亚甲基二对苯基二异氰酸酯	15
氧化铝	30	季戊四醇三丙烯酸酯	20
玻璃纤维	25	催化剂	0.6
碳纤维	10	阻聚剂	1
丙酮	60	四氢呋喃	150
60%硝酸	100	甲苯	100
硅烷偶联剂 A-171	4	去离子水	适量

（2）加工工艺

① 碳纤维的表面改性　玻璃纤维和碳纤维置于丙酮溶液中浸泡 12h，过滤，用去离子水洗涤 3 次，于 100℃在鼓风干燥机中干燥 4h；用 60%硝酸回流氧化玻璃纤维和碳纤维 5h，过滤，用去离子水洗涤至 pH 值为 6，于 100℃在鼓风干燥机中干燥至恒重；将硝酸氧化的玻璃纤维和碳纤维置于 3%乙酸水溶液中，加入硅烷偶联剂 A-171，超声 2h，得到表面改性的玻璃纤维和碳纤维。

② 高聚物包覆氧化铝的制备　将氧化铝、氮化铝超声分散在四氢呋喃和甲苯中，再加入亚甲基二对苯基二异氰酸酯、催化剂、阻聚剂混合均匀；在 40℃下，缓慢滴加季戊四醇三丙烯酸酯；升高温度至 60℃，反应 8h，得到高聚物包覆氧化铝和氮化铝。

③ 尼龙导热复合材料的制备　将 PA6 置于 85℃的鼓风干燥机中干燥 10h，与表面改性

的玻璃纤维和碳纤维、高聚物包覆氧化铝和氮化铝，一起加入高速混合机中高速搅拌50min，待混合均匀后将其加入双螺杆挤出机中熔融挤出，拉条冷却造粒。

（3）参考性能 玻璃纤维增强的 LED 灯用尼龙导热复合材料的热导率大于 3W/(m·K)，吸水率（23℃，24h）小于 0.10%，拉伸强度大于 40MPa，弯曲强度大于 60MPa。

1.4.7 低热膨胀系数导热阻燃 PA6

（1）配方（质量份）

PA6	65	氮化铝	20
溴化苯乙烯	10	无机填料 $Sr_2Ce_2Ti_5O_{16}$	4
三氧化二锑	3	稀土氧化物 PrO	0.8
抗氧剂 1098	0.15	扩链剂	0.15
抗氧剂 168	0.15	三羧基苯磺酸	0.15
聚硅氧烷	0.3		

注：无机填料 $Sr_2Ce_2Ti_5O_{16}$ 为负热膨胀系数材料，能降低尼龙的热膨胀系数。

（2）加工工艺 将 PA6 在 120℃干燥 4h，按配方混料，双螺杆熔融挤出，螺杆温度范围为 250～280℃，真空度为 0.04～0.08MPa。

（3）参考性能 低热膨胀系数导热阻燃 PA6 性能见表 1-41。

表 1-41 低热膨胀系数导热阻燃 PA6 性能

测试项目	数值	测试项目	数值
拉伸强度/MPa	53	阻燃性	V-0
弯曲强度/MPa	107	热导率/[W/(m·K)]	2.48
缺口冲击强度/(kJ/m²)	2.4	线性热膨胀系数(23～80℃)/[μm/(m·℃)]	22
非冲击强度/(kJ/m²)	16	线性热膨胀系数(−40～23℃)/[μm/(m·℃)]	23

1.4.8 氮化硼/超细金属氧化物导热 PA6

（1）配方（质量分数/%）

PA6	50	金属氧化物	25
氮化硼	25		

（2）加工工艺 将氮化硼与金属氧化物按质量比 1∶1 称量并在高速混合机中混合 20min，得复配填料。按配方混合，采用分段式加料法，主喂料口加入 PA6 粒料，复配填料由位于塑化段的侧喂料口强制喂料，双螺杆挤出机挤出造粒，挤出机的螺杆转速为 360r/min，各区和机头的温度分别为 240℃、245℃、250℃、250℃、245℃、240℃、240℃、240℃、230℃、220℃、220℃、245℃，熔体温度为 220℃，压力为 1MPa。

（3）参考性能 复合材料的拉伸强度、弯曲强度、冲击强度、弯曲弹性模量分别为 68.9MPa、106.8MPa、14.1kJ/m²、12.7GPa。复合材料的层内热导率和层间热导率分别达到 4.578W/(m·K) 和 0.456W/(m·K)。

1.4.9 PA6 /LTEG /Al₂O₃ 三元导热复合材料

（1）配方（质量分数/%）

PA6	34.9	Al₂O₃	60
LTEG	5	抗氧剂 1098	0.1

注：PA6(PA6)，B3S，熔融指数 19.8g/min（275℃，5kg），为德国巴斯夫公司产品；煅烧 α-Al₂O₃，

粒径 60μm，为中铝山东新材料有限公司产品；LTEG，粒径 300μm，为石家庄科鹏阻燃石墨材料厂产品；受阻酚类抗氧剂 1098，为德国巴斯夫公司产品。

（2）加工工艺　将 PA6 粒料在 100℃干燥 12h；Al₂O₃、LTEG 则在鼓风干燥烘箱中于 80℃干燥 6h。将 PA6 粒料、Al₂O₃ 粉料和 LTEG 三者预混合。挤出机熔融各段温度参数设置为：220℃，235℃，245℃，245℃，245℃，245℃，245℃，240℃。

（3）参考性能　当填料质量分数为 65％（5 LTEG＋60％Al₂O₃）时，其热导率提升至 2.019W/(m·K)。力学性能测试结果表明，复合体系的拉伸强度与纯 PA6 基体相当；冲击强度大幅降低，但冲击强度仍保持在 3kJ/m²。

1.4.10　膨胀石墨-碳纤维／尼龙（CF-EG/PA6）三元导热材料

（1）配方（质量分数/％）

PA6	60	EG	15
CF	25		

注：PA6，1013B，熔点为 215～225℃，密度为 1.14g/cm³，为日本宇部公司产品；膨胀石墨（EG），YH1010，150μm（100 目），膨胀率为 500mL/g，为青岛岩海碳材料有限公司产品；碳纤维（CF），平均直径为 12μm，长径比为 250，为江苏恒神纤维材料股份有限公司产品。

（2）加工工艺　三者预混合，于 250℃左右在挤出机中挤出造粒。

（3）参考性能　填充 CF 与 EG 的 CF-EG/PA6（CF：EG＝25：15）复合材料的拉伸强度比纯 PA6 拉伸强度提高了 125.34％，弯曲强度提高了 119.8％，热变形温度可达 204.9℃，热导率可以达到 2.554W/(m·K)，是 PA6 热导率的 8 倍。

第 ❷ 章 ▶▶▶

ABS 改性配方与应用

2.1 ABS 增强改性

2.1.1 玻璃纤维增强 ABS

(1) 配方 (质量分数/%)

ABS 树脂	60～90	四季戊四醇酸酯	0.1～2.5
改性玻璃纤维	5～35	聚乙烯蜡	0.01～1.0
抗静电剂/烷基磷酸酯二乙醇铵盐	3.0～5.0		

(2) 加工工艺

① 玻璃纤维接枝改性处理　将玻璃纤维在 480～500℃的高温中灼烧 15min，除去玻璃纤维表面的浸润剂，再将玻璃纤维浸润在质量分数为 30%～40%的盐酸溶液中搅拌 10min，去除玻璃纤维表面的杂质和金属氧化物，并在表面形成均匀纳米级空穴，再将玻璃纤维置于纯水中充分搅拌清洗后在 70℃烘箱中干燥 30min；然后，配制质量分数为 5%的酸化无水乙醇，按质量分数 60∶5∶20∶15 的比例将玻璃纤维、羟基聚二甲基硅氧烷、蒸馏水、酸化无水乙醇配制成乳液，在 80℃的温度下充分搅拌 1h，反应产物用乙醇抽滤、洗涤，在 105℃的条件下干燥后即得到羟基聚二甲基硅氧烷，其化学结构式为 $[R(CH_3)_2SiOH]_n$。其中，R 基团采用苯环基团接枝处理的改性玻璃纤维。通过 XRD 分析，玻璃纤维接枝率为 0.36%，目前行业内认为玻璃纤维接枝率以 0.3%～0.5% (质量分数) 为最佳状态。

② 玻璃纤维增强 ABS 的制备　将 ABS 树脂和改性玻璃纤维分别通过两个加料漏斗加入排气式双螺杆挤出机，通过送料螺杆将树脂、接枝处理后的玻璃纤维及助剂一起送入料筒内挤出造粒；排气式双螺杆挤出机的加热段温度依次为 180℃、230℃、240℃，机头温度为 230℃，口模温度为 220℃，螺杆转速为 350r/min。

(3) 参考性能　进行偶联剂接枝处理及未进行接枝处理的复合材料力学性能对比测试结果见表 2-1。从表 2-1 中可以看出，加入偶联剂对力学性能的提升具有明显的作用。表 2-2 为 ABS 物性对照表。

表 2-1 偶联剂加入前后材料力学性能对比 [玻璃纤维含量为 30% (质量分数)]

性能指标	未加偶联剂	加入偶联剂
拉伸强度/MPa	105	124
弯曲强度/MPa	140	175
Izod 缺口冲击强度/(J/m)	18	22

表 2-2 ABS 物性对照表 [玻璃纤维含量为 30% (质量分数)]

性能指标	ABS	增强 ABS	性能指标	ABS	增强 ABS
玻璃纤维含量/%	0	30	密度/(g/cm³)	1.05	1.28
拉伸强度/MPa	48	124	线性膨胀系数/$10^{-6}K^{-1}$	76.8	21.7
断裂伸长率/%	20	2	吸水率/%	0.3	0.15
弯曲强度/MPa	79	175	洛氏硬度(M)	65	114
弯曲模量/GPa	2.7	11.3	热变形温度(未退火)/℃	88	105
缺口冲击强度/(J/m)	20	22			

2.1.2 碳纤维增强 ABS

(1) 配方 (质量份)

ABS 树脂(100-X01)	75	抗氧剂(Nauguard)	5
碳纤维(T700)	25		

注：ABS 树脂，100-X01，为日本东丽公司产品，乳液聚合粒径 1μm；抗氧剂，Nauguard 445，为美国科聚亚公司产品；碳纤维，T700，直径为 7μm。

(2) 加工工艺 按照配方称取各组分，将 ABS 树脂于 70~90℃烘干处理，烘干时间设定为 3~5h；ABS 树脂和助剂混合均匀，混合温度为 30~50℃，混合时间为 5~20min，双螺杆挤出机挤出，挤出机模头处连接浸渍装置，挤出机温度为 180~230℃，模头温度为 240~260℃；碳纤维通过牵引装置输送到模头，强制浸渍；充分浸渍的碳纤维牵引拉出，冷却定型，切粒，粒子长度为 5~30mm；其注塑工艺参数如表 2-3 所示。

表 2-3 碳纤维增强 ABS 注塑工艺参数

性能指标	数值	性能指标	数值
注塑压力/MPa	85	螺杆转速/(r/min)	30
被压压力/MPa	30	注塑温度/℃	240
注射速度/(mm/s)	60		

(3) 参考性能 碳纤维增强 ABS 性能见表 2-4。

表 2-4 碳纤维增强 ABS 性能

性能指标	数值	性能指标	数值
弯曲强度/MPa	215	耐刮擦次数/次	15782
缺口冲击强度/(kJ/m²)	26		

2.1.3 天然纤维增强 ABS

(1) 配方 (质量份)

ABS	27.84	EBS	2
SAN	42.44	二氧化钛	2.22
木纤维	22.02	其他助剂	0.48
SMA	3		

注：ABS 商品名为 ELIX 152I (ELIX Polymers)；SAN 聚合物分子量为 105000，苯乙烯：丙烯腈比率

为 73 : 27，商品名为 ELIX 230G（ELIX Polymers）；木纤维，商品名为 Black FAST（Sonae Industria）；SMA 的分子量为 110000、23％的 MAH 含量，商品名为 XIRAN® SZ23110（Polyscope Polymers）。

（2）加工工艺　高速预混合 5min，以 400r/min 的转速在 200℃的温度下双螺杆挤出造粒。

（3）参考性能　天然纤维增强的 ABS 性能见表 2-5。

表 2-5　天然纤维增强的 ABS 性能

性能指标	数值	性能指标	数值
拉伸强度/MPa	51.42	软化点/℃	100.4
Izod 冲击强度/(kJ/m²)	6.5	MVR(220℃,10kg)/(cm³/10min)	7.08

2.1.4　短切玄武岩纤维增强 ABS

（1）配方（质量份）

ABS	78	抗氧剂	0.5
AS	5	EBS	0.5
短切玄武岩纤维	10	炭黑	1
苯乙烯-丙烯腈-马来酸酐三元无规共聚物	2.5		
苯乙烯-丙烯腈-甲基丙烯酸缩水甘油酯三元无规共聚物	2.5		

注：通用级 ABS 树脂冲击强度为 25kJ/m²；AS 树脂熔融指数＞70g/10min；分子量为 20000；短切玄武岩纤维直径为 16μm，短切长度为 6mm；抗氧剂由抗氧剂 1010：抗氧剂 168＝1：2 组成。

（2）加工工艺　按照配方进行称量配料，然后将除玄武岩纤维以外的配方组分使用高速混合机混合 3min，混合物投入双螺杆挤出机中熔融挤出，造粒。

（3）参考性能　短切玄武岩纤维增强 ABS 性能见表 2-6，可以在汽车零部件、健身器材领域中广泛应用。

表 2-6　短切玄武岩纤维增强 ABS 性能

性能指标	数值	性能指标	数值
弯曲强度/MPa	66.3	缺口冲击强度/(kJ/m²)	14.3
弯曲模量/MPa	2835	60°角光泽度	50.1

2.1.5　石墨烯/玻璃纤维增强 ABS

（1）配方（质量份）

ABS	80	乙醇	1
缩水甘油胺类环氧树脂	10	季戊四醇酯	0.5
石墨烯	2	亚磷酸酯	0.5
玻璃纤维	5	改性亚乙基亚双脂肪酸酰胺	1
3-氨丙基三乙氧基硅烷	0.05	甲基丙烯酸甲酯-苯乙烯-丁二烯共聚物	1

（2）加工工艺

① 石墨烯、玻璃纤维处理工艺　将石墨烯加入缩水甘油胺类环氧树脂中，在常温下低速搅拌辅助超声分散 2h，制得石墨烯分散液；将硅烷偶联剂溶解在无水乙醇中，配制成硅烷偶联剂-乙醇溶液，利用喷雾法将溶液喷洒在玻璃纤维上，然后放入烘箱中干燥 50～80min，干燥温度 90～110℃。

② 石墨烯/玻璃纤维增强 ABS 的制备　将 ABS、抗氧化剂、相容增韧剂混合均匀；混合料经上游喂料口送入双螺杆挤出机。将石墨烯分散液经下游喂料口送入双螺杆挤出机熔融挤出。处理后的玻璃纤维经出气口，送入双螺杆挤出机挤出造粒，喂料口至挤出模头的温度

分别是 $190 \sim 210℃$、$210 \sim 240℃$、$230 \sim 250℃$、$240 \sim 260℃$、$250 \sim 270℃$，挤出机的螺杆转速为 $400 \sim 1000r/min$，加料转速为 $30 \sim 60r/min$。

（3）参考性能　石墨烯/玻璃纤维增强 ABS 性能见表 2-7。

表 2-7　石墨烯/玻璃纤维增强 ABS 性能

性能指标	ABS	对照值(石墨烯含量为 0)
拉伸强度/MPa	97	89
弯曲强度/MPa	137	92
缺口冲击强度/(kJ/m²)	9.72	7.83
热变形温度(1.8MPa)/℃	95	86
收缩成型率/%	91.4	73.6
有无"浮纤"	无	无

2.1.6　矿物增强高光 ABS

（1）配方（质量份）

ABS	65	抗氧剂(1076)	0.1
滑石粉	27	抗氧剂(168)	0.1
硫酸镁晶须	8	N,N'-亚乙基双硬脂酰胺	1.5
PE 蜡	0.8		

（2）加工工艺　将各组分称量后混合均匀，投入双螺杆挤出机中挤出造粒，双螺杆挤出机各段温度设置为 $190 \sim 230℃$，喂料转动频率为 9Hz，主机转速为 $450r/min$。

（3）参考性能　玻璃纤维为强度极高的针状结构，在注塑过程中容易出现模具表面损伤。常规使用的玻璃纤维增强 ABS 材料，按照每个班次 12h 计算，平均每个班次需要对模具简单抛光 $2 \sim 3$ 次，每次 30min 左右。对于损伤严重的模具，甚至需要拆卸模具进行维修，耗费大量人力和物力。矿物增强高光 ABS 性能见表 2-8。其产品能够被广泛应用于家用电器、汽车工业、通信器材和计算机等领域。

表 2-8　矿物增强高光 ABS 性能

性能指标	数值	性能指标	数值
熔融指数(220℃,10kg)	25.4	弯曲强度/MPa	78.2
密度/(g/cm³)	1.35	弯曲模量/MPa	4837.5
拉伸强度/MPa	42.5	悬臂梁冲击强度/(kJ/m²)	7.0
断裂伸长率/%	10.6	每 12h 模具维护时间/min	$5 \sim 10$

2.1.7　ABS 增强色母粒

（1）配方（质量份）

载体树脂	60	抗氧剂(1076)	3
辅助增强料	8	阻燃剂(低聚磷酸酯)	5
颜料	40	硅烷偶联剂(KH570)	6

（2）加工工艺

① 载体树脂制备　将 ABS 树脂、聚碳酸酯对应按照质量比 5：2.6 进行混合，共同投入球磨机内球磨处理 18min 后取出得载体树脂备用。

② 辅助增强料制备

a. 先将高岭土放入酸液中浸泡处理 4min，取出后再放入碱液中浸泡处理 5min，最后取出用去离子水冲洗一遍备用；酸液为质量分数为 8% 的磷酸溶液，碱液为质量分数为 9% 的氢氧化钠溶液。

b. 将操作 a 处理后的高岭土放入煅烧炉内，加热保持煅烧炉内的温度为 920℃，煅烧处理 1.3h 后取出备用。

c. 将操作 b 处理后的高岭土浸入混合液 A 中，不断搅拌处理 22min 后滤出备用；所述的混合液 A 中各成分及其对应质量份为：1.3 份硝酸镧、0.6 份硝酸铈、92 份去离子水。

d. 将聚苯乙烯和操作 c 处理后的高岭土对应按照质量比 1∶1.8 进行混合，投入球磨机内球磨处理 10min 后取出得混合物 B 备用。

e. 将操作 d 所得的混合物 B 投入焚烧炉内进行加热燃烧，控制焚烧的温度为 990℃，2.6h 后取出得混合物 C 备用。

f. 将硫化钠、去离子水、氯化锂、N-甲基吡咯烷酮对应按照摩尔比 1∶15∶0.4∶6 进行混合投入反应釜内，保持反应釜内为氮气环境，加热保持反应釜内的温度为 203℃，1.1h 后进行脱水，除去原总质量 42% 的去离子水后得混合物 D 备用。

g. 向操作 f 处理后的反应釜中加入混合物 D 总质量 23% 的对二氯苯、58% 的操作 e 所得的混合物 C，然后加热保持反应釜内的温度为 210℃，并将反应釜内的压力增至 0.45MPa，保温、保压处理 1.8h 后取出，然用丙酮、去离子水交替清洗一次后，最后放入烘箱内 85℃ 烘干处理 7h 后取出即得辅助增强料。反应釜内施加了磁场处理，磁场强度大小为 14T。

③ ABS 增强色母粒的制备 按配方在混合机内高速混合 22min，投入密炼机内进行熔融共混 38min，投入双螺杆挤出机内进行熔融挤出，再经过冷却切粒后即得成品色母粒。

（3）参考性能 对应制得的 ABS 色母粒添加于 ABS 塑料中，其性能测试见表 2-9。制得的色母粒稳定性高、着色性好，能够明显地改善提升 ABS 塑料材料的力学品质。

表 2-9 ABS 色母粒添加于 ABS 塑料中的性能测试

性能指标	数值	性能指标	数值
拉伸强度/MPa	42.4	悬臂梁冲击强度/(kJ/m²)	43.3
弯曲强度/MPa	31.8	色差	≤0.2

2.1.8 涂层碳纤维增强 ABS/PP 电磁屏蔽复合材料

（1）配方（质量份）

ABS 树脂	20	偶联剂	3
PP 树脂	57	碳纤维	5
交联剂	0.2		

（2）加工工艺 将碳纤维放在 720℃ 管式炉中保温 10min，放入丙酮中超声清洗 15min，碳纤维在表面采用射频磁控溅射法制备镍铝涂层；涂层碳纤维短切成 2mm 的长度，即得短切涂层碳纤维；将配方中除碳纤维外的物料以 900r/min 的速度混合 10min，处理后的碳纤维和预混料按 20∶80 的比例分别置于双螺杆挤出机的侧加料口和主加料口中，熔融挤出，得到短切镍铝涂层碳纤维增强 ABS/PP 电磁屏蔽复合材料。镍铝靶的纯度为 99.999%、溅射前真空度为 8.0×10^{-4} Pa、射频溅射功率为 1500W、沉积时间为 120min、靶和纤维之间的距离为 60mm、氩气流量为 40sccm❶；挤出机各区温度为 $T_1 = 165℃$、$T_2 = 170℃$、$T_3 = 165℃$、$T_4 = 175℃$、$T_孔 = 155℃$；螺杆转速为 15r/min，螺杆直径为 20mm，设备长径比

---

❶ sccm 是体积流量单位，含义为"标况毫升每分"。

$L/D=40$。

（3）参考性能　对制备得到的短切镍铝涂层碳纤维增强 ABS/PP 电磁屏蔽复合材料的力学性能进行测试，其平均拉伸强度为 1.05GPa，密度为 1.12g/cm³。其电磁屏蔽效能的数据在 2～18GHz 范围内，电磁屏蔽效能在 20dB 以上的合格带宽达到 14.8GHz，在 30dB 以上的合格带宽达到 8.2GHz，最大屏蔽效能值为 46.19dB，位于 12.64GHz 处。图 2-1 为镍铝涂层碳纤维增强 ABS/PP 电磁屏蔽复合材料的电磁屏蔽曲线。

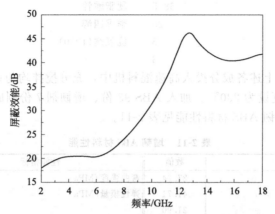

图 2-1　镍铝涂层碳纤维增强 ABS/PP 电磁屏蔽复合材料的电磁屏蔽曲线

2.1.9　空调风叶用玻璃纤维增强阻燃 ABS 5VA 材料

（1）配方（质量份）

ABS(8346)	10	SMA-700	2
ABS(8391)	49	季戊四醇硬脂酸酯	0.3
十溴二苯乙烷	12	抗滴落剂（SN3300-B2）	0.2
四溴双酚 A	1	抗氧剂	0.2
三氧化二锑	3.2	无碱连续玻璃纤维	10

注：无碱连续玻璃纤维的直径为 12～17μm。

（2）加工工艺　将 ABS 树脂、SMA 树脂和阻燃剂加入高速混合机，先低速搅拌，同时加入抗滴落剂、润滑分散剂和抗氧剂，然后高速混合 2～5min。混合物由双螺杆挤出机第一段筒体加料段加入，无碱连续玻璃纤维由双螺杆挤出机第四段筒体加入，挤出制得风叶用无碱连续玻璃纤维增强阻燃 ABS 5VA 材料。双螺杆挤出机的挤出温度为 190～245℃，转速为 180～500r/min，真空度保持在 -0.07～-0.05MPa；双螺杆挤出机的长径比为 32～68。

（3）参考性能　空调风叶用玻璃纤维增强阻燃 ABS 5VA 材料性能见表 2-10。

表 2-10　空调风叶用玻璃纤维增强阻燃 ABS 5VA 材料性能

性能指标	数值	性能指标	数值
拉伸强度/MPa	95.8	阻燃等级 UL-94(1.6mm)	V-0
弯曲强度/MPa	129.6	阻燃等级 UL-94(2mm)	5VA
弯曲模量/GPa	6.86	跌落试验	合格
悬臂梁缺口冲击强度/(J/m)	8.36	风叶扭力试验	合格
熔融指数(220℃,10kg)	16.8	风叶拉力试验	合格
热变形温度(1.8MPa)/℃	92	热静止试验	合格

2.2 ABS 增韧改性

2.2.1 ABS 增韧剂

（1）配方（质量份）

ABS 高胶粉	68.5	硬脂酸锌	2
ABS-g-MAH	20	季戊四醇	1
有机蒙脱土	5	抗氧剂（1010）	0.5
硬脂酸钡	3		

（2）加工工艺　将上述各成分投入高速混料机中，充分搅拌均匀；然后置于双辊密炼机中混炼 8min，混炼温度设为 230℃。加入 ABS 93 份、增韧剂 7 份制成增韧 ABS 复合材料。

（3）参考性能　增韧 ABS 材料性能见表 2-11。

表 2-11　增韧 ABS 材料性能

性能指标	数值	性能指标	数值
缺口冲击强度/(kJ/m²)	27.24	弯曲强度/MPa	71.76
拉伸强度/MPa	41.71	弹性模量/MPa	2299.04
断裂伸长率/%	21.90		

2.2.2 增韧耐热 ABS

（1）配方（质量份）

ABS 树脂	78	抗氧剂[2,4-二（正辛基硫亚甲基)-6-	
双烯丙基双酚 A 改性双马来酰亚胺树脂	6	甲基苯酚]	0.8
环氧树脂	10	碳纤维	12

（2）加工工艺

① 双烯丙基双酚 A 改性双马来酰亚胺树脂的制备　165℃下将酚酞聚芳醚砜溶解于双烯丙基双酚 A 中，再加入双马来酰亚胺搅拌 2h，降温至 100℃时加入端羧基丁腈橡胶和酚酞聚芳醚酮，继续反应 4h 即得。

② 增韧耐热 ABS　将 ABS 树脂、双烯丙基双酚 A 改性双马来酰亚胺树脂、环氧树脂按照配方配比加入高速混合机中混料均匀，于 195℃下挤出造粒。将粒料冷却至 30℃，干燥后按照配比称取粒料、抗氧剂、碳纤维于高速混合机中混料，经双螺杆挤出机挤出，温度 218℃，造粒。

（3）参考性能　增韧耐热 ABS 材料性能见表 2-12。

表 2-12　增韧耐热 ABS 材料性能

性能指标	数值	性能指标	数值
拉伸强度/MPa	65	热变形温度(1.8MPa)/℃	120
弯曲强度/MPa	235	阻燃等级 UL-94(1.6mm)	V-1
悬臂梁冲击强度/(kJ/m²)	35		

2.2.3 增韧增强 ABS 材料

（1）配方（质量份）

ABS	77	玻璃纤维	10
增韧剂	5.5	SMA	6

| KH-550 | 0.4 | 抗氧剂(168) | 0.3 |
| 抗氧剂(1010) | 0.3 | 防玻璃纤维外露剂(TAF) | 0.5 |

（2）加工工艺

① 增韧剂的制备　将 95％高胶粉、1％偶联剂和 4％相容剂放入高速混合机中，边混合边加热升温至 65℃，高速混合 20min，将其混合物放入挤出机中挤出造粒，制成增韧剂。高胶粉是高橡胶含量（＞50％）的丙烯腈-丁二烯-苯乙烯接枝共聚物，如 Crompton Blendex 公司的 B415，东莞卓创公司的 HR181 等。

② 增韧增强 ABS 材料的制备　将配方物料在高速混合机中混合 4min，于双螺杆挤出机中挤出造粒。双螺杆挤出机一区温度 170~180℃，二区温度 180~190℃，三区温度 200~210℃，四区温度 210~220℃，五区温度 200~210℃，六区温度 190~200℃。停留时间为 1~2min，主机转速为 300~350r/min。

（3）参考性能　增韧增强 ABS 材料性能见表 2-13。

表 2-13　增韧增强 ABS 材料性能

性能指标	数值	性能指标	数值
拉伸强度/MPa	65	冲击强度/(kJ/m²)	17
断裂伸长率/%	6	韧性	出色
弯曲强度/MPa	87	有无"浮纤"	不明显
弯曲模量/MPa	3200	灰分	10

2.2.4　增韧耐磨 ABS/PMMA 合金

（1）配方（质量份）

ABS	75	增韧剂(MBS)	10
PMMA	25	耐磨改性剂(MOS₂ 类)	10
SAN	15		

（2）加工工艺　将 ABS、PMMA、SAN 分别在 80℃烘箱中干燥 4h，填料在真空 40℃下干燥 6h，其他助剂 80℃下干燥 4h。将干燥好的 ABS、PMMA、SAN、增韧剂 MBS、耐磨改性剂、耐刮擦剂投入混合机中混合均匀，混合时间为 6~9min，速度为 500~700r/s。将物料加入双螺杆挤出机共混挤出造粒。加工工艺为：一区温度 190~200℃，二区温度 200~210℃，三区温度 200~210℃，四区温度 210~220℃，五区温度 210~220℃，六区温度 210~220℃，七区温度 210~220℃，机头温度为 220~225℃，螺杆转速为 250~350r/min，主喂料转速为 15~25r/min，压力为 3~6MPa。

（3）参考性能　增韧耐磨 ABS/PMMA 合金性能见表 2-14。

表 2-14　增韧耐磨 ABS/PMMA 合金性能

性能指标	数值	性能指标	数值
磨损质量/mg	32.6	断裂伸长率/%	31.8
拉伸强度/MPa	43.7	冲击强度/(kJ/m²)	16.3

2.2.5　增韧剂组合物和 ABS 树脂及其制备

（1）加工工艺

① 低顺式聚丁二烯橡胶的制备　将 528g 环己烷/己烷（质量比为 1:0.2）混合溶剂、0.06g 四氢呋喃和 72g 丁二烯混合，并在 50℃下加入 1.1mL 正丁基锂的己烷溶液，而后在 80℃下反应 40min［丁二烯的转化率为 98％（质量分数）］；然后加入 1.2mL 四氯化硅的己烷溶液于 80℃下反应 20min；于 60℃下向反应体系中通入二氧化碳，压力为 0.3MPa，时间

为 10min；然后加入 0.1g 的 1520 抗氧化剂和 0.1g 的 1076 抗氧化剂，将所得聚合产物进行凝聚并干燥，得到低顺式聚丁二烯橡胶 A6（固体形式）。该低顺式聚丁二烯橡胶的分子量呈双峰分布。其中，数均分子量为 69000 的部分占 26%（质量分数），分子量分布系数为 1.05，数均分子量为 221000 的部分占 74%（质量分数），分子量分布系数为 1.08，乙烯基侧基含量为 13.8%（质量分数），门尼黏度为 54，其 5%（质量分数）的苯乙烯溶液的黏度为 42.8mPa·s，色度为 15APHA，凝胶含量为 48×10^{-6}，支化面积为 74%，顺 1,4-聚合的丁二烯结构单元的含量为 35.1%（质量分数）。

② 线型丁苯共聚物的制备 将 516g 环己烷/己烷（质量比为 1∶0.2）混合溶剂、14g 苯乙烯和 70g 丁二烯混合，并在 50℃下加入 1.2mL 正丁基锂的己烷溶液，之后在 80℃下反应 60min，于 60℃下向反应体系中通入二氧化碳，压力为 0.3MPa，时间为 10min；然后加入 0.1g 的 1520 抗氧化剂和 0.1g 的 1076 抗氧化剂，将所得聚合产物进行凝聚并干燥，得到线型丁苯共聚物 B6（固体形式）。该线型丁苯共聚物的数均分子量为 75000，分子量分布系数为 1.07，苯乙烯结构单元的含量为 16.8%（质量分数），丁二烯结构单元的含量为 83.2%（质量分数），乙烯基侧基含量为 8.5%（质量分数），门尼黏度为 46，其 5%（质量分数）的苯乙烯溶液的黏度为 8.3mPa·s，色度为 15APHA，凝胶含量为 88×10^{-6}。

③ 增韧 ABS 树脂的制备 将 20g 低顺式聚丁二烯橡胶 A6 和 15g 线型丁苯共聚物 B6 溶于 20g 乙苯中，得到增韧剂 C6；将该增韧剂 C6 与 140g 苯乙烯、50g 丙烯腈和 0.02g 过氧化二苯甲酰混合并在 105℃下聚合 2h，120℃聚合 2h，135℃聚合 2h，150℃聚合 2h；将反应产物经真空闪蒸、脱出未反应单体和溶剂后得到增韧 ABS 树脂。

(2) 参考性能 在增韧 ABS 树脂中，丁二烯结构单元的含量约为 17.6%（质量分数），苯乙烯结构单元的含量约为 61.8%（质量分数），丙烯腈结构单元的含量约为 20.6%（质量分数）。该 ABS 树脂的重均分子量为 339000g/mol，分子量分布系数为 2.68。该 ABS 树脂的 Izod 冲击强度为 374J/m，60°光泽度为 81。

2.2.6 麻将机阻燃增韧耐老化塑料外壳

(1) 配方（质量份）

ABS 树脂	100	氯磺化聚乙烯	11
玄武岩纤维	15	EBS	2.5
SMA	4	有机改性黏土	10
ABS-g-MAH	2.5	改性纳米氧化铝	10
碳酸钙	18	阻燃剂	8
硅烷偶联剂	3	防老剂	2

注：阻燃剂为氢氧化铝、10-(2,5-二羟基苯基)-10-氢-9-氧杂-10-磷杂菲-10-氧化物、聚磷酸铵、三苯基氧化膦按比例 1∶2∶1∶0.5 的混合物。

(2) 加工工艺

① 有机改性黏土的制备 将黏土分散到去丙酮水中，制备成质量分数为 15% 的黏土-丙酮悬浮液，然后将聚氯化铝与黏土-丙酮悬浮液按 9g∶1000L 的比例均匀混合到一起，然后添加黏土-丙酮悬浮液质量分数为 0.03% 的十六烷基三甲基溴化铵，搅拌均匀后，在冰水浴中缓慢振荡 5h；然后放入真空冷冻干燥室内，放置 1h，再进行粉碎，得到粉料。将粉料添加到质量分数为 5% 的羟基乙酸溶液中，加热至 70℃，保温 1h，然后进行过滤。采用去离子水洗涤至中性，烘干，粉碎，即得有机改性黏土。

② 改性纳米氧化铝的制备 将 30 份纳米氧化铝加入 100 份甲苯中，搅拌 40min 后加入

45 份三乙醇胺、1.2 份对甲苯磺酸、0.5 份对叔丁基邻苯二酚和 0.2 份 β-苯基萘胺，回流反应 2h，降温后过滤。经洗涤、干燥后得到改性纳米氧化铝。

（3）参考性能　麻将机阻燃增韧耐老化塑料外壳性能见表 2-15。

表 2-15　麻将机阻燃增韧耐老化塑料外壳性能

性能指标	数值	性能指标	数值
拉伸强度/MPa	37	阻燃性 UL-94	V-0
断裂伸长率/%	16	密度/(g/cm^3)	1.18
弯曲强度/MPa	58	熔融指数/(g/10min)	7.3
冲击强度/(kJ/m^2)	28	耐磨性	++++

2.2.7　汽车内饰件用增韧耐划伤 ABS/PC

（1）配方（质量份）

① 耐划伤剂

月桂酸二乙醇酰胺	20	二硫化钼	30
2-羟基-4-辛氧基二苯甲酮	50	石墨	10

② 汽车内饰件用增韧耐划伤 ABS/PC

ABS 树脂	100	耐划伤剂	1
PC 树脂	10	花生壳粉	8
γ-(2,3-环氧丙氧)丙基三甲氧基硅烷	2	棉秆粉	6
群青蓝	0.5	核桃壳粉	3

（2）加工工艺　称取各耐划伤剂组分，充分混合后，得到复配耐划伤剂；按配方②称取各组分高速充分混合 5min 后，螺杆挤出机挤出造粒，转速在 300r/min，温度在 190℃。

（3）参考性能　汽车内饰件用增韧耐划伤 ABS/PC 塑料，缺口冲击强度为 47kJ/m^2，划伤后的色差 ΔE 在 0.10～0.20 之间，均具有良好的耐划伤效果。可以用注塑工艺加工成各种形状的零件，可用于制成汽车用内饰件。

2.3　ABS 阻燃改性

2.3.1　阻燃 ABS 材料

（1）配方（质量份）

ABS	100	钛酸酯偶联剂	1.5
十溴二苯乙烷	9.0	三氧化二锑	2.5
分散润滑剂(TAS-2A)	7.5	三水合氢氧化铝	6.0
抗氧剂(乙烯-辛烯的共聚物)	1.0	紫外线吸收剂(2-羟基-4-正辛氧基	4.0
着色剂	0.8	二苯甲酮)	
抗滴落剂	1.5	光稳定剂	4.0

（2）加工工艺　原料在高速混合机中干混 3～5min，双螺杆挤出机挤出造粒。双螺杆挤出机一区温度为 90～100℃，二区温度为 150～180℃，三区温度为 200～210℃，四区温度为 200～205℃，五区温度为 190～200℃，停留时间为 1～2min，压力为 10～15MPa。

（3）参考性能　阻燃 ABS 材料性能见表 2-16。

表 2-16 阻燃 ABS 材料性能

性能指标	数值	性能指标	数值
密度/(g/cm³)	0.99	弯曲模量/MPa	2472
熔融指数/(g/10min)	20	悬臂梁缺口冲击强度/(J/m)	214
拉伸强度/MPa	43	阻燃性 UL-94(2.0mm)	V-0
断裂伸长率/%	27.2	热变形温度/℃	0.95
弯曲强度/MPa	69		

2.3.2 ABS 阻燃塑料

（1）配方（质量份）

ABS	160~165	丙烯腈	6~9
偏锡酸	10~15	烷基苯磺酸酯	10~14
三氧化二锑	10~15	磷酸三苯酯	20~30
聚磷酸铵	10~15	蒙脱土	10
苯乙烯	5~8	过氧化二异丙苯	10

（2）加工工艺 按配方称重后混合放入搅拌机，搅拌均匀后放入密炼机密炼，密炼温度为 160~165℃、转速为 1000~1150r/min。将密炼后的混合物经造粒机造粒。

（3）参考性能 ABS 阻燃塑料的耐热性及阻燃性较优异，而且制备工艺简单，产品成本低。ABS 阻燃塑料性能见表 2-17。

表 2-17 ABS 阻燃塑料性能

性能指标	数值	性能指标	数值
拉伸强度/MPa	43~45	冲击强度/(J/m)	129~130
断裂伸长率/%	13	阻燃性 UL-94	V-0
弯曲强度/MPa	41~42	氧指数/%	39

2.3.3 无卤阻燃 ABS

（1）配方（质量份）

ABS 树脂	100	丙烯酸酯类弹性体	3
间苯二酚双(二苯基磷酸酯)	2.4	抗氧剂	0.3
含 DOPO 双氧己内磷酸酯阻燃剂	5.6		

（2）加工工艺 称取各组分，在高速混合机中室温下控制转速在 300~400r/min，混合 2~8min，混合均匀；于 200~210℃温度下用双螺杆挤出机挤出造粒。

（3）参考性能 无卤阻燃 ABS 的氧指数 LOI 测试值为 37.8%，纯 ABS 的 LOI 为 23.9%。该产品无卤环保，可作为各种电器外壳和汽车外饰件。

2.3.4 高性能阻燃 ABS

（1）配方（质量份）

ABS	80	阻燃剂	1
甲基硅油	2	金属辅助剂	5
过渡金属化合物	5		

注：过渡金属化合物，其中氯化钴、氯化锌、氯化镍的质量配比为 1:1:1；金属辅助剂，其中金属铝、金属铁、金属钼各组分的质量配比为 1:0.5:1；辅助阻燃剂 1 份（三聚氰胺、磷酸三苯酯各组分的质量配比为 1:0.6）。

（2）加工工艺 将 ABS 与甲基硅油加入高速混合机中混合 2~5min。过渡金属化合物、金属辅助剂、辅助阻燃剂依次加入高速混合机中继续混合 5～10min。将混合好的物料加入双螺杆挤出机，挤出机的温度区间分别为 155℃、175℃、180℃、185℃、180℃，转速为 80～120r/min，挤出造粒。

（3）参考性能　高性能阻燃 ABS 性能见表 2-18。

表 2-18　高性能阻燃 ABS 性能

性能指标	数值	性能指标	数值
拉伸强度/MPa	37.8	缺口冲击强度/(kJ/m^2)	10.8
断裂伸长率/%	13.1	极限氧指数/%	32

2.3.5　阻燃哑光的 ABS

（1）配方（质量份）

ABS	100	二氧化硅消光粉	3
DOPO 衍生物阻燃剂	5	光稳定剂(2-羟基-4-辛氧基二苯甲酮)	0.5
全氟丁基磺酸钠	0.5	润滑剂	0.2
碳酸钙(800 目)	15	抗氧剂	0.2
增韧剂(罗门哈斯 EXL-2690)	10		

注：碳酸钙粉体经四辛氧基钛二[二(十三烷基亚磷酸酯)] 表面处理，粒径为 800 目；润滑剂由质量比为 2∶3 的聚硅氧烷粉与硬脂酸钙共混而成；抗氧剂由质量比为 2∶3 的 1010 和 626 组成。

DOPO 衍生物阻燃剂的结构式：

（2）加工工艺

① 改性碳酸钙粉体的制备　将碳酸钙粉体以 300r/min 的速度搅拌混合的同时喷入雾化的偶联剂溶液，然后将表面浸润有偶联剂的碳酸钙粉体在 90℃下烘 4h，冷却至常温。

② 阻燃哑光的 ABS 制备　按配方配料，以 500r/min 的速度搅拌混合 10min，预混原料加入双螺杆挤出机中挤出造粒，双螺杆挤出机各段温度设置为：一区 180℃、二区 195℃、三区 200℃、四区 210℃、五区 215℃、六区 210℃、七区 205℃、八区 200℃、九区 195℃、十区 190℃、十一区 185℃，机头为 210℃，螺杆转速为 400r/min，喂料频率为 10r/min。

（3）参考性能　阻燃哑光的 ABS 性能见表 2-19。

表 2-19　阻燃哑光的 ABS 性能

性能指标	数值	性能指标	数值
拉伸强度/MPa	132	光泽度	22
弯曲强度/MPa	182	阻燃性 UL-94	V-0
缺口冲击强度/(kJ/m^2)	20		

2.3.6　稀土协同阻燃 ABS

（1）配方（质量份）

ABS 树脂	88	稀土成炭剂	5
磷酸三甲苯酯	5	抗氧剂 1010	0.5
氧化锆	1	亚乙基双硬脂酰胺	0.5

（2）加工工艺

① 稀土成炭剂的制备 将吡哆醛-5-磷酸酯配制成浓度为 18mol/L 的水溶液 500mL，逐滴加入 0.1mol 的过氧化二异丙苯作为引发剂。搅拌均匀，再加入 3mol 三氯化铈，控制反应温度在 90℃，反应时间为 10h；产物洗涤，干燥后得到的白色固体粉末即为稀土成炭剂。

② 稀土协同阻燃 ABS 将配方各组分在高速搅拌机中搅拌 5～20min，混合粉料经过双螺杆挤出机挤出造粒，挤出机温度为 180～220℃，严格控制真空度大于 0.06MPa，螺杆转速为 180～600r/min。

（3）参考性能 稀土协同阻燃 ABS 性能见表 2-20。

表 2-20 稀土协同阻燃 ABS 性能

性能指标	数值	性能指标	数值
拉伸强度/MPa	49	阻燃性 UL-94	V-0
缺口冲击强度/(kJ/m²)	180	成炭防滴落	成炭不滴落

2.3.7 消光阻燃 ABS 材料

（1）配方（质量份）

ABS (8391)	77.6	阻燃剂(溴代环氧乙烷)	3
SEBS(YH-503)	3	溴代三嗪	9
PE(HXB4505M)	3	锑白	4
TiO₂	0.2	抗氧剂(B225)	0.2

（2）加工工艺 加入高速搅拌机中搅拌均匀，混合物料经双螺杆混炼机组造粒，加工温度为 200～220℃，保持设备真空系统的真空度高于-0.08MPa。

（3）参考性能 消光阻燃 ABS 材料光泽度（60°）为 40.2，其具有优异的消光性能，表面光滑平整，加工性能优异，同时克服了一般阻燃材料韧性较差的缺点，具有良好的力学性能。可应用于大型客车顶棚扣板、各种电器仪表外壳等。

2.3.8 高耐热低烟阻燃 ABS

（1）配方（质量份）

ABS(3513)	75.5	滑石粉(1000 目)	3
溴代三嗪(FR-245)	10	复合消烟剂(MoO₃/MgO)	2
四溴双酚 A	5	抗滴落剂(Blendex 449)	0.5
三氧化二锑	3	加工助剂	1

（2）加工工艺 将 ABS 树脂、各种助剂加入高速混合机高速搅拌 2min，在双螺杆挤出机中进行挤出造粒。挤出机温度分布由进料段到机头分别为：180℃、200℃、200℃、200℃、190℃、190℃、190℃、180℃、180℃；模头：190℃。

（3）参考性能 高耐热低烟阻燃 ABS 广泛应用于通信行业、汽车行业、建筑材料、装饰材料、电缆及电器行业。高耐热低烟阻燃 ABS 性能见表 2-21。

表 2-21 高耐热低烟阻燃 ABS 性能

性能指标	数值	性能指标	数值
拉伸强度/MPa	42	无缺口冲击强度/(kJ/m²)	NB
弯曲强度/MPa	77	热变形温度(1.82MPa)/℃	90
弯曲模量/MPa	2450	烟密度等级	150
缺口冲击强度/(kJ/m²)	16.4	阻燃性 UL-94(1.6mm)	V-0

2.3.9　高光泽无卤阻燃 ABS

（1）*配方（质量份）*

ABS（AC-800）	44	抗氧剂（1010）	0.4
ABS（TS-10S）	18	表面光亮剂（EVA）	0.3
SAN	11	光热稳定剂（三碱式硫酸铅）	0.5
增韧剂（ABS 高胶粉）	9	加工助剂（润滑剂 EBS）	0.7
阻燃剂（RDP）	13	加工助剂（防滴落剂 PTFE）	0.1
阻燃剂（三氧化二锑）	3		

（2）*加工工艺*　按配方称量的物料缓慢加入高速混合机中混合充分，双螺杆挤出机造粒，磷系阻燃剂由计量泵控制从液体喂料口加入。双螺杆挤出机长径比为 40，带有液体喂料口及抽真空装置，前段温度为 160～170℃，中段温度为 180～220℃，机头温度为 230℃，螺杆转速控制在 260r/min。制得的颗粒放入真空烘箱中于 80～90℃下烘干 3～5h 后用注塑机注塑成标准样条。注塑温度设定为机头 200℃、一区 210℃、二区 210℃、三区 220℃。

（3）*参考性能*　高光泽无卤阻燃 ABS 合金性能见表 2-22。

表 2-22　高光泽无卤阻燃 ABS 合金性能

性能指标	数值	性能指标	数值
拉伸强度/MPa	41.8	缺口冲击强度/(kJ/m^2)	22.7
断裂伸长率/%	9	垂直燃烧	V-0
弯曲强度/MPa	64.1	表面光泽度	高光

2.3.10　环保型无卤阻燃 ABS

（1）*配方（质量份）*

ABS	60	锑系阻燃剂	5
溴系阻燃剂	28	加工助剂	2
氯系阻燃剂	5		

注：溴系阻燃剂、氯系阻燃剂选用以色列死海溴的产品；锑系阻燃剂选用常德辰州产品。

（2）*加工工艺*　将含硫化合物以及含磷化合物与硅油配成质量分数为（25～2500）×10^{-6}的硅油溶液；将含锡化合物与硅油配成质量分数为（20～3500）×10^{-6}的硅油溶液；将两种硅油溶液与 ABS、阻燃剂、加工助剂按配方的配比在高速搅拌混料机混合均匀，在双螺杆挤出机中挤出造粒。双螺杆挤出机的各段螺杆温度从加料口到机头的温度分别优选为一区温度 80℃、二区温度 160℃、三区温度 180℃、四区温度 190℃、五区温度 190℃、六区温度 190℃、七区温度 180℃、八区温度 180℃、九区温度 180℃，机头温度为 200℃，螺杆转速优选为 320r/min，双螺杆挤出机长径比为 40。

（3）*参考性能*　环保型无卤阻燃 ABS 性能见表 2-23。

表 2-23　环保型无卤阻燃 ABS 性能

性能指标	数值	性能指标	数值
锡元素含量/10^{-6}	15	弯曲模量/MPa	2132
磷元素含量/10^{-6}	10	悬臂梁缺口冲击强度/(kJ/m^2)	20.6
硫元素含量/10^{-6}	0.5	阻燃性 UL-94(2.0mm)	V-0
拉伸强度/MPa	43	ΔE	0.95
断裂伸长率/%	9	Δb	0.82
弯曲强度/MPa	61.6		

注：此表为金发公司测试阻燃材料耐热性对外观缺陷的评价方法。阻燃 ABS 组合物在成型时由于制件尺寸较大，成型周期较长，点浇口剪切较强，导致材料降解产生异色纹等外观缺陷，因此以 200℃注塑方板的颜色作为底色，在 220℃热滞留 5min 后注塑方板于 200℃计算色差 ΔE 及 Δb 值变化，比较 ΔE 和 Δb 的大小进行评价。

2.3.11 高光阻燃 ABS/PMMA 合金

(1) 配方 (质量份)

ABS	56	聚四氟乙烯	0.3
PMMA	25	EBS	0.3
MBS	8	抗氧剂(1076)	0.1
缩聚型无卤磷酸酯	10	抗氧剂(168)	0.2
硼酸锌	0.1		

(2) 加工工艺 在高速混合机中高速预混 3~5min，随后在双螺杆挤出机上熔融挤出造粒，螺杆长径比为 38。其中，双螺杆挤出机的各区间温度分别为：一区间 185~195℃，二区间 195~200℃，三及四区间 200~205℃，五区间 205~210℃，模头温度为 210~220℃。挤出机喂料器转速为 10Hz，主机转速为 25Hz。

(3) 参考性能 高光阻燃 ABS/PMMA 合金性能见表 2-24。

表 2-24 高光阻燃 ABS/PMMA 合金性能

性能指标	数值	性能指标	数值
拉伸强度/MPa	56	熔融指数/(g/10min)	26
断裂伸长率/%	22	铅笔硬度	F
弯曲强度/MPa	68	光泽度	73.4
弯曲模量/MPa	2450	阻燃性 UL-94	V-1
缺口冲击强度/(kJ/m²)	8.9		

2.3.12 汽车内饰件用阻燃 ABS 塑料

(1) 配方 (质量份)

ABS 树脂	100	氰尿酸三聚氰胺	20
聚螺环磷酸酯二酰胺	20		

(2) 加工工艺 按配方将各组分加入高速混合机中，转速在 350r/min，混合 10min，取出后转入螺杆挤出机中，在 180℃温度下挤出造粒。

(3) 参考性能 汽车内饰件用阻燃 ABS 塑料阻燃性能见表 2-25。

表 2-25 汽车内饰件用阻燃 ABS 塑料阻燃性能

性能指标	数 值
LOI/%	30.1
阻燃性 UL-94(1.6mm)	V-0

2.3.13 隔热阻燃 ABS 板

(1) 配方 (质量份)

高耐热 ABS	40	纳米氧化铝	3
丙烯酸树脂	50	矿物油	1
ABS 增韧剂	5	分散助剂	5
三聚氰胺	5	云母粉	6

(2) 加工工艺

① 丙烯酸树脂的改性 将 60 份丙烯酸乳液分散在纯净水中，加热至回流状态保温搅拌 10min，然后加入 80 份天门冬氨酸和 1 份链增长剂，回流搅拌 4h，过滤，固体送入 100~110℃干燥箱中，干燥至恒重即可。

② 分散助剂的制备　将 8 份聚乙二醇加入去离子水中，于 30℃搅拌至完全溶解，然后加入 10 份柠檬酸和 0.1 份钛酸四乙酯，加热至回流状态；保温搅拌 3h，然后降温至 70℃，加入 1 份环氧大豆油，保温搅拌 30min；趁热过滤，固体用去离子水洗去杂质，50℃真空干燥至恒重。

③ 隔热阻燃 ABS 板的制备　按配方称量物料加入搅拌机中，在 100r/min 的转速下，搅拌混合均匀，造粒得到塑料颗粒；将烘干的塑料颗粒由单螺杆挤出机生产线经模具挤出成软板材，挤出机的加工温度为 210℃，模具的温度为 220℃；软板材再经过三辊压制、冷却定型后剪切成规定的尺寸得到产品。三辊压制上辊温度为 75℃、中辊温度为 85℃、下辊温度为 65℃。

（3）参考性能　隔热阻燃 ABS 板性能见表 2-26。

表 2-26　隔热阻燃 ABS 板性能

性能指标	数值	性能指标	数值
拉伸强度/MPa	214	冲击强度/(kJ/m²)	31.4
弯曲强度/MPa	194	氧指数/%	41

2.3.14　阻燃耐候 ABS 波纹管

（1）配方（质量份）

ABS	150	脂肪醇聚氧乙烯醚	3
氟硅橡胶	21	氢氧化铝	25
乙烯-辛烯嵌段型共聚物	15	纳米硅藻土	10
聚乳酸	15	促进剂（二硫代二苯并噻唑）	5
聚酯纤维	10	抗氧剂(1010)	7
碳化硅晶须	8	引发剂（过氧化苯甲酸叔丁酯）	5
羟基硅油	8	四氟硼酸四乙基铵	12
硫化锑	11	氧化铝纤维	6

（2）加工工艺　按配方将各组分加入高速混合机中混合均匀，螺杆挤出机在 180～220℃温度范围挤出造粒。

（3）参考性能　塑料波纹管可以广泛应用于排水、透水管，室内装修电线套管，汽车电线套管，预应力锚索套管，空调器排水管等。阻燃耐候 ABS 波纹管性能见表 2-27。

表 2-27　阻燃耐候 ABS 波纹管性能

性能指标	数值	性能指标	数值
拉伸强度/MPa	34.56	氙灯加速老化 1600h 色牢度	5 级
断裂伸长率/%	150.8	阻燃性 UL-94(1.6mm)	V-0
耐屈挠龟裂 4 万次	无裂口		

2.4　ABS 抗静电、导电改性

2.4.1　抗菌抗静电 ABS

（1）配方（质量份）

ABS	80	SEBS-g-MAH	0.1
改性富勒烯	4	Irganox168	0.1

（2）加工工艺

① 改性富勒烯的制备 称取一定量的纳米 TiO_2 及无水乙醇 [TiO_2 与无水乙醇的质量比为（20~30）:（160~240）]，超声振荡 8~12min；纳米 TiO_2 吹干后，将该纳米 TiO_2 放入等离子室内，通入氩气等离子体，反应 20~24min，得改性纳米 TiO_2；称取一定量的改性纳米 TiO_2、去离子水、$LaCl_3 \cdot 7H_2O$ 及聚丙烯酰胺，改性纳米 TiO_2、去离子水、$LaCl_3 \cdot 7H_2O$ 及聚丙烯酰胺的质量比为（40~60）:（200~240）:（20~28）:（10~16）。将它们放入超声波振荡仪中振荡 3~5h，得溶液 A；称取一定量的富勒烯、$ZnCl_3$ 溶液及去离子水，将富勒烯研磨成粉，把富勒烯粉、$ZnCl_3$ 溶液及去离子水放入超声波振荡仪中振荡 4~6h，过滤，干燥得载锌富勒烯；将载锌富勒烯加入溶液 A 中，添加 HCl 溶液调节 pH 值至中性，在 60~80℃搅拌反应 3~5h，抽滤、干燥、研磨得改性富勒烯。

② 抗菌抗静电 ABS 的制备 按配方称重混合均匀，在挤出机中挤出造粒，双螺杆挤出机熔融挤出的加工条件如下：一区温度 180℃，二区温度 240℃，三区温度 240℃，四区温度 240℃，五区温度 240℃，六区温度 240℃，机头温度为 240℃；螺杆转速为 200r/min。

（3）参考性能 抗菌抗静电 ABS 性能见表 2-28。抗静电 ABS 复合物在提高黏结强度的同时，其力学性能基本保持不变，可以应用于胶封材料领域（如蓄电池）。

表 2-28 抗菌抗静电 ABS 性能

性能指标	数值	性能指标	数值
表面电阻率/Ω	2.8×10^6	大肠埃希氏菌抗菌率/%	97.9
金黄色葡萄球菌抗菌率/%	99.7		

2.4.2 高耐候抗静电 ABS

（1）配方（质量份）

ABS 树脂	85	抗氧剂	2
EXL-2330	30	UV-P	2
亚乙基双硬脂酸酰胺	3	聚醚酯酰亚胺	20

注：ABS 材料的熔融指数在 40g/10min；抗氧剂为 1076 与 168 按 1:2 复配而成；EXL-2330 是丙烯酸酯类核-壳型抗冲击改性剂。

（2）加工工艺 将 ABS 树脂、EXL-2330、UV-P 在高速混合机中混合均匀，搅拌混合 10min。预混料采用双螺杆挤出机熔融挤出造粒，挤出机加工温度为 200~240℃。

（3）参考性能 高耐候抗静电 ABS 性能见表 2-29。

表 2-29 高耐候抗静电 ABS 性能

性能指标	数值	性能指标	数值
拉伸强度/MPa	43		实验前	100
断裂伸长率/%	12	氙灯照射 200h	96
弯曲强度/MPa	51	悬臂梁缺口冲击强度保持率/%	氙灯照射 584h	88
弯曲模量/MPa	2010	氙灯照射 1040h	81
悬臂梁缺口冲击强度/(kJ/m²)	21	氙灯照射 1245h	79
表面电阻率/Ω	10^8		

2.4.3 永久抗静电透明 ABS

（1）配方（质量份）

透明 ABS	75	聚醚酯	12

| 1-丁基-2-甲基咪唑鎓氯化物 | 2 | 抗氧剂(168) | 1 |
| 聚乙酸乙烯酯 | 10 | | |

（2）加工工艺　按配方称量物料，在高速混合机中搅拌 3～5min。双螺杆挤出造粒，挤出的工艺温度为：一区 180～200℃，二区 200～210℃，三区 210～220℃，四区至七区 220～230℃。

（3）参考性能　永久抗静电透明 ABS 性能见表 2-30。

表 2-30　永久抗静电透明 ABS 性能

性能指标	数值	性能指标	数值
拉伸强度/MPa	45.6	静电耗散时间/s	0.2
断裂伸长率/%	42	表面电阻率/Ω	5.2×10^8
透光率/%	85.3		

2.4.4　胶封材料用抗静电 ABS

（1）配方（质量份）

| ABS 树脂(AG15A1) | 74.5 | 黏结改性协效剂(环氧大豆油) | 0.5 |
| 黏结改性剂(阿科玛 AX-8900) | 10 | 抗静电剂 (PELESTAT 6500) | 15 |

（2）加工工艺　配方物料在高速混合机充分混合 10～60min 后，双螺杆挤出造粒。双螺杆挤出机熔融挤出的加工条件如下：一区温度 190℃，二区温度 210℃，三区温度 230℃，四区温度 240℃，五区温度 240℃，六区温度 240℃，七区温度 240℃，八区温度 240℃，九区温度 240℃，十区温度 250℃，机头温度为 260℃；螺杆转速为 200～800r/min，长径比为 40。

（3）参考性能　胶封材料用抗静电 ABS 性能见表 2-31。抗静电 ABS 复合物在提高黏结强度的同时，其力学性能基本保持不变，可以应用于胶封材料领域（如蓄电池）。

表 2-31　胶封材料用抗静电 ABS 性能

性能指标	数值	性能指标	数值
拉伸强度/MPa	45.6	熔融指数/(g/10min)	22.5
断裂伸长率/%	28	黏结强度/(kgf/1.27cm²)	110.2
弯曲强度/MPa	72.5	密度/(g/cm³)	1.039
弯曲模量/MPa	2387	表面电阻率/Ω	10^8
缺口冲击强度/(kJ/m²)	20.3		

注：1kgf=9.80665N。

2.4.5　低发烟、抗静电、可激光标记 ABS

（1）配方（质量份）

ABS	70.1	抗静电剂(甘油单硬脂酰酯)	0.6
甲基丙烯酸甲酯-丙烯腈-丁二烯-苯乙烯共聚物(MABS)	25	抗氧剂(1010)	0.4
		EBS	0.2
硫化锌	3		

（2）加工工艺　原料均匀混合，挤出机挤出造粒。挤出机控制温度：一区温度 170～190℃，二区温度 200～220℃，三区温度 200～220℃，四区温度 200～220℃，五区温度 210～230℃，六区温度 210～230℃，七区温度 210～230℃，八区温度 210～230℃，九区温度 200～220℃。主机转速为 250～450r/min。

（3）参考性能　低发烟、抗静电、可激光标记 ABS 性能见表 2-32。

表 2-32　低发烟、抗静电、可激光标记 ABS 性能

性能指标	数值	性能指标	数值
拉伸强度/MPa	55	熔融指数/(g/10min)	18
断裂伸长率/%	11	烟密度测试/%	63（少量发烟）
弯曲强度/MPa	78	密度/(g/cm³)	1.12
弯曲模量/MPa	2810	表面电阻率/Ω	10^{10}
悬臂梁缺口冲击强度/(kJ/m²)	16		

2.4.6　导电 ABS 材料

(1) 配方（质量份）

ABS 树脂	80	亚乙基双硬脂酰胺	4
聚对亚苯基乙炔	20	聚磷酸铵	3
三缩水甘油基三聚异氰酸酯	15	三聚异氰酸三烯丙酯	2
乙炔炭黑	7	颜料	0.5

(2) 加工工艺　按配方称取物料，在惰性气体气氛下加热到 690℃，混合均匀；加入高速搅拌机中再依次加入硬脂酸钙 9 份、酰胺改性氢化蓖麻油 8 份、癸二酸二酰肼 2 份混合均匀，加入双螺杆挤出机挤出切粒，得到导电 ABS 材料。双螺杆挤出机各区段温度为：一区温度 180℃，二区温度 210℃，三区温度 230℃，四区温度 220℃，五区温度 200℃。

(3) 参考性能　导电 ABS 材料性能见表 2-33。

表 2-33　导电 ABS 材料性能

性能指标	数　值
悬臂梁缺口冲击强度/(J/m)	112
体积电导率/(S/m)	$5×10^4$

2.4.7　导电抗老化 ABS

(1) 配方（质量份）

ABS 树脂	38	卡拉胶	5
氯化聚醚	14	乙酸-丁酸纤维素	7
二元乙丙橡胶	13	琥珀酸二辛酯磺酸钠	7
纳米二氧化钛	7	相容剂	5
碳纤维	5	偶联剂（KH550）	2.8
硫化锌粉	4	抗老化剂	1.6
纳米铋粉	4		

注：相容剂由 40%（质量分数）丙烯酸甲酯-丁二烯-苯乙烯共聚物和 60%（质量分数）丙烯酸-马来酸酐共聚物组成。抗老化剂由 35%（质量分数）硫代二丙酸双十二烷酯、50%（质量分数）3,3′-硫代二丙酸双十八酯和 15%（质量分数）2,2′-亚甲基双-(4-甲基-6-叔丁基苯酚)组成。

(2) 加工工艺　将纳米二氧化钛、碳纤维、硫化锌粉和纳米铋粉置于含偶联剂的乙醇溶液中，在 65℃、200W 功率条件下超声处理 60min，干燥，得到预处理料；将 ABS 树脂、氯化聚醚置于搅拌罐中，于 83℃下以 750r/min 的速度搅拌 30min；再加预处理料搅拌均匀，然后加入余下的原料，以挤出温度为 210～280℃、转速为 160r/min 的条件挤出造粒，干燥即可。

(3) 参考性能　导电 ABS 材料性能见表 2-34。

表 2-34　导电 ABS 材料性能

性能指标	数值	性能指标	数值
拉伸强度/MPa	39.2	耐臭氧老化试验	不产生龟裂现象
体积电阻率/Ω·m	8.33×10^{2}	120℃、70h 热老化试验拉伸强度变化率/%	2.94

2.4.8　碳纤维增强的导电 ABS

(1) 配方（质量份）

ABS(757)	550	抗氧剂(1076)	2
碳纤维	400	抗氧剂(168)	3
ABS-MAH	40	EBS	3
导电炭黑	10		

(2) 加工工艺　将导电炭黑和短切碳纤维加入高速混合机混合均匀，然后加入 ABS 树脂、相容剂、抗氧剂和润滑剂充分混合。用双螺杆挤出机挤出造粒，挤出机温度范围为170～230℃。

(3) 参考性能　导电 ABS 树脂性能见表 2-35。

表 2-35　导电 ABS 树脂性能

性能指标	数值	性能指标	数值
弯曲强度/MPa	215	体积电阻率/Ω·m	7.6×10^{3}
弯曲模量/MPa	19600	收缩率/%	0.12

2.4.9　碳纳米管导电 ABS 树脂

(1) 配方（质量份）

ABS	80	KH550	0.1
聚苯醚	40	聚乙烯蜡	5
马来酸酐接枝聚丙烯	5	碳纳米管	10
亚乙基双硬脂酰胺	2		

(2) 加工工艺

① 碳纳米管的预处理　将直径为 50nm 的碳纳米管浸入质量分数为 5% 的偶联剂 KH550 的乙醇溶液中，超声 30min，60℃下干燥，得到处理过的碳纳米管。

② 导电 ABS 树脂的制备　按配方称量物料加入高速混合机中混合均匀，混合温度为85℃，混合时间为 10min。双螺杆挤出机挤出造粒，挤出机的各段温度为：第一段 170℃，第二段 190℃，第三段 210℃，第四段 230℃，第五段 245℃。

(3) 参考性能　碳纳米管导电 ABS 树脂性能见表 2-36。

表 2-36　碳纳米管导电 ABS 树脂性能

性能指标	数值	性能指标	数值
热导率/[W/(m·K)]	3.82	体积电导率/(S/m)	1×10^{3}
悬臂梁缺口冲击强度/(J/m)	97		

2.4.10　导电型 3D 打印用石墨烯/ABS

(1) 制备方法　将 9g 用 Hummers 法制得的氧化石墨烯溶于 N,N-二甲基甲酰胺（DMF）溶液中配制出 GO-DMF 溶液，与此同时将 91g ABS 树脂溶于 DMF 中形成 ABS-DMF 溶液，然后将 GO-DMF 溶液及 ABS-DMF 溶液在高速搅拌机的作用下（5000r/min，

25min）混合，使得 GO 与 ABS 材料充分混合。之后加入 45mL 硼氢化钠对 GO 进行还原，生成黑色的石墨烯/ABS 复合材料。通过加入适量的水将石墨烯/ABS 材料从 DMF 溶液中分离。上层悬浮物即为 G-ABS 复合材料，下层为 DMF 的水溶液。随后用去离子水进行离心、洗涤与干燥，最终获得石墨烯含量为 7.1%（质量分数）的石墨烯/ABS 复合材料。

将得到的石墨烯/ABS 材料置于单螺杆挤出机（控制单螺杆挤出机各段温度分别为170℃、185℃、195℃、190℃）中进行挤出，从口模挤出的丝材垂直进入热水冷却槽（水温60℃），随后进入冷水冷却槽，通过牵引机进行牵引制得直径为 3mm 的石墨烯/ABS 复合丝材。将其应用于 FDM 3D 打印，打印温度为 245℃，热床温度为 70℃，打印速度为50mm/s。

（2）参考性能　石墨烯/ABS 复合材料的电导率为 $6.79×10^{-2}$ S/m。

2.4.11　3D 打印导线用导电 ABS/PLA

（1）配方（质量份）

本体法 ABS	21.39	GNP	2.7
乳液法 ABS	22.39	CNT	1.5
SAN-GMA	5	Ni	12
PLA	36	TPB	0.02

（2）加工工艺　CNT 和 GNP 置于烧杯中，加入氯仿，边高速搅拌边超声（功率120W）8h 后，再加入 PLA，超声和搅拌 4h，把混合物风干后，置于 120℃烘箱中 4h，得到 PLA/碳材料母粒。将纯 PLA、PLA/碳材料母粒和金属镍粉加入密炼机中于 185℃下熔融共混，制备 PLA/Ni/碳材料导电母粒。CNT 和 GNP 的质量占 PLA/碳材料母粒的15%～25%。金属镍粉的质量占 PLA/Ni/碳材料导电母粒的 15%～25%。

PLA/Ni/碳材料导电母粒与本体法 ABS（陶氏 MAGNUM 213）、乳液法 ABS（中国台湾奇美公司 747）、苯乙烯-丙烯腈-甲基丙烯酸缩水甘油酯共聚物（SAN-GMA）、丁基三苯基溴化膦（TPB）混合，经双螺杆挤出机于 185℃下进行熔融共混，制备出碳材料和镍粉复合改性的共连续 ABS/PLA 合金，再经料条成型机制造导电改性的 3D 打印用 ABS 料条。

（3）参考性能　3D 打印导线用导电 ABS/PLA 性能见表 2-37。

表 2-37　3D 打印导线用导电 ABS/PLA 性能

性能指标	数值	性能指标	数值
缺口冲击强度/（J/m）	125	体积电阻率/Ω·cm	0.55
拉伸强度/MPa	40.7		

2.5　ABS 导热改性

2.5.1　导热 ABS 制品

（1）配方（质量份）

ABS 树脂	80	异丙基三硬脂酸钛酸酯	4
硫酸钙晶须	10	铝酸酯偶联剂 DL-411A	2
石墨	4		

（2）加工工艺　将钛酸酯偶联剂加 6 倍质量无水乙醇稀释，加入硫酸钙晶须中，高速搅拌分散，搅拌速度 2500r/min，温度 80℃，时间 10min，冷却后得到偶联剂处理的硫酸钙晶须；将铝酸酯偶联剂加入石墨中，高速搅拌分散，搅拌速度 2500r/min，温度 120℃，时间

10min，冷却后得到偶联剂处理的石墨；将 ABS 树脂加入双螺杆挤出机料斗，偶联剂处理的硫酸钙晶须及石墨分别加入相应的侧喂料机中，按照各组分比例进行造粒；挤出机各区温度分别为一区 130℃、二区 150℃、三区 180℃、四区 220℃、五区 240℃、六区 250℃、七区 255℃、八区 265℃、模头区 265℃，冷却水温度为 40℃，挤出机转速为 120r/min。

（3）参考性能　导热 ABS 制品性能见表 2-38。

表 2-38　导热 ABS 制品性能

性能指标		纯 ABS	导热 ABS
拉伸强度/MPa		44	46.8
冲击强度/(J/m^2)		25	36.2
表面电阻率/Ω		4.1×10^{13}	3.8×10^{13}
热导率/[W/(m·K)]	垂直壁厚方向	0.33	46.1
	溶体流动方向	0.33	48.6
	垂直溶体流动方向	0.33	45.9

2.5.2　高强度高导热 ABS/PC

（1）配方（质量份）

PC	28	稀土偶联剂	14
ABS	33	偶联剂改性碳纤维	23
废旧轮胎橡胶粉末	12	复合抗氧剂	4
端羟基超支化聚酯	9	PP 蜡	5
氧化镧	10		

（2）加工工艺　称取好配方中的原料加入高速混合机，搅拌 30min，混合均匀；投入双螺杆挤出机挤出、造粒。加工工艺如下：一区温度为 205℃，二区温度为 225℃，三区温度为 245℃，四区温度为 215℃，模头温度控制在 175℃，螺杆转速为 500r/min。

（3）参考性能　ABS 导热绝缘复合材料性能见表 2-39。

表 2-39　ABS 导热绝缘复合材料性能

性能指标	数值	性能指标	数值
热导率/[W/(m·K)]	2.9	缺口冲击强度/(kJ/m^2)	77.6
拉伸强度/MPa	85.1	体积电阻率/Ω·cm	6.5×10^{15}
断裂伸长率/%	285		

2.5.3　ABS 导热绝缘复合材料

（1）配方（质量份）

ABS 树脂	30	抗氧剂(168)	0.1
改性氧化锌	70		

（2）加工工艺

① 改性氧化锌的制备　称取 3kg 平均粒径 2μm 的氧化锌和用异丙醇按质量比 1∶1 稀释的异丙基三(二辛基焦磷酸酰氧基) 钛酸酯偶联剂 30g 加入高速混合机中在 80℃条件下混合 30min。于烘箱中干燥至恒重得异丙基三（二辛基焦磷酸酰氧基）钛酸酯偶联剂改性的氧化锌。

② ABS 导热绝缘复合材料的制备　按配方称取物料投入高速混合机中混合均匀后，用双螺杆挤出机挤出造粒，挤出温度为 215℃。

（3）参考性能　ABS 导热绝缘复合材料性能见表 2-40。

表 2-40 ABS 导热绝缘复合材料性能

性能指标	数值	性能指标	数值
热导率/[W/(m·K)]	0.83	弯曲强度/MPa	48
拉伸强度/MPa	27	体积电阻率/Ω·cm	6.5×10^{15}

2.5.4 掺杂氮化铝的绝缘导热 ABS

(1) 配方（质量分数/%）

ABS	90.5	铝酸酯偶联剂	2
等离子表面活化处理的氮化铝	7	硬脂酸钙	0.5

(2) 加工工艺 将氮化铝（AlN）粉末放置于真空粉末处理装置中，缓慢通入氩气，并同时进行介质阻挡放电，放电电压为 20000V，处理时间为 5min，放电结束后置于氩气中保存；等离子表面活化处理后的 AlN 粉末与铝酸酯偶联剂按原料配比混合，向 AlN 粉末与铝酸酯偶联剂的混合物中按照 AlN 粉末与铝酸酯偶联剂混合物:无水乙醇＝7:1 的体积比加入无水乙醇，一同放入高速混合机中混合 1h。将混合均匀的原料在 60℃ 的温度下真空干燥 0.5h，得到偶联剂处理的 AlN 粉末。向制备的粉末中加 ABS 母粒及硬脂酸钙，在高速混合机中混合 1h。将制备的混合料放入单螺杆注塑机中，控制注塑温度 220℃，同时预热模具，使模具温度达到 190℃，进行注塑。

(3) 参考性能 掺杂氮化铝的绝缘导热 ABS 性能见表 2-41。

表 2-41 掺杂氮化铝的绝缘导热 ABS 性能

性能指标	数值	性能指标	数值
热导率/[W/(m·K)]	0.46	体积电阻率/Ω·cm	4.74×10^{14}
表面电阻率/Ω	4.56×10^{14}		

第**3**章 ▶▶▶

聚碳酸酯改性配方与应用

3.1 聚碳酸酯增强、增韧改性

3.1.1 高光泽玻璃纤维增强聚碳酸酯合金

(1) 配方（质量份）

PC(IR2200)	30	润滑剂[固体石蜡/液体石蜡(1∶1)]	0.1
PC(2205)	10	抗氧剂(DBTL)	0.3
PBT	30	抗氧剂(DBTM)	0.3
阻燃剂（亚磷酸三苯酯）	3	玻璃纤维	20

(2) 加工工艺 按配方将物料（除玻璃纤维外）经高速搅拌混合均匀，混合物送入双螺杆挤出机中，同时将5份玻璃纤维从侧喂料加料口进行加料、挤出、拉条、冷却、切粒。双螺杆挤出机一区螺杆温度为200～220℃，二区至机头的螺杆温度为230～260℃，其中侧喂料口处的螺杆温度为250～260℃。

(3) 参考性能 高光泽玻璃纤维增强聚碳酸酯合金综合性能见表 3-1。其光泽度高，可用于成型各种对材料强度要求比较严苛、尺寸要求较高，同时对表面有一定要求的产品领域。

表 3-1 高光泽玻璃纤维增强聚碳酸酯合金综合性能

性能指标	数值	性能指标	数值
拉伸强度/MPa	115	熔融指数(260℃,5kg)	22
弯曲强度/MPa	190	收缩率(横向)/%	0.30
弯曲模量/MPa	8050	收缩率(纵向)/%	0.41
Izod 缺口冲击强度/(J/m)	100	外观	良好(无"浮纤")
Izod 无缺口冲击强度/(J/m)	480	光泽度	60
密度/(g/cm³)	1.46		

3.1.2 增强聚碳酸酯的短切玻璃纤维专用浸润剂

(1) 配方（质量分数/%)

偶联剂(γ-缩水甘油基丙烷三甲氧基硅烷)	0.5	偶联剂(γ-氨丙基三乙氧基硅烷)	0.4

成膜剂(Bayer Baybond LP RSC 1187)	4.0	润滑剂(十八烷基三甲基氯化铵)	0.02
成膜剂(DSM NEOXIL PS 0151)	12.0	去离子水	83.05
润滑剂(聚乙二醇 600 单油酸酯)	0.03		

(2) 加工工艺　按照配方配制浸润剂，然后采用铂金漏板拉丝，涂覆不同的浸润剂，再经过烘制、短切，最后制成短切原丝产品。利用双螺杆挤出机，与聚碳酸酯进行熔融混炼、造粒，最终制得玻璃纤维增强聚碳酸酯料粒（玻璃纤维含量 30%）。

(3) 参考性能　浸润剂改性玻璃纤维增强 PC 力学性能见表 3-2。

表 3-2　浸润剂改性玻璃纤维增强 PC 力学性能

性能指标	数值	性能指标	数值
拉伸强度/MPa	127.6	弯曲模量/GPa	8.1
拉伸模量/GPa	7.65	Izod 缺口冲击强度/(kJ/m²)	18.13
弯曲强度/MPa	200.56	Izod 无缺口冲击强度/(kJ/m²)	67.2

3.1.3　高流动性增韧聚碳酸酯

(1) 配方（质量份）

PC(S-2000F)	57.8	增韧剂(MBS)	3
ABS(8391)	12	阻燃剂(Phire Guard BDP)	11
氟代聚烯烃	0.5	抗氧剂(1076)	0.1
滑石粉	15	抗滴落剂(Teflon® 30N PTEF)	0.5

(2) 加工工艺　按配方加入高速混合机混合均匀，经双螺杆挤出机熔融挤出造粒，得到含增韧填料的高流动性聚碳酸酯组合物；双螺杆挤出机的直径为 (40~45)∶1 且螺筒温度为 250~260℃，螺杆转速为 400~500r/min。

(3) 参考性能　高流动性增韧聚碳酸酯综合性能见表 3-3。可应用于笔记本电脑、平板电脑、电子书及其他电器用具外壳和边框等领域中。

表 3-3　高流动性增韧聚碳酸酯综合性能

性能指标	数值	性能指标	数值
熔体流动速率 MFR/(g/10min)	24	缺口悬臂梁冲击强度/(J/m)	87
弯曲强度/MPa	104	阻燃性 UL-94(1.5mm)	V-0
弯曲模量/MPa	3861		

3.1.4　碳纳米管增强聚碳酸酯/碳纤维复合材料

(1) 配方（质量份）

聚碳酸酯	74.4	阻燃剂磷酸三苯酯	5
碳纳米管改性碳纤维	20	抗滴落剂聚四氟乙烯	0.3
聚乙烯蜡	0.3		

(2) 加工工艺　碳纳米管分散液由碳纳米管、表面活性剂、水及与水互溶的有机溶剂组成，表面活性剂为铵盐型。碳纳米管分散液中含碳纳米管的质量分数在 0.0005%~0.002%之间，1kg 的碳纳米管分散液可用于处理至少 1kg 碳纤维。改性碳纤维为在碳纳米管分散液中经浸泡、烘干后得到的碳纤维。按配方称重搅拌预处理，加入高速混合机中高速混合；将混合后的粉体、用碳纳米管分散液处理后的碳纤维及聚碳酸酯在双螺杆挤出机中挤出造粒。

(3) 参考性能　碳纳米管增强聚碳酸酯/碳纤维复合材料综合性能见表 3-4。

表 3-4　碳纳米管增强聚碳酸酯/碳纤维复合材料综合性能

性能指标	数值	性能指标	数值
拉伸强度/MPa	168	弯曲模量/MPa	21440
断裂伸长率/%	1.3	冲击强度/(kJ/m²)	12.3
弯曲强度/MPa	286	阻燃性 UL-94(0.8mm)	V-0

3.1.5　高光泽低翘曲聚碳酸酯增强阻燃

（1）配方（质量份）

芳香族聚碳酸酯(PC-1225L)	44	磺酸盐阻燃剂	0.3
聚硅氧烷-PC	20	抗滴落剂(SAN包覆型聚四氟乙烯)	0.3
玻璃纤维	25	抗氧剂	0.3
无机矿物填充物	5	流动改良剂(CBT)	1
聚硅氧烷(RM4-7081)	5		

（2）加工工艺　按配方将除玻璃纤维外的全部配料加入高速混合机中，高速混合一定时间后，加入玻璃纤维继续混合均匀。混合物在双螺杆挤出机中挤出造粒。

（3）参考性能　可应用于薄壁化制件、模内镶嵌注塑及电子消费品外观部件等。高光泽低翘曲聚碳酸酯增强阻燃综合性能见表 3-5。

表 3-5　高光泽低翘曲聚碳酸酯增强阻燃综合性能

性能指标	数值	性能指标	数值
拉伸强度/MPa	980	缺口冲击强度/(J/m)	15
弯曲强度/MPa	1300	热变形温度/℃	138
弯曲模量/MPa	581250		

3.1.6　阻燃增强聚碳酸酯

（1）配方（质量份）

聚碳酸酯原料	65	钛酸酯偶联剂	1.0
玻璃纤维	35	三氧化二锑	5.0
抗氧剂(乙烯-辛烯的共聚物)	1.0	分散剂(工业白油10#)	5.0
分散润滑剂(TAS-2A)	1.0		

（2）加工工艺　原料在高速混合机中干混 7～8min，再置于双螺杆挤出机中经熔融挤出、冷却、切粒、包装成品即可。其中，双螺杆挤出机一区温度为 120～130℃，二区为 170～180℃，三区为 230～240℃，四区为 240～250℃，五区为 210～220℃。停留时间为 1～2min，压力为 10～15MPa。

（3）参考性能　阻燃增强聚碳酸酯综合性能见表 3-6。

表 3-6　阻燃增强聚碳酸酯综合性能

性能指标	测试标准	数值
拉伸强度/MPa	ASTM/D638	110
断裂伸长率/%	ASTM/D638	4.0
弯曲强度/MPa	ASTM/D790	140
弯曲模量/MPa	ASTM/D790	5900
悬臂梁缺口冲击强度/(J/m)	ASTM/D256	500
阻燃性	UL-94	V-0

3.1.7 碳纤维增强聚碳酸酯抗静电复合材料

（1）配方（质量份）

聚碳酸酯（L-1225L）	75	相容剂（SAG-00）	22
碳纤维（T700）	20	抗氧剂（Nauguard 445）	3

（2）加工工艺　将聚碳酸酯于120～140℃进行烘干处理，烘干时间4～6h。按照配方称取各组分，经过高速混合机混合均匀，混合温度为30～50℃，混合时间为5～15min。双螺杆挤出机模头处连接浸渍装置，挤出机温度为210～280℃，模头温度为250～290℃；双螺杆挤出机把高温混合料熔体输送到模头，碳纤维通过牵引装置输送到模头，强制浸渍；充分浸渍的碳纤维牵引拉出，冷却定型，切粒。

（3）参考性能　碳纤维增强聚碳酸酯抗静电复合材料性能见表3-7。

表3-7　碳纤维增强聚碳酸酯抗静电复合材料性能

性能指标	数值	性能指标	数值
拉伸强度/MPa	182	表面电阻率/Ω	10^4
弯曲强度/MPa	211		

3.1.8 低气味的玻璃纤维增强聚碳酸酯

（1）配方（质量份）

PC	48	除味剂2	3
短切玻璃纤维	35	抗氧剂（1010）	0.5
马来酸酐接枝聚碳酸酯	10	抗氧剂（168）	0.5
除味剂1	3		

（2）加工工艺

① 除味剂的制备　除味剂1：水作为萃取剂，含40%～85%的发泡聚乙烯母粒。

除味剂2：将2,4-二硝基苯肼配制成2,4-二硝基苯肼质量分数为2%～5%的乙醇溶液，量取，加入13X型沸石分子筛。其中，13X型沸石分子筛和乙醇溶液的质量体积比为（250～350）g：1L，搅拌2～4h后抽滤，抽滤过程中需用无水乙醇冲洗，烘干、研磨、过筛，最终得到负载反应型除味剂的多孔物质。

② 低气味的玻璃纤维增强聚碳酸酯的制备　称取配方各组分，将短切玻璃纤维增强体系以外的各组分于高速混合机中混合均匀，投入双螺杆挤出机的主喂料仓中，短切玻璃纤维增强体系投入侧喂料仓，挤出机螺杆直径为35mm，长径比L/D为35，主机筒从加料口到机头出口的各分区温度设定为：270℃、280℃、290℃、300℃、300℃、300℃、300℃，主机转速为150r/min，经熔融挤出、冷却、造粒。

（3）参考性能　低气味的玻璃纤维增强聚碳酸酯性能见表3-8。

表3-8　低气味的玻璃纤维增强聚碳酸酯性能

性能指标	数值	性能指标	数值
拉伸强度/MPa	116	缺口冲击强度/(kJ/m²)	49
弯曲强度/MPa	139	气味/级	3.5
弯曲模量/MPa	8665	TVOC含量/(μg/g)	9.8
无缺口冲击强度/(kJ/m²)	87		

3.1.9　高光泽低"浮纤"增强聚碳酸酯材料

（1）配方（质量份）

聚碳酸酯	50	聚丁烯	15
PC 树脂	40	MAH-*g*-ABS	1
改性玻璃纤维	8	丁二烯类共聚物	1
中空玻璃微珠	5	季戊四醇硬脂酸酯	2
纳米级碳酸钙	3	抗氧剂(1010)	1

注：PC 树脂是低黏度的双酚 A 型聚碳酸酯，其分子量为 $10000\sim40000$ 且 PC 树脂熔体流动速率在 300℃、1.2kg 条件下＞16g/min；纳米级碳酸钙是粒径分布（D_{50}）为 100nm 的重质碳酸钙；聚丁烯为分子量 25 万～30 万、熔融指数在 30g/10min 的聚正丁烯。

（2）加工工艺

① 改性玻璃纤维的改性　将无碱连续玻璃纤维加入水中加热至 102℃，然后立即投入温度为 4℃的水中，加入乙酸镁和六亚甲基四胺，保温 1min，干燥即可。其中，无碱连续玻璃纤维：乙酸镁：六亚甲基四胺的质量比为 10：1：1。

② 高光泽低"浮纤"增强聚碳酸酯的制备　将聚碳酸酯、PC 树脂、改性玻璃纤维、中空玻璃微珠、纳米级碳酸钙、聚丁烯加入高速混合机中 60℃高速混合 5min，高速混合机的混合速度为 650r/min，冷却至室温，得到预混物；再将相容剂 MAH-*g*-ABS、增韧剂丁二烯类共聚物、润滑剂季戊四醇硬脂酸酯、抗氧剂 1010 加入预混物中混合均匀后，加入双螺杆挤出机中，熔融后挤出，经冷却、风干、切粒即可。其中，双螺杆挤出机各区温度为：一区 200℃，二区 210℃，三区至五区 220℃，六区温度 210℃。螺杆转速控制在 380r/min。

（3）参考性能　长玻璃纤维材料用于增强聚碳酸酯时，容易出现"浮纤"现象。"浮纤"现象是玻璃纤维外露造成的，白色的玻璃纤维在塑料熔体充模流动过程中浮于外表，待冷凝成型后便在塑件表面形成放射状的白色痕迹，当塑件为黑色时会因色泽的差异加大而更加明显。本方法制备的聚碳酸酯材料可以满足高光泽、低"浮纤"增强的要求。

3.1.10　二氧化钛增强蒙脱土改性聚碳酸酯

（1）配方（质量份）

聚碳酸酯	60	其他助剂	3
二氧化钛-蒙脱土	10		

（2）加工工艺　将蒙脱土充分充水后在 -30℃下进行冷冻，形成质量分数为 2% 的蒙脱土悬浮液；向 10kg 蒙脱土悬浮液中加入 26kg 质量分数为 3% 的二氧化钛前驱体溶液（硫酸钛溶液），在 140℃下水热反应 3h，形成纳米二氧化钛插层蒙脱土层间的混合悬浮液；将混合悬浮液进行超声分散 1.5h，然后干燥。在 400℃下烧制 30min，得到二氧化钛-蒙脱土组装体，进一步与聚碳酸酯以质量比 1：6 分散均匀，利用螺杆挤出机混炼造粒，制得二氧化钛增强蒙脱土改性的聚碳酸酯塑料。

（3）参考性能　二氧化钛增强蒙脱土改性聚碳酸酯性能见表 3-9。

表 3-9　二氧化钛增强蒙脱土改性聚碳酸酯性能

性能指标	拉伸强度/MPa		
	初始	15d	30d
改性 PC	76.2	75.1	74.1
未改性 PC	57.3	49.2	41.5

3.1.11 氧化石墨烯增强聚碳酸酯

（1）配方（质量份）

聚碳酸酯	75	硅烷偶联剂	5
改性氧化石墨烯	0.05	增塑剂	5
纳米陶瓷	15		

（2）加工工艺

① 改性氧化石墨烯的制备 将 2g 石墨粉加入由 80mL 质量分数为 55％的硫酸溶液和 20mL 质量分数为 45％的硝酸溶液混合而成的混合酸溶液中，搅拌混合得第一悬浊液。将第一悬浊液置于电场强度为 5.0kV/m 的直流平行电场中，加入 1g 高锰酸钾粉末，加热到 60℃搅拌，得第二悬浊液；将第二悬浊液冷却至室温后，加入 4mL 浓度为 1.8mol/L 的过氧化氢溶液和 10mL 浓度为 1.2mol/L 的盐酸溶液，得到第三悬浊液；将第三悬浊液用去离子水洗涤、滤干后，加入 100mL 50％的乙醇水溶液进行分散，得到第四悬浊液；在第四悬浊液中加入 0.4g 质量比为 4∶3∶2 的羰基二咪唑、苯酚和碳酸氢钠，加热到 70℃，反应完成后，得到第五悬浊液；将第五悬浊液用去离子水洗涤、离心分离，得到沉淀物；将沉淀物在恒温条件下进行真空干燥，得到氧化改性石墨烯。

② 氧化石墨烯增强聚碳酸酯的制备 按配方混合，将混合料用双螺杆挤出机进行挤出，得到氧化石墨烯增强聚碳酸酯复合材料。

（3）参考性能 氧化石墨烯增强聚碳酸酯力学性能见表 3-10。

表 3-10　氧化石墨烯增强聚碳酸酯力学性能

性能指标	氧化石墨烯增强 PC	空白样
拉伸强度/MPa	78.94	72.21
断裂伸长率/%	112.67	89.23
缺口冲击强度/(kJ/m²)	74.25	63.78

3.1.12 聚碳酸酯注塑级增韧剂

（1）配方（质量份）

丙烯酸酯类聚合物	30	抗氧剂(1010)	0.2
丙烯酸酯接枝的苯乙烯类共聚物	70		

（2）加工工艺 按配方称重，将物料加入混料机中共混 5min，然后投入双螺杆挤出机，挤出机各段区间的温度为：一区 155～165℃，二区 160～170℃，三区 165～175℃，四区 170～180℃，五区 175～185℃，六区 175～185℃，七区 170～180℃，八区 165～175℃，九区 160～170℃，机头为 175～185℃。螺杆转速为 280～330r/min。

（3）参考性能 聚碳酸酯注塑级增韧剂增韧聚碳酸酯合金性能见表 3-11。

表 3-11　聚碳酸酯注塑级增韧剂增韧聚碳酸酯合金性能

PC/质量份	100	95	93.5	92	90
增韧剂/质量份	0	5	6.5	8	10
冲击强度/(kJ/m²)	20	40	48	55	62

3.1.13 排插用高抗冲阻燃 PC/PBT 合金

（1）配方（质量份）

PC	30	成核剂	0.3
PBT	70	抗氧剂（1010）	0.15
E-MA-GMA	10	抗氧剂（168）	0.15
阻燃剂（溴化环氧树脂）	12	润滑剂（PETS）	0.3
三氧化二锑	3		

注：PC，PC02-20，为浙铁大风有限公司产品；PBT，XW321，为仪征化纤有限公司产品；乙烯-丙烯酸甲酯-甲基丙烯酸缩水甘油酯三元共聚物（E-MA-GMA），AX8900，为阿科玛集团产品；成核剂，P250，为布吕格曼集团产品；溴化环氧树脂，KBE-2050k，为开美化学科技有限公司产品。

（2）加工工艺 将 PC 和 PBT 在 100℃鼓风干燥箱中干燥 4h，再和助剂以一定比例在高速混合机中混合后，加入双螺杆挤出机中挤出、冷却、造粒。挤出加工温度分别设置为200℃、240℃、250℃、250℃、250℃、245℃、240℃、240℃、235℃、240℃（机头），真空度为-0.03MPa。粒料经注塑机注射成标准试样，注射温度为 245～255℃。

（3）参考性能 排插用高抗冲阻燃 PC/PBT 合金综合性能见表 3-12；PC/PBT 合金拉伸强度和冲击强度与增韧剂含量的关系见图 3-1；图 3-2 为 PC/PBT 合金弯曲强度和弯曲模量与增韧剂含量的关系。

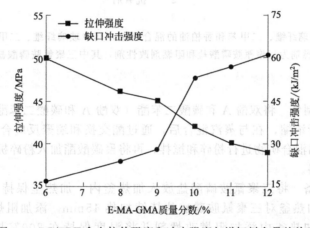

图 3-1 PC/PBT 合金拉伸强度和冲击强度与增韧剂含量的关系

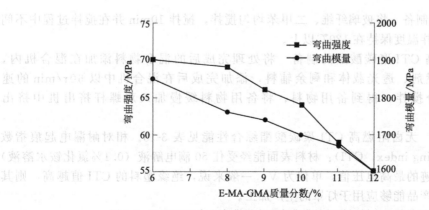

图 3-2 PC/PBT 合金弯曲强度和弯曲模量与增韧剂含量的关系

表 3-12　排插用高抗冲阻燃 PC/PBT 合金综合性能

性能指标	数值	性能指标	数值
拉伸强度/MPa	42	缺口冲击强度/(kJ/m^2)	53
弯曲强度/MPa	60	球压痕大小/mm	1.8
弯曲模量/MPa	1700	GWIT[①]	通过

①加热元件与样片接触时材料起燃且燃烧时间超过 5s 的最低温度（770℃）。

3.2　聚碳酸酯阻燃改性

3.2.1　无卤阻燃高 CTI 聚碳酸酯

（1）配方（质量份）

聚碳酸酯	12	防静电剂	0.3
石墨	9.75	紫外线吸收剂	0.4
云母	13	润滑剂	0.3
多孔炭	3.25	抗滴落剂	0.8
透光载体	10	阻燃改性剂	0.4
阻燃剂	2	抗氧剂	1
增韧剂	3		

注：透光载体为玻璃纤维、二甲苯和香柏油的混合溶液，其中玻璃纤维、二甲苯和香柏油的比例为 4∶2∶1（质量比）。阻燃剂为三聚氰胺磷酸盐和阻燃剂改性剂，其中三聚氰胺磷酸盐和阻燃剂改性剂的比例为 8∶1（质量比）。

（2）加工工艺

① 聚碳酸酯的制备　将双酚 A 和碳酸二苯酯（双酚 A 和碳酸二苯酯的质量比为 3∶2）加入热交换器中进行浓缩，在与蒸汽混合后，通过酯交换和缩聚反应合成聚碳酸酯。对石墨、云母、多孔炭的混合矿物进行粉碎和搅拌，再将聚碳酸酯加入粉碎机内，继续进行搅拌混合，得到混合物料。

② 阻燃剂的制备　将三聚氰胺磷酸盐放入加热釜内，加热釜保持 380℃进行加热得到阻燃剂 MMP，加热釜对三聚氰胺磷酸盐持续加热 45min，添加阻燃改性剂后持续加热 20min，随后向加热釜内添加阻燃改性剂并将温度保持在 200℃持续加热，得到阻燃剂。

③ 透光载体的制备　将玻璃纤维、二甲苯均匀搅拌，搅拌 10min 并在搅拌过程中不间断加入香柏油，搅拌温度保持在 120℃以上。

④ 无卤阻燃高 CTI 聚碳酸酯的制备　将处理完成后的混合物料添加在混合机内，并向其中添加阻燃剂、透光载体和剩余辅料，添加完成后在混合机中以 60r/min 的速度对物料进行充分搅拌，得到备用物料；将备用物料缓慢加入双螺杆挤出机中挤出造粒。

（3）参考性能　无卤阻燃高 CTI 聚碳酸酯综合性能见表 3-13。相对耐漏电起痕指数（comparative tracking index，CTI）：材料表面能经受住 50 滴电解液（0.1%氯化铵水溶液）而没有形成漏电痕迹的最高电压值，单位为 V。一般来说，绝缘塑料的 CTI 值越高，则其耐漏电性越好。该产品能够应用于灯罩的生产加工。

表 3-13　无卤阻燃高 CTI 聚碳酸酯综合性能

性能指标	数值	性能指标	数值
拉伸强度/MPa	76	50mm×50mm×1.5mm 型号透光率/%	86
断裂伸长率/%	2.8	25mm×25mm×5mm 型号透光率/%	83
弯曲强度/MPa	186	CTI[25℃时,5%(质量分数)]/V	152
UL-94 开始冒烟温度/℃	297	CTI[140℃时,5%(质量分数)]/V	176
UL-94 开始出现火苗温度/℃	379	CTI[25℃时,15%(质量分数)]/V	121
UL-94 开始着火温度/℃	503	CTI[140℃时,15%(质量分数)]/V	154
100mm×100mm×2.5mm 型号透光率/%	87		

3.2.2　无卤增韧增强聚碳酸酯

（1）配方（质量份）

聚碳酸酯 1	63	阻燃剂(BDP)	6
聚碳酸酯 2	15	阻燃剂(FR-Si)	1
玻璃纤维	10	协效阻燃剂(硼酸锌)	1
MBS	3	其他助剂	1

（2）加工工艺　按配方混料。其中，玻璃短纤维在侧喂料口下料，二苯基磷酸酯（BDP）由液体泵在侧喂料口加入；挤出造粒，即得到无卤增韧增强聚碳酸酯材料。挤出机中各区的温度设定为：一区 150℃、二区 280℃、三区 280℃、四区 280℃、五区 260℃、六区 260℃、七区 260℃、八区 260℃、九区 260℃、十区 260℃，机头温度为 260℃。

（3）参考性能　无卤增韧增强聚碳酸酯综合性能见表 3-14。

表 3-14　无卤增韧增强聚碳酸酯综合性能

性能指标	数值	性能指标	数值
熔体流动速率 MFR/(g/10min)	15	弯曲模量/MPa	3400
拉伸强度/MPa	60	缺口悬臂梁冲击强度/(J/m)	10
断裂伸长率/%	7	热变形温度/℃	136
弯曲强度/MPa	95	阻燃性 UL-94(0.75mm)	V-0

3.2.3　薄壁抗静电无卤阻燃 PC/ABS

（1）配方（质量份）

① 无卤阻燃 PC/ABS

PC	60	抗氧剂(1076)	0.25
ABS	10	抗氧剂(168)	0.25
增韧剂 MBS	3	润滑剂(PETS)	0.3
抗静电母粒	15	阻燃剂(BDP)	12

② 抗静电母粒配方

聚己内酰胺	50～60	导电炭黑	10～20
聚醚酯酰胺	20～30	抗氧剂	0.4～1

注：PC 树脂牌号为 PC 1301EP-30，为韩国 LG 化学公司产品；ABS 树脂牌号为 ABS 8391，为中国高桥石化公司产品；增韧剂，MBS 2690，为美国罗门哈斯公司产品；阻燃剂牌号 WSFR BDP，为浙江万盛公司产品。

（2）加工工艺　抗静电母粒的制备方法：将聚醚酯酰胺和导电炭黑在恒温鼓风干燥箱中于 85℃干燥 2h，然后按照 1∶1 的质量比例，混合 3min，置于捏合机中捏合。将捏合好的混合物和聚己内酰胺、抗氧剂按照比例混合，经单螺杆挤出机挤出造粒，挤出机温度 210～230℃，转速控制在 300～400r/min。此抗静电母粒采用弱剪切、强输送和捏合方式的螺杆排列组合。

（3）参考性能 薄壁抗静电无卤阻燃 PC/ABS 性能见表 3-15。

表 3-15 薄壁抗静电无卤阻燃 PC/ABS 性能

性能指标	数值	性能指标	数值
拉伸强度/MPa	83	熔体流动速率 MFR/(g/10min)	38
悬臂梁缺口冲击强度/(J/m)	510	热变形温度/℃	116
弯曲强度/MPa	8	阻燃性 UL-94(0.6mm)	V-0
弯曲模量/MPa	2348	表面电阻率/Ω	10^9

3.2.4 无卤阻燃高光反射导热聚碳酸酯

（1）配方（质量份）

PC	75.2	磺酸盐类阻燃剂	0.3
增韧剂（MBS）	2	润滑剂	0.5
钛白粉（200~400nm）	10	抗氧剂（1010）	0.2
钛白粉（1000~1500nm）	5	抗氧剂（168）	0.2
硫化锌	5	耐候剂	0.5
硅系阻燃剂	0.8	抗滴落剂	0.3

注：PC 选择帝人 IR1900；MBS 增韧剂为 LG C-223A，粒径 200~400nm；钛白粉为康诺斯 K2233，粒径 1000~1500nm；钛白粉为亨斯曼 TiSCS-60HS；硫化锌为德国哈沙利本 HD-S；有机硅系阻燃剂为 PDMS；磺酸盐类阻燃剂为 KSS；润滑剂为 EBS 120；耐候剂为 UV-329 与热稳定剂德国布吕格曼 H161 的复配体系。

（2）加工工艺 按配方称取物料，混合均匀加入双螺杆机，经熔融挤出、造粒，双螺杆挤出机的喂料口到模头各段的温度分别为：一区 180~210℃，二区 230~240℃，三区 230~240℃，四区 230~250℃，五区 230~250℃，六区 200~220℃，七区 200~220℃，八区 220~240℃，机头温度为 230~260℃。双螺杆挤出机螺杆的转速为 280~350r/min。

（3）参考性能 无卤阻燃高光反射导热聚碳酸酯适用于各种 LED 显示屏、导光板、遮光板、导光膜等需求。无卤阻燃高光反射导热聚碳酸酯性能见表 3-16。

表 3-16 无卤阻燃高光反射导热聚碳酸酯性能

性能指标	数值	性能指标	数值
拉伸强度/MPa	56	阻燃性 UL-94/(0.6mm)	V-0
断裂伸长率/%	58	体积电阻率/Ω·cm	10^3
冲击强度/(J/m)	620	密度/(g/cm³)	1.35
弯曲强度/MPa	84	色差	<0.2
弯曲模量/MPa	2155	热导率/[W/(m·K)]	1.5
熔体流动速率 MFR/(g/10min)	35	光反射率/%	97.8
热变形温度/℃	129		

3.2.5 阻燃增强光扩散的聚碳酸酯

（1）配方（质量份）

聚碳酸酯	60	乙烯-乙酸乙烯酯共聚物	1.7
流动改质剂	1	光扩散剂	3
Kevlar 短切纤维	15	抗氧剂（1330）	0.5
阻燃母粒	8	抗氧剂（168）	0.5
增韧剂（罗门哈斯 EXL-2620）	4.3		

注：聚碳酸酯的熔融指数为 25g/10min（300℃，1.2kg）；流动改质剂是质量比为 3:2 的聚己内酯和蒙旦酸酯的混合物；光扩散剂为硅胶微球；阻燃母粒由 5 份聚碳酸酯、2 份 DOPO 衍生物阻燃剂和 1 份流动改质剂组成。

（2）加工工艺

① 阻燃母粒的制备 按配方组成分别称量出干燥的聚碳酸酯、DOPO 衍生物阻燃剂和流动改质剂，并将称量好的各组分以 300r/min 的速度搅拌混合 15min，然后加入双螺杆挤出机中混炼、挤出、造粒。制备阻燃母粒时，双螺杆挤出机各区温度依次设置为：一区 195℃，二区 225℃，三区 230℃，四区 232℃，五区 235℃，六区 232℃，七区 232℃，八区 230℃，九区 230℃，十区 230℃，十一区 230℃，机头温度为 232℃。主机转速为 300r/min，喂料频率为 7r/min。

② 阻燃增强光扩散的聚碳酸酯的制备 聚碳酸酯以 120℃烘至水分不超过 0.05%，按照配方称量好的各组分以 400r/min 的速度搅拌混合 10min，然后加入双螺杆挤出机中混炼、挤出、造粒，得阻燃增强光扩散的聚碳酸酯复合材料；双螺杆挤出机各区温度依次设置为：一区 195℃，二区 225℃，三区 230℃，四区 232℃，五区 235℃，六区 232℃，七区 232℃，八区 230℃，九区 230℃，十区 230℃，十一区 230℃，机头温度为 232℃。主机转速为 300r/min，喂料频率为 7r/min。

（3）参考性能 阻燃增强光扩散的聚碳酸酯综合性能见表 3-17。

表 3-17 阻燃增强光扩散的聚碳酸酯综合性能

性能指标	数值	性能指标	数值
拉伸强度/MPa	131	透光率/%	238
弯曲强度/MPa	175	雾度/%	93
缺口冲击强度/(kJ/m²)	14	阻燃性 UL-94	V-0
无缺口冲击强度/(kJ/m²)	95		

3.2.6 无卤阻燃玻璃纤维增韧聚碳酸酯合金

（1）配方（质量份）

PC	76	无碱无捻长纤玻璃纤维	10
聚酰胺	7.7	聚四氟乙烯	0.3
磷系无卤素阻燃剂	6		

（2）加工工艺 按配方将物料共混均匀，通过挤出机挤出造粒。

（3）参考性能 无卤阻燃玻璃纤维增韧聚碳酸酯合金综合性能见表 3-18。

表 3-18 无卤阻燃玻璃纤维增韧聚碳酸酯合金综合性能

性能指标	数值	性能指标	数值
拉伸强度/MPa	61	阻燃性 UL-94	V-0
弯曲强度/MPa	99	韧性(产品弯折性)	可反复对折180°
弯曲模量/MPa	4300	阻燃性 UL-94(0.75mm)	V-0
冲击强度/(J/m)	57		

3.3 聚碳酸酯抗静电、导电改性

3.3.1 彩色 PC 抗静电材料

（1）配方（质量份）

PC 树脂 A	67.8	乙氧基月桂酰胺	0.3
PC 树脂 B	30	甲氧基聚乙二醇-甲基丙烯酸酯共聚物	1

注：PC 树脂 A 为除了有机硅共聚 PC 之外的 PC 树脂，PC 树脂 B 为有机硅共聚 PC 树脂。

（2）加工工艺 称取相应质量的各组分，然后将各组分利用单轴搅拌桶搅拌。将混合物分别加入双螺杆挤出机中熔融挤出造粒。

(3) 参考性能 纯 PC 材料的表面电阻率在 $10^{14}\Omega$ 以上，传统上通过添加炭黑或者碳纤维得到 PC 抗静电材料。然而，因炭黑和碳纤维的颜色全部是黑色，无法达到目前市场对彩色材料的需求。彩色 PC 抗静电材料性能见表 3-19。按照 CIE 1976 Lab 色差公式测试所得材料的颜色在色空间的位置为：明度 L 在 25%～98% 之间，绿色 A 值在 −30～40 之间，黄色 B 值在 −40～70 之间。因此所述材料可以调配为任意颜色，通过配色改变外观。该材料也可以应用在打印机、家电外壳或信号线接头等领域中。

表 3-19 彩色 PC 抗静电材料性能

性能指标	数值	性能指标	数值
拉伸强度/MPa	61.5	弯曲模量/MPa	2280
断裂伸长率/%	98	熔体流动速率 MFR/(g/10min)	35
缺口冲击强度/(kJ/m²)	52	表面电阻率/Ω	10^8
缺口冲击强度(−30℃)/(kJ/m²)	40	90℃老化672h后的表面电阻率/Ω	10^9
弯曲强度/MPa	92.3		

3.3.2 抗静电 PC/PBT 共混材料

(1) 配方（质量份）

PC	73	抗氧剂(168)	0.3
PBT	22	耐热剂(MS-NB)	3
增韧剂(E516)	5	磷酸酯阻燃剂	8
抗静电剂(NC6321)	5	聚四氟乙烯	0.5
酯交换抑制剂(磷酸二氢二钠)	3	硼酸锌	2
抗氧剂(1010)	0.2		

注：PC 树脂牌号为 IR2200，或韩国湖南石油化学有限公司出产的牌号为 PC1220 的产品；PBT 树脂为南通星辰公司出产的牌号为 1100A 的产品。增韧剂选用宁波能之光新材料科技有限公司新出产的牌号为 E516 的产品。抗静电剂为日本三洋公司出产的牌号为 NC6321 的产品。耐热剂选用日本电气化工出产的牌号为 MS-NB 的产品。

(2) 加工工艺 采用高速混料机混料，然后将混料放入冷混缸混料，再进入螺杆挤出机挤出造粒，得 PC/PBT 共混材料。将 PC/PBT 共混材料通过注塑工艺加工成汽车门把手。

(3) 参考性能 PC 注塑成成品件后，还需要进行喷涂、烘烤以得到与各种车身颜色相对应的颜色。但常常在后续喷涂过程中，由于材料所带静电导致涂装不良。在行业内，为了除去材料经过注塑加工成产品之后所产生的静电，通常借助一些外界设备来进行消除。例如，除电枪、除静电器等。采用这种方式进行消除静电，虽然有一定的效果，但是其生产效率下降。抗静电 PC/PBT 共混材料性能见表 3-20。

表 3-20 抗静电 PC/PBT 共混材料性能

性能指标	数值	性能指标	数值
拉伸强度/MPa	64	熔体流动速率 MFR/(g/10min)	25
缺口冲击强度/(J/m)	870	热变形温度/℃	116
弯曲强度/MPa	8	密度/(g/cm³)	1.192
弯曲模量/MPa	2348	表面电阻率/Ω	$3.76×10^{12}$

3.3.3 无卤阻燃 PC 抗静电材料

(1) 配方（质量份）

PC 树脂	63.4	乙炔炭黑	20

| 乙烯基次磷酸盐 | 0.5 | 羟基苯基硅烷 | 0.5 |
| 四苯基双酚 A 二磷酸酯(BDP) | 15 | 抗滴落剂 | 0.6 |

（2）加工工艺　称取相应质量的各组分，然后将各组分利用单轴搅拌桶搅拌；将混合物分别加入双螺杆挤出机中熔融挤出造粒。

（3）参考性能　PC 材料（聚碳酸酯）与通电流的器件接触，或与其他材质物品摩擦会导致塑胶带有静电，进而造成静电积蓄和信号干扰，这都不利于塑胶产品在打印机、家电外壳或信号线接头等领域的应用。无卤阻燃 PC 抗静电材料性能见表 3-21。

表 3-21　无卤阻燃 PC 抗静电材料性能

性能指标	数值	性能指标	数值
拉伸强度/MPa	60	弯曲模量/MPa	3100
断裂伸长率/%	13	熔体流动速率 MFR/(g/10min)	35
缺口冲击强度/(kJ/m²)	3.5	表面电阻率/Ω	2×10^4
缺口冲击强度(-30℃)/(kJ/m²)	40	阻燃性 UL-94	V-0
弯曲强度/MPa	102		

3.3.4　抗静电聚碳酸酯/聚酯合金

（1）配方（质量分数/%）

聚碳酸酯(PC)	51.49	硬脂酸锌	1
PETG	15	磷酸三苯酯	5
双酚 A 固体环氧树脂	2	单丁基三异辛酸锡	0.01
导电炭黑	25	抗氧剂(2246)	0.5

注：聚碳酸酯，L-1259Y，为日本帝人公司的产品；对苯二甲酸-乙二醇-1,4-环己烷二甲醇共聚酯（PETG），K2012 为韩国 SK 公司的产品；导电炭黑，卡博特 VULCANXC72。

（2）加工工艺　将聚碳酸酯、对苯二甲酸-乙二醇-1,4-环己烷二甲醇共聚酯（PETG）在 100℃下鼓风干燥 12h；然后将环氧当量 1000~1500g/eq 的双酚 A 固体环氧树脂、硬脂酸锌、磷酸三苯酯、抗氧剂 2246、单丁基三异辛酸锡在高速混合机中混合 20min，将高速混合机中的混合物与聚碳酸酯、聚酯一起投入密炼机中，直到熔融；再将导电炭黑投入密炼机中捏合 8min，捏合温度为 270℃；最后将密炼机捏合得到的熔体送入双螺杆挤出机中熔融、挤出、造粒。挤出机的转速为 150r/min，挤出机一区温度为 250~255℃，二区温度为 255~260℃，三区温度为 260~265℃，四区温度为 260~265℃，机头温度为 265~270℃。

（3）参考性能　抗静电聚碳酸酯/聚酯合金性能见表 3-22。

表 3-22　抗静电聚碳酸酯/聚酯合金性能

性能指标	数值	性能指标	数值
拉伸强度/MPa	66	体积电阻率/Ω·cm	1.0×10^5
断裂伸长率/%	10.3	层间热导率/[W/(m·K)]	2.1
缺口冲击强度/(kJ/m²)	5.6		

3.3.5　高效抗静电 PC/ABS 复合材料

（1）配方（质量份）

PC	68	相容剂 ST-AN-GMA 三元共聚物	2
ABS	5	分散剂 ST-AN 共聚物	20
碳纳米管	5		

注：纳米管的平均直径<20nm，平均长度 1~20μm，平均壁层数<15。ST-AN-GMA 三元共聚物中，

ST 含量为 70%（质量分数），AN 含量为 25%（质量分数），GMA 含量为 5%（质量分数）。ST-AN 共聚物中，数均分子量为 10000～30000，190℃、5kg 的熔体指数为 40～100g/10min，ST 含量为 75%（质量分数），AN 含量为 25%（质量分数）。

（2）加工工艺　将碳纳米管、ST-AN-GMA 三元共聚物作为相容剂，ST-AN 共聚物作为分散剂按比例混合均匀，利用双螺杆挤出机，控制加工温度为 190～230℃，转速为 180～600r/min，制备成高效抗静电母粒。将高效抗静电母粒与聚碳酸酯、ABS 按照比例共混后，经双螺杆挤出，控制加工温度为 220～280℃，转速为 180～600r/min，出料后，经水冷、切粒机造粒后得到所述高效抗静电 PC/ABS 复合材料。

（3）参考性能　高效抗静电 PC/ABS 复合材料性能见表 3-23。

表 3-23　高效抗静电 PC/ABS 复合材料性能

性能指标	数值	性能指标	数值
拉伸强度/MPa	83	熔体流动速率 MFR/(g/10min)	25
缺口冲击强度/(J/m)	472	热变形温度/℃	116
弯曲强度/MPa	8	密度/(g/cm^3)	1.192
弯曲模量/MPa	2348	表面电阻率/Ω	7×10^8

3.3.6　聚碳酸酯多元合金防静电复合工程材料

（1）配方（质量份）

PC	70	高导电炭黑	12
ABS	30	分散剂	4
PBT	5	润滑剂	0.3
增韧相容剂	10	抗氧剂	0.2
增强剂	15	偶联剂	0.3

（2）加工工艺　将 ABS、PC、PBT、增韧相容剂、增强剂、分散剂、润滑剂、抗氧剂加入高速混合机中，以 150～200r/min 的搅拌速率在 70～90℃搅拌均匀。将偶联剂稀释后，以喷雾方式加入所述高速混合机中，搅拌均匀后加入挤出机料斗；挤出机料斗中的物料在挤出机螺杆的推动下进入挤出机料筒，导电材料从挤出机料筒的侧喂入口加入，与其他组分混合。导电材料为高导电炭黑，通过密封管道加入导电材料料斗，通过侧喂料机的螺杆以无级变速方式从挤出机侧喂料口加入料筒中；混合物在料筒中经塑化混合形成共混物，再经抽真空排气后进行挤出，然后经冷却切粒。

（3）参考性能　聚碳酸酯多元合金防静电复合工程材料性能见表 3-24。

表 3-24　聚碳酸酯多元合金防静电复合工程材料性能

性能指标	数值	性能指标	数值
拉伸强度/MPa	42.4	热变形温度/℃	125
断裂伸长率/%	15	阻燃性 UL-94(0.6mm)	V-0
缺口冲击强度/(kJ/mm^2)	12.8	体积电阻率/Ω·cm	10^3
无缺口冲击强度/(kJ/mm^2)	48.2	翘曲/%	<0.05
弯曲强度/MPa	70.6	成型加工性能	优
弯曲模量/MPa	3035	外观	光亮
熔体流动速率 MFR/(g/10min)	38		

3.3.7　抗静电、抗菌 PC/ASA 户外用品改性材料

（1）配方（质量份）

PC 树脂　　　　　　　49　　　ASA　　　　　　18

抗静电剂（PELESTAT 6500）	16	碳酸钙	9
甲基丙烯酸甲酯-丁二烯-苯乙烯三元共聚物		光稳定剂	1
	5.5	抗氧剂	0.4
光触媒抗菌剂	1	润滑剂	0.3

注：PC 树脂为高流动性的 PC，熔体流动速率（300℃，1.2kg）为 10～30g/10min。ASA 树脂为丙烯腈-苯乙烯-丙烯酸橡胶的共聚物，为中熔指类型，熔体流动速率（220℃，10kg）为 10～15g/10min。抗静电剂为永久型抗静电剂，是三洋化成公司的 PELESTAT 6500。甲基丙烯酸甲酯-丁二烯-苯乙烯三元共聚物为中渊公司的 M-521。抗菌剂为光触媒抗菌剂与银系无机抗菌剂复配。其中，光触媒抗菌剂为锐钛型的 TiO_2，选自华微科技；银系无机抗菌剂选自广州茵诺威化工公司，型号为 IPS3。碳酸钙目数为 3000 目。抗氧剂 1010 和抗氧剂 RIANOX 412S 按照 1∶1 的质量比复配。润滑剂为韩国 LG 公司的润滑剂 ELOPLA PT100。

（2）加工工艺　将原料均匀混合，然后从挤出机的主喂料口喂入；在双螺杆挤出机中熔融、挤出、造粒，得到抗静电、抗菌 PC/ASA 材料；主机转速为 250～360r/min。挤出机熔融挤出的加工条件如下：一区温度 190～230℃，二区温度 200～230℃，三区温度 210～240℃，四区温度 230～240℃，五区温度 230～250℃，六区温度 230～250℃，七区温度 230～250℃，八区温度 235～255℃，九区温度 240～260℃。

（3）参考性能　抗静电、抗菌 PC/ASA 材料性能见表 3-25。可以应用于户外通信天线罩或者户外遮阳板产品。

表 3-25　抗静电、抗菌 PC/ASA 材料性能

性能指标	数值	性能指标	数值
密度/(g/cm³)	1.172	表面电阻率/Ω	3.5×10^9
冲击强度/(kJ/m²)	50	大肠杆菌抗菌率/%	94
光泽度（60°测量角度）	95.5	金黄色葡萄球菌抗菌率/%	95.5

3.3.8　低含量碳纳米管聚碳酸酯复合抗静电母料

（1）配方（质量份）

聚碳酸酯（LG 1201-15）	79.5	双酚 A 环氧树脂	5
PBT(100-211M)	10	纳米二氧化硅	1
多壁碳纳米管	4	抗氧剂（1010）	0.5

（2）加工工艺　首先将聚碳酸酯在 120℃真空干燥 4h，然后将其与其他原料按以上配比进行物理混合，再用双螺杆挤出机挤出并造粒，挤出温度为 265℃，转速为 250r/min。通过注塑机注塑，注塑温度 270℃，模温 120℃。

（3）参考性能　低含量碳纳米管聚碳酸酯复合抗静电母料性能见表 3-26。

表 3-26　低含量碳纳米管聚碳酸酯复合抗静电母料性能

性能指标	数值
表面电阻率/Ω	7.6×10^3

3.3.9　PC/PET 导电复合材料

（1）配方（质量份）

PC	85	炭黑 C	10
PET	10	增韧剂（EMA）	3
炭黑 A	5	抗氧剂（1010）	0.3
炭黑 B	5		

注：聚碳酸酯，为日本帝人化成公司产品，牌号 PC L-1225Y；PET，为仪征化纤公司普通有光切片

产品；炭黑 A，购自 Degussa 公司，牌号灯黑 101，比表面积为 $20m^2/g$；炭黑 B，购自美国 Columbian 化学公司，牌号 Raven430U，比表面积为 $31m^2/g$；炭黑 C，购自瑞士 SPC 化学公司，牌号 CB3100，DBP 值为 $380cm^3/100g$；增韧剂 EMA，购自美国杜邦公司，牌号 ELVALOY1125AC。

（2）加工工艺　按配方将聚碳酸酯、聚酯、增韧剂、炭黑、助剂混合均匀后，在 $230\sim 260℃$ 的温度下熔融、挤出、造粒。

（3）参考性能　PC/PET 导电复合材料性能见表 3-27。

表 3-27　PC/PET 导电复合材料性能

性能指标	数值	性能指标	数值
缺口冲击强度/(J/m)	194	麻点/(个/50cm²)	3
表面电阻率/Ω	10^2		

3.3.10　高韧性高导电聚碳酸酯复合材料

（1）配方（质量份）

PC 树脂	85	阻燃剂	8
PC 导电母粒	3	增韧剂	1
碳纤维	2	抗氧剂	0.3

（2）加工工艺　将碳纤维在硝酸质量分数为 60% 和高锰酸钾质量分数为 25% 的混合溶液中浸泡氧化 $1\sim 2h$，然后取出在 $85\sim 95℃$ 烘干 $1\sim 1.5h$，再将碳纤维放入丙烯酸和磷酸质量比为（1:3）～（1:4）的混合液中浸泡 $2\sim 3h$，温度控制在 $50\sim 60℃$，然后将碳纤维取出在 $30\sim 40℃$ 环境中烘烤 $3\sim 4h$，待用；称取配方量 PC 树脂和 PC 导电母粒分别在空气循环烘箱 100℃ 烘烤 $4\sim 5h$，加入高速混合机中，搅拌 $3\sim 5min$，再称取 8 份阻燃剂加入高速混合机中，继续搅拌 $5\sim 8min$，不取出，然后称取 2 份经过表面活化的碳纤维及偶联剂，1 份增韧剂和 0.3 份抗氧剂依次加入高速混合机中，搅拌 $10\sim 25min$。最后，取出混合均匀的材料，在温度 $240\sim 290℃$、转速 $150\sim 250r/min$ 条件下经过双螺杆挤出机造粒。

（3）参考性能　高韧性高导电聚碳酸酯复合材料性能见表 3-28。

表 3-28　高韧性高导电聚碳酸酯复合材料性能

性能指标	数值
冲击强度/(J/m)	637
体积电阻率/Ω·cm	365.7

3.3.11　耐寒导电作用的聚碳酸酯共混材料

（1）配方（质量份）

聚碳酸酯	60	SiPC-g-EVA/CNT 导电母粒	40

（2）加工工艺

① CNT/EVA/DBTO 复合材料的制备　将碳纳米管、分散剂十二烷基苯磺酸钠一同加入二甲苯中，碳纳米管与分散剂十二烷基苯磺酸钠的质量比为 1:1，碳纳米管和二甲苯的用量比为 $1g:2L$，超声 30min，得组分 A；将乙烯-乙酸乙烯共聚物溶解在二甲苯中，乙烯-乙酸乙烯共聚物和二甲苯的用量比为 $1g:30mL$，得组分 B；将组分 A 和组分 B 混合后加入催化剂 DBTO 再超声 30min，超声完毕后去除二甲苯（挥发去除），得 CNT/EVA/DBTO 复合材料。其中，原料碳纳米管、乙烯-乙酸乙烯共聚物、DBTO 的质量比为 1:1:0.1。

② SiPC-g-EVA/CNT 导电母粒的制备　将硅共聚 PC 与 CNT/EVA/DBTO 复合材料混合后，进行熔融共混挤出，得 SiPC-g-EVA/CNT 导电母粒；硅共聚 PC、CNT/EVA/

DBTO 复合材料的质量比为 1：0.12。

③ PC/(SiPC-g-EVA/CNT) 的制备　SiPC-g-EVA/CNT 导电母粒与聚碳酸酯进行熔融共混挤出成型得 PC/(SiPC-g-EVA/CNT)，即为具有耐寒导电作用的聚碳酸酯共混材料。

（3）参考性能　耐寒导电作用的聚碳酸酯共混材料性能见表 3-29。

表 3-29　耐寒导电作用的聚碳酸酯共混材料性能

性能指标	数值
Izod 冲击强度（−30℃）/(J/m)	685
表面电阻率/Ω	$4.338×10^4$

3.3.12　导电母粒、高电导率聚碳酸酯复合材料

（1）配方（质量份）

① 导电母粒配方

改性石墨烯	10	BPO	0.15
改性多壁碳纳米管	10	阻聚剂对苯二酚	0.2
MMA 单体	80		

② 导电复合材料配方

聚碳酸酯树脂	65	抗氧剂(1076)	0.15
导电母粒	20	抗氧剂(168)	0.3
短切玻璃纤维	10	抗氧剂(412S)	0.1
核-壳结构 MBS 增韧剂	3	聚戊四醇硬脂酸酯(PETS)	0.8
POE-g-MAH	1	短切玻璃纤维	10

（2）加工工艺

① 导电母粒的制备　将 MPS 改性石墨烯、MPS 改性多壁碳纳米管分散在乙醇分散液中；将导电填料的乙醇分散液、80 份 MMA 单体以及 0.15 份引发剂 BPO 混合均匀，加入反应釜中，密闭并通氮除氧气，反应温度稳定在 62.5℃，反应时间为 3.0h。反应完成后，快速冷却到室温后将反应釜中的产物取出，将取出的产物加入聚甲基丙烯酸甲酯（PMMA）的良好溶剂四氢呋喃中，并加入阻聚剂对苯二酚，于 140.5℃ 下真空干燥、脱挥发分。将脱挥发分后产物输送到单螺杆挤出机主喂料斗中，挤出机的设定温度为 180～230℃，经过挤出机熔融挤出、造粒，得到导电母粒。

② 导电复合材料的制备　将称取的各组分进行混合，送入挤出机中，进行熔融挤出、造粒。其中，短切玻璃纤维须侧喂；挤出机十区温度为 240～270℃，螺杆转速为 450r/min。

（3）参考性能　高导热低介电损耗的聚碳酸酯性能见表 3-30。

表 3-30　高导热低介电损耗的聚碳酸酯性能

性能指标	数值	性能指标	数值
弯曲模量/MPa	4419	拉伸强度/MPa	69
Izod 缺口冲击强度/(J/m)	157	表面电阻率/Ω	10^5

3.4　聚碳酸酯导热改性

3.4.1　PC/PE 导热复合材料

（1）配方（质量份）

① PE 导热母粒配方

LLDPE	30	抗氧剂(168)	0.2
氮化铝	60	钛酸酯(TTS)	0.6
高导热石墨	8	白油	0.6
抗氧剂(1010)	0.1	润滑剂(TR065)	0.5

② PC/PE 导热复合材料配方

导热母粒	78	抗氧剂(168)	0.1
PC 树脂	20	相容剂(LLDPE-MAH)	1.8
抗氧剂(1076)	0.1		

(2) 加工工艺

① PE 导热母粒的制备　将氮化铝在 100℃下干燥 2~6h，然后将干燥好的氮化铝放入高速混合机中，将 TTS 与白油的混合物以喷洒的方式加入高速混合机中的氮化铝中，高速混合 15~45min 后在 90~110℃下干燥 3~5h 后待用。将 LLDPE 与处理过的氮化铝放入高速混合机中，再加入高导热石墨、抗氧剂 1010、抗氧剂 168、润滑剂 TR065 在室温下混合 10~30min。将混合料加入往复式单螺杆挤出机中，螺杆 1~6 区温度分别为 130~150℃、170~190℃、180~200℃、180~200℃、180~200℃、180~200℃、机头温度为 180~200℃，挤出造粒；得到的粒子 100℃下干燥 2~4h 后备用。

② PC/PE 导热复合材料的制备　导热母粒与 PC 树脂、抗氧剂 1076、抗氧剂 168、相容剂 LLDPE-MAH 混合均匀后在 250~280℃下注塑成型。

(3) 参考性能　PC/PE 导热复合材料综合性能见表 3-31。

表 3-31　PC/PE 导热复合材料综合性能

性能指标	数值	性能指标	数值
导热填料含量/%	53	简支梁缺口冲击强度/(kJ/m²)	5.5
拉伸强度/MPa	38	热变形温度/℃	115.9
弯曲强度/MPa	62	层间热导率/[W/(m·K)]	2.1
弯曲模量/MPa	4500		

3.4.2　LED 专用导热阻燃聚碳酸酯

(1) 配方 (质量份)

双酚 A 聚碳酸酯	56	分散剂工业白油 10#	2.6
氮化硼	14	抗氧剂(1076)	0.6
玻璃纤维	22	润滑剂(TAS-2A)	0.8
苯磺酰基苯磺酸钾	4		

(2) 加工工艺　分别将聚碳酸酯粉料在 120℃下干燥 4h，氮化硼粉料在 120℃下干燥 3h，玻璃纤维微波干燥 2h，混合，得混合物 a；将分散剂、抗氧剂、润滑剂、苯磺酰基苯磺酸钾混合，搅拌均匀，在 100~110℃下干燥 2~4h，得混合物 b；将混合物 a 和混合物 b 依次加入高速混合机中充分混合搅拌 10min；将混合物通过喂料口加入配有专用小导程螺纹元件的双螺杆挤出机。其中，双螺杆挤出机一区温度为 120℃、二区温度为 176℃、三区温度为 230℃、四区温度为 245℃、五区温度为 210℃，经双螺杆挤出机挤出造粒。将 LED 专用导热阻燃聚碳酸酯结构件粒料投入注塑机中，选择合适模具注塑成型即得 LED 专用导热阻燃聚碳酸酯结构件。

(3) 参考性能　LED 专用导热阻燃聚碳酸酯性能见表 3-32。

表 3-32　LED 专用导热阻燃聚碳酸酯性能

性能指标	数值	性能指标	数值
断裂伸长率/%	114	缺口冲击强度/(kJ/m²)	9.2
拉伸强度/MPa	64	阻燃性 UL-94	V-0
弯曲强度/MPa	113	热导率/[W/(m·K)]	0.90

3.4.3　高导热低介电损耗的聚碳酸酯

（1）配方（质量份）

PC 树脂	60	相容剂	2
聚酰亚胺树脂	20	抗氧剂(1076)	0.15
处理的纳米氮化硼	10	抗氧剂(168)	0.15
增韧剂	8		

注：PC 树脂采用韩国乐天的 PC-1100；聚酰亚胺采用 Kaneka 公司的 APICAL 100AV，纳米氮化硼采用 KH550 处理；增韧剂采用的是陶氏化学的 EXL2691A；相容剂采用的是上海日之升的 SAG008。

（2）加工工艺　将所有原料加入混合搅拌机中进行混合，形成混合物，将混合物从挤出机的主喂料口喂入，进行共混造粒，得到所述高导热低介电损耗的聚碳酸酯组合物。

（3）参考性能　高导热低介电损耗的聚碳酸酯性能见表 3-33。

表 3-33　高导热低介电损耗的聚碳酸酯性能

性能指标	数值	性能指标	数值
弯曲模量/MPa	2357	介电损耗(1GHz)	0.004
缺口冲击强度/(kJ/m²)	41	热导率/[W/(m·K)]	0.8

3.4.4　聚碳酸酯基高导热绝缘复合材料

（1）配方（质量份）

聚碳酸酯	20	聚乙烯	5
硬脂酸丁二醇酯杂化混合物	15	交联剂	2

（2）加工工艺

① 硬脂酸丁二醇酯杂化混合物的制备　将 3 份纳米氧化铬、5 份纳米碳纤维、4 份纳米氮化铝分散在 10 份丁二醇中形成溶液；溶液与 3 份硬脂酸、2 份硅烷偶联剂在 120℃的条件下进行酯化、偶联反应 5h，得硬脂酸丁二醇酯杂化混合物。

② 聚碳酸酯基高导热绝缘复合材料的制备　将硬脂酸丁二醇酯杂化混合物与 20 份聚合度为 200 的聚碳酸酯、5 份聚合度为 40 的聚乙烯、2 份交联剂混合后在 180℃的温度下进行交联反应 3h，得聚碳酸酯基高导热绝缘复合材料。

3.5　其他改性

3.5.1　电磁屏蔽作用的聚碳酸酯材料

（1）配方（质量份）

聚碳酸酯	100	PA6T/MWNT/Ni	3

（2）加工工艺　PA6T/MWNT/Ni 复合膜的制备：将多壁碳纳米管和 PA6T（购自日本三井公司牌号为 RA230NK 的 PA6T）加入氯仿中，超声，待分散均匀以后置入容器中浇注成膜，在 60℃下真空干燥 1h，得 PA6T/MWNT 复合膜；多壁碳纳米管和 PA6T 以及氯

仿的用量比为 1g：4g：30mL；将 PA6T/MWNT 复合膜置于含有镍盐的电镀液中进行电镀。含有镍盐的电镀液包含如下成分：硫酸镍 110g/L，硫酸钠 35g/L，柠檬酸钠 34g/L，乙酸钠 15g/L，次磷酸钠 15g/L。电镀条件为：控制电流密度为 3.5A/m²，电镀时间为 30min。

取 PA6T/MWNT/Ni 复合膜与聚碳酸酯（购自韩国 LG 公司牌号为 1302HP-09 的聚碳酸酯）在 240℃下熔融共混，通过双螺杆挤出机挤出即得具有电磁屏蔽作用的聚碳酸酯材料。

（3）参考性能 电磁屏蔽作用的聚碳酸酯材料性能见表 3-34。

表 3-34 电磁屏蔽作用的聚碳酸酯材料性能

性能指标	数值	性能指标	数值
拉伸强度/MPa	65	表面电阻率/Ω	2.23×10^3
弯曲模量/MPa	2781	电磁屏蔽效能/dB	41
缺口冲击强度/(J/m)	914		

3.5.2 易着色聚碳酸酯

（1）配方
① 着色母粒（质量份）

聚碳酸酯	100	铁红	0.5
钛白粉	10	炭黑	0.1
钛黄粉	2.5		

② 易着色聚碳酸酯（质量份）

聚碳酸酯	82	着色母粒	0.5
丙烯腈-丁二烯-苯乙烯共聚物	5	抗氧剂(1010)	0.15
玻璃纤维	40	抗氧剂(168)	0.15
增韧剂	10	聚硅氧烷粉润滑剂	0.1
协效着色增强剂	3		

注：增韧剂为乙烯-甲基丙烯酸丁酯-丙烯酸缩水甘油酯共聚物，协效着色增强剂为无机晶须，其为氢氧化铝晶须和硫酸钙晶须质量比为 10：1 的混合物。着色母粒组成：聚碳酸酯 100 份，钛白粉 0～25 份，酞菁蓝 0～2 份，酞菁绿 0～2 份，钛黄粉 0～5 份，炭黑 0.01～1 份，铁红 0～2 份。

（2）加工工艺
① 着色母粒的制备 按照着色母粒配方将物料加入高速混合机混合均匀，然后在双螺杆挤出机中挤出造粒得到着色母粒。双螺杆挤出机的加工条件为：一区温度为 200℃，二区温度为 205℃，三区温度为 210℃，四区温度为 220℃，五区温度为 220℃，六区温度为 225℃。双螺杆挤出机的主机转速为 300r/min。

② 聚碳酸酯材料的制备 将按配方②称好的原料通过高速混合机混合均匀，搅拌转速为 600r/min，混合时间为 2～10min；将混合好的原料加入双螺杆挤出机中，玻璃纤维从玻璃纤维口加入，经熔融挤出造粒，制得鲜艳的玻璃纤维增强聚碳酸酯材料。双螺杆挤出机的加工条件为：一区温度为 210℃，二区温度为 215℃，三区温度为 220℃，四区温度为 230℃，五区温度为 240℃，六区温度为 250℃；双螺杆挤出机的主机转速为 250r/min。

（3）参考性能 易着色聚碳酸酯材料性能见表 3-35。

表 3-35　易着色聚碳酸酯材料综合性能

性能指标	数值	性能指标	数值
拉伸强度/MPa	160	*L*	62
弯曲强度/MPa	251	*a*	0.01
弯曲模量/MPa	9800	*b*	1.12
缺口冲击强度/(kJ/m²)	17	色粉分散级(着色力,目测)	鲜艳/均匀

3.5.3　聚碳酸酯墙壁开关固定架

（1）配方（质量份）

聚碳酸酯	66	增韧剂	5
玻璃纤维	15	润滑剂	0.5
陶瓷粉	8	抗紫外线助剂	0.3
色粉	2	抗氧剂	0.2
阻燃剂	3		

注：聚碳酸酯为中黏度聚碳酸酯树脂；玻璃纤维为片状无定形无碱玻璃纤维，其宽度为 22μm，长径比为 15；陶瓷粉为氧化硅粉；阻燃剂为氢氧化镁和氢氧化铝；增韧剂为丙烯腈-丁二烯-苯乙烯三元共聚物和氯化聚乙烯；色粉为二氧化钛；润滑剂为亚乙基双油酸酰胺；抗紫外线助剂为二苯甲酮和苯并三唑；抗氧剂为二苯胺和对苯二胺。

（2）加工工艺　混合均匀后投入双螺杆挤出机进行熔融混合，得到混合物料；然后将玻璃纤维采用侧喂料的形式加入混合物料，使混合物料与玻璃纤维混合，得到玻璃纤维增强聚碳酸酯复合材料。

（3）参考性能　聚碳酸酯墙壁开关固定架材料性能见表 3-36。由性能测试数据可以看出，玻璃纤维增强聚碳酸酯复合材料的翘曲现象得到明显改善，并且增韧剂的添加辅助改善了制品的韧性，使得制品能够满足螺钉扭矩 1.2N·m 不开裂的标准要求。与采用聚碳酸酯的方案对比，在扭矩 1.2N·m 下制品变形量减少了 31%。

表 3-36　聚碳酸酯墙壁开关固定架材料性能

项目	聚碳酸酯墙壁开关固定架材料	聚碳酸酯	聚酰胺+玻璃纤维
拉伸强度/MPa	89	66	110
弯曲强度/MPa	125	97	157
弯曲模量/MPa	4800	2400	6500
悬臂梁缺口冲击强度/(kJ/m²)	12	80	8
制品单边翘曲高度/mm	0.4	0.6	0.2
制品悬空状态螺钉孔最大承受扭力扭矩/N·m	1.3	1.5	0.6
制品 1.2N·m 扭矩制品变形量/mm	2.5	5.1	—

3.5.4　耐刮擦耐寒免喷涂 PC 箱包壳体材料

（1）配方（质量份）

PCET135	7.9	分散剂(PETS)	0.6
沙林树脂(Surlyn165)	28.0	珠光粉(PCR18)	12.0
增韧剂(MBS2620)	5.0	抗氧剂(1076)	0.25
耐刮擦剂(聚硅氧烷 2413)	4.0	抗氧剂(168)	0.25

（2）加工工艺　将原材料加入高速搅拌机中混合均匀，转速为 450r/min，混料时间为 4min，之后将混合好的物料通过同向双螺杆挤出机进行熔融挤出造粒。挤出机各段温度分别为：245℃、250℃、255℃、260℃、265℃、260℃、260℃、255℃、250℃、250℃，机头

温度为 270℃。螺杆转速为 400r/min，真空度不小于 0.8MPa，得到用于箱包壳体的耐刮擦耐寒免喷涂 PC 材料。

（3）参考性能　耐刮擦耐寒免喷涂 PC 箱包壳体材料综合性能见表 3-37。

表 3-37　耐刮擦耐寒免喷涂 PC 箱包壳体材料综合性能

性能指标	要求	数值
耐刮擦性/N	≥7.0	9.4
常温缺口冲击强度/(kJ/m²)	≥18	25.6
低温缺口冲击强度/(kJ/m²)	≥4.5	6.9
光泽度	≥100	102
吸塑成型良品率/%	≥92	99
常温箱体跌落	合格	合格
低温箱体跌落	合格	合格

（2）加工工艺 将 PET 粒料在 160℃下真空干燥 16h，干燥时间低于 15，然后在双螺杆挤出机中熔融挤出，喷枪孔径为 50μm……

（3）参考性能 改性增韧剂品比 PET 内冲击提升 1……由 4~5 增加，使 PET 与相比……基体断裂 CaCO₃ 量达到 2.9%，也可调控 CaCO₃ 粒子的大小以及在聚合物基体中的分散性，降低……相增黏的成本。

第 **4** 章 ▶▶▶

热塑性聚酯改性配方与应用

4.1 MAH-POE 增韧改性 PET

（1）配方（质量份）

PET	100	CaCO₃	5
MAH-POE	20	硬脂酸	0.2

（2）加工工艺 纳米 CaCO₃ 在 120℃下鼓风干燥 6h，然后在高速混合机中搅拌，设置温度为 80~120℃，搅拌速率为 3000r/min，再加入 4% 的硬脂酸，提高转速至 5000r/min，继续搅拌 20min，得到改性无机纳米材料。将上述纳米填料与 MAH-POE 以质量比 1:4 制备弹性体包覆的纳米 CaCO₃ 复合材料。再将弹性体包覆的复合材料与 PET 以质量比 25:100 在双螺杆挤出机上熔融共混以制备高韧性 PET 复合材料。挤出机各段的温度分别为 160~250℃，螺杆转速为 100~300r/min。

（3）参考性能 改性 PET 的力学性能如表 4-1 所示。

表 4-1 改性 PET 的力学性能

性能	拉伸强度/MPa	缺口冲击强度/(kJ/m²)	弯曲强度/MPa	弯曲模量/MPa
数值	38.8	73.9	52.1	2465

4.2 包装用增韧改性 PET

（1）配方（质量份）

① 纯 PET 改性配方

PET	90	环状聚酯	1
增韧剂	10		

注：PET，66151；增韧剂（马来酸酐接枝改性烯烃类弹性体），为南京德巴化工有限公司产品；环状聚酯，为 Cyclics 公司产品。

② 边角料回收利用配方

PET 回收料	35	增韧剂	5
纯 PET	54	环状聚酯	1

（2）加工工艺　将 PET 原料在 160℃下用真空干燥箱干燥 4h；按照配方混合均匀后，在双螺杆造粒机中造粒，螺杆温度 180～240℃，模头温度 225℃，螺杆转速 500r/min。

（3）参考性能　包装用增韧改性 PET 性能见表 4-2。由表 4-2 可知，改性 PET 材料的主要性能已接近甚至超过了 ABS，完全满足酒包装金属镀膜制品良好抗冲击性和良好金属镀层附着力的要求。

表 4-2　包装用增韧改性 PET 性能

样品	缺口冲击强度/(kJ/m²)	拉伸强度/MPa	断裂伸长率/%
纯 PET	12.12	49.53	298.72
增韧 PET	17.92	43.705	60.54
回收料添加 PET	15.7	—	—
ABS	14.2	—	—

4.3　丁苯橡胶接枝（SBRG）马来酸酐增韧 PET 改善热性能

（1）配方（质量份）

PET	100	乙烯-甲基丙烯酸缩水甘油酯接枝聚苯乙烯	10
SBRG	10	苯甲酸钠	10
1,4-环己二甲醇	66	抗氧剂 1010	3
SEBS	15		

（2）加工工艺　将 1,4-环己二甲醇 66 份、热塑性弹性体（SEBS）15 份、相容剂乙烯-甲基丙烯酸缩水甘油酯接枝聚苯乙烯 10 份、丁苯橡胶接枝马来酸酐合成的成核物（SBRG）10 份、苯甲酸钠 10 份、抗氧剂 1010 3 份混合均匀制成增韧剂，再添加到 PET 中挤出造粒。

（3）参考性能　配制成液体 PET 的增韧增温剂，可以增加透明 PET（PETG）的韧性并同时提高热变形温度。

4.4　高相容 PET 增韧剂

（1）配方（质量份）

PET 树脂	10	分散剂	4
MBS 树脂	20	成核剂	2
MAH-SEBS	10	扩链剂	0.5
有机倍半硅氧烷	10	抗氧剂	0.5
纳米二氧化硅	5	润滑剂	1
热稳定剂	6		

注：PET 树脂为特征黏度在 0.8dL/g、分子量在 5000 的 PET 树脂；有机倍半硅氧烷为笼形八聚（三甲基硅氧基）倍半硅氧烷、环氧基笼形倍半硅氧烷和乙烯基梯形倍半硅氧烷以质量比 1∶0.5∶1.5 组成的混合物。热稳定剂是由磷酸三甲酯、磷酸三苯酯和磷酰基乙酸三乙酯以质量比 0.5∶1.4∶1 组成的混合物；分散剂是由硅藻土、甲基羟丙基纤维素和失水山梨糖脂肪酸酯以质量比 1∶1∶0.8 组成的混合物。成核剂是由表面活化二氧化硅、纳米碳酸钙、乙烯-甲基丙烯酸钠离子聚合物和三苄基三丁基叉丙醚双酯己醇以质量比 1∶0.8∶0.5∶0.4 组成的混合物；扩链剂是由二乙氨基乙醇、N,N-二羟基（二异丙基）苯胺和氢醌-二（β-羟乙基）醚以质量比 2∶0.5∶1 组成的混合物。抗氧剂是由 β-(3,5-二叔丁基-4-羟基苯基) 丙酸正十八碳醇酯、三(2,4-二叔丁基苯基) 亚磷酸酯和硫代二丙酸双月桂酯以质量比 1∶0.8∶1 组成的混合物；润滑剂是由氧化聚

乙烯蜡、季戊四醇硬脂酸酯和 N,N-亚乙基双蓖麻醇酸酸胺以质量比 0.8:1.4:1 组成的混合物。

（2）加工工艺 纳米二氧化硅的表面经硅烷偶联剂改性处理，配制体积比为 3:1 的乙醇/水溶液，加入占乙醇/水溶液质量 1% 的纳米二氧化硅，在 3000r/min 的转速下高速剪切，再加入占乙醇/水溶液质量 1% 的硅烷偶联剂，加入草酸溶液使反应体系的 pH 值为 3，反应 1.5h 后，抽滤、洗涤、干燥后即得表面改性的纳米二氧化硅。其中，硅烷偶联剂是由 γ-缩水甘油醚氧丙基三甲氧基硅烷、γ-甲基丙烯酰氧基丙基三甲氧基硅烷和 γ-甲基丙烯酰氧基丙基三异丙氧基硅烷以质量比 0.4:1:0.5 组成的混合物。

将 PET、MBS、MAH-SEBS、有机倍半硅氧烷和纳米二氧化硅混合 2min；依次加入热稳定剂、分散剂、成核剂、扩链剂、抗氧剂和润滑剂，继续混合 2min；将混合好的原料经双螺杆挤出机熔融挤出、造粒，制得高相容 PET 增韧剂。双螺杆挤出机的各区段温度设定为：一区温度 220℃，二区温度 240℃，三区温度 260℃，四区温度 260℃，五区温度 240℃，六区温度 240℃，七区温度 230℃，八区温度 220℃，九区温度 220℃。

（3）参考性能 增韧剂以 PET 树脂为基材，与 PET 树脂高度相容，更好地作用于 PET 制品，添加量小，占 PET 制品的 0.1%～1%；对 PET 制品起到很好的增韧效果，韧性提升 30%～50%，不影响 PET 制品的透明度，不会对 PET 的后续加工的物理性能产生影响，对 PET 制品不会有析出现象。

4.5 增韧改性透明 PET 片材

（1）配方（质量份）

PET	75	液体聚丙二醇酯	5
PC	9	硅烷偶联剂	0.3
纳米晶体硅	0.5	抗氧剂	0.2
热塑性弹性体	10		

（2）加工工艺 将一定量的纳米晶体硅加入无水乙醇/水（体积比为 3:1）的混合液中，在 4000r/min 高速剪切下使其充分分散，调节剪切速率至 2000r/min，反应温度 70℃左右，加入硅烷偶联剂，用草酸溶液调节体系 pH 值至 4 左右。反应 90min 后将纳米晶体硅悬浮液抽滤，滤饼经干燥、研磨，即得改性纳米晶体硅粉体。将 PET 在 170℃温度下的烘箱中干燥 3h，加入配方中其他物料混合均匀，双螺杆挤出造粒。双螺杆挤出机主机电流控制在 40A，主机转速和喂料转速分别控制在 300r/min 和 30Hz，熔体压力控制在 2.05MPa，切粒机转速为 450r/min；一区温度 165℃、二区 180℃、三区温度 220℃、四区温度 245℃、五区温度 245℃、六区温度 245℃、七区温度 245℃、八区温度 240℃、九区温度 240℃，模头温度为 265℃。

（3）参考性能 增韧改性透明 PET 片材性能见表 4-3。

表 4-3 增韧改性透明 PET 片材性能

性能指标	数值	性能指标	数值
拉伸强度/MPa	72.8	悬臂梁缺口冲击强度/(kJ/m²)	49
弯曲强度/MPa	75	透光率/%	87.0

4.6 反应性挤出支化增韧 PET

（1）配方（质量份）

PET	10	β-(4-羟基-3,5-二叔丁基苯基)丙酸十八醇酯	0.2
多氨基聚氧化乙烯丙烯醚	2		

（2）加工工艺　将干燥的特性黏度为 0.80dL/g 的 PET10 份与多异氰酸酯 0.2 份、多氨基聚氧化乙烯丙烯醚（分子量 3000g/mol）2 份、β-(4-羟基-3,5-二叔丁基苯基）丙酸十八醇酯 0.2 份在高速搅拌机中混合均匀，在双螺杆挤出机中挤出造粒，挤出机料筒温度设置范围为 270～280℃，螺杆转速为 60r/min。

（3）参考性能　增韧 PET 性能见表 4-4。

表 4-4　增韧 PET 性能

性能	拉伸强度/MPa	缺口冲击强度/(kJ/m^2)
数值	57	7

4.7　增韧耐候 PET/PC 合金材料

（1）配方（质量份）

PET	49.53	增韧剂 AX8900	4.1
PC	33	耐候剂	13
抗氧剂 K21	0.37		

注：抗氧剂 K21 为洪江市昌和化工有限公司产品；增韧剂 AX8900 为法国阿克玛公司产品；耐候剂 METABLEN S2100 为日本三菱丽阳公司产品。

（2）加工工艺　按配方将物料加入搅拌机中搅拌混合 3 次，每次 21min，转速 900r/min，用双螺杆挤出机在 270℃下造粒。

（3）参考性能　增韧耐候 PET/PC 合金材料性能见表 4-5。在氙灯老化箱处理 3000h 后仍表现出良好的耐老化性能，可用于制备在户外使用的电子元件、连接器、智能电表壳体、电器零件端子排、电磁开关、断路器、汽车保险杠、汽车挡板座、工业零件。

表 4-5　增韧耐候 PET/PC 合金材料性能

性质	方法	单位	数据
相对密度	ASTMD792	—	1.35
模收缩	ASTMD955	%	0.3～0.7
延伸率	ASTMD638	%	26
拉伸强度	ASTMD638	MPa	43
弯曲强度	ASTMD790	MPa	72
弯曲模量	ASTMD790	MPa	2600
缺口冲击强度(1/8″)[1]	ASTMD256	J/m	50
热变形温度	ASTMD648	℃	133
耐燃性	UL-94	1/8″	V0
耐老化性能	氙灯老化箱处理 3000h	灰标	5 级
抗 UV 强度	紫外线老化箱处理 72h	级	5
干燥温度	—	℃	90
干燥时间	—	h	4
熔融温度	—	℃	240～280
建议模温	—	℃	50

[1] 1″＝0.0254m。

4.8　PET/POE 共混物增韧改性

（1）配方（质量份）

PET	85	TMPTA	1
POE	15		

注：PET，CB651，为远东工业（上海）有限公司产品；POE，EXACT5061，为埃克森美孚化工公司产品；TMPTA 为三羟甲基丙烷三丙烯酸酯。

（2）加工工艺　将 PET 和 POE 在真空干燥箱内 80℃ 下干燥 12h。采用三羟甲基丙烷三丙烯酸酯（TMPTA）作为强化交联剂将 PET/POE/TMPTA 按比例配好后在双螺杆挤出机中共混造粒并注塑成型。物料置于充加氮气的密封塑料袋中，送到 ^{60}Co 源中辐照，吸收剂量分别为 10Gy，辐照时间为 24h。

（3）参考性能　PET/POE/TMPTA 配比为 85/15/1 时，共混物的冲击性能提高到了纯 PET 的 3 倍。

4.9　聚对苯二甲酸乙二酯（PET）/聚对苯二甲酸丙二酯（PTT）复合材料增韧阻燃

（1）配方（质量分数/%）

PET	25	2-(2-羟基-3,5-二丁叔基苯基)-5-氯代苯并	
PTT	25	三唑	3
玻璃纤维	12	抗氧剂 1010	0.5
复合填料	12	TAF	0.5
MBS	9	阻燃剂	10
GMA-St-AN	3		

注：PET 是特性黏度为 0.6～1.2dL/g 的聚对苯二甲酸乙二酯；PTT 是特性黏度 0.5～1.5dL/g 的聚对苯二甲酸丙二醇酯；玻璃纤维为表面经过硅烷偶联剂改性处理且直径在 8～12μm、长度在 3～6mm 范围内的无碱玻璃纤维；复合填料为粒径小于 5μm 的重质碳酸钙、径粒在 5～20μm 的硅灰石和粒径在 0.5～1μm 的沉淀硫酸钡按质量比 2:1:1 均匀混合后经过铝钛复合偶联剂表面活化处理的复配物，且铝钛复合偶联剂的质量分数为重质碳酸钙的 0.5%（质量分数）；阻燃剂是质量比为 4:1 的聚苯基膦酸二苯砜酯与三氧化二锑的复配物。

（2）加工工艺　将 PET 和 PTT 在鼓风烘箱中于 110～120℃ 温度下干燥 6～8h，按配比加入配方中的物料，混合 3～5min；待充分混合均匀后，出料加入双螺杆挤出机的主喂料口，同时从双螺杆挤出机的侧喂料口加入玻璃纤维，通过双螺杆挤出机熔融混炼 1～2min，螺杆转速控制在 120～500r/min，加工温度在 210～280℃ 范围，然后挤出造粒。

4.10　高光泽阻燃增强 PET-PBT 合金

（1）配方（质量份）

PET	28	Al(OH)₃	2
PBT	56	Sb₂O₃	2
十溴二苯乙烷	8	成核剂 SiO₂	1
Mg(OH)₂	4		

（2）加工工艺　先将 PET 加入高速混合机搅拌，再加入偶联剂，搅拌 3～5min 后，加入纳米 SiO₂ 继续搅拌至分散均匀，再加入 PBT 和阻燃剂搅拌至均匀；然后将复合料放入高速挤出双螺杆进行挤出造粒。

（3）参考性能　PET 与 PBT 共混可以降低成本。对于 PET 而言，则解决了结晶速率慢、不易成型的问题，两者共混可取长补短。使用低成本的原料及填充料，使制备物性价比提高。添加复合阻燃剂的合金材料达到了 V-0 级，综合性能较好，表面性能较好，可以满足使用要求，见表 4-6。

表 4-6 PET-PBT 合金性能的影响

性能	拉伸强度/MPa	弯曲强度/MPa	断裂伸长率/%	吸水率/%	阻燃等级(1.6mm)
数值	120	160	2.2	0.5	V-0

4.11 3D 打印用增韧耐热 PET

（1）配方（质量份）

PET 大有光切片 03	84	高岭土	3
多环氧基扩链剂 CE-3	3.5	抗氧剂 1010	0.5
成核剂 NAV-101	0.5	润滑剂油酰胺	0.7
成核促进剂 Surlyn 8920	1.8	纳米氧化硅 TSP-F09	3
增韧剂 AX-8900	3		

（2）加工工艺　将 PET 切片放入鼓风干燥机中，于 130～140℃干燥 3～4h，再将所有原料一起放入高速混合机中，混合 3～5min，充分混合均匀；将混合好的原料加入双螺杆挤出机中，经熔融挤出、造粒。

（3）参考性能　3D 打印用增韧耐热 PET 性能见表 4-7。

表 4-7 3D 打印用增韧耐热 PET 性能

性能指标	3D 打印用增韧耐热 PET	3D 打印聚乳酸(市售)
拉伸强度/MPa	64	59.5
断裂伸长率/%	33.2	8.8
缺口冲击强度/(J/m)	10.8	7.5
熔融指数/(g/10min)	103.9	65.8
热变形温度(1.8MPa)/℃	92.8	33.6

4.12 增韧改性 PBT 材料

（1）配方（质量份）

PBT	76.9	季戊四醇硬脂酸酯	0.3
无碱玻璃纤维	20	低温改质增韧剂	2
抗氧剂 1010/168(1∶1)	0.25	硅烷偶联剂	0.3

注：低温改质增韧剂为杜邦公司生产，型号为 Elvaroy 1820。

（2）加工工艺　首先将 PBT 树脂在 110℃干燥 3h，玻璃纤维在 100℃下干燥 3h，得到干燥的玻璃纤维，按配方依次加入高速混合机中，在转速为 400r/min、160℃下混合 17.5min。将得到的混合物放入双螺杆挤出机中熔融共混，双螺杆挤出机温度设定：一区温度为 215℃、二区温度为 225℃、三区温度为 235℃、四区温度为 232.5℃、五区温度为 242.5℃、六区温度为 255℃，螺杆转速为 270r/min，熔体压力为 7MPa。在共混的同时以 125kg/min 的加料速度加入干燥玻璃纤维，切割制备成粒径为 1～2mm、长度为 2～3mm 的颗粒。

（3）参考性能　改性 PBT 使其在保证原有性能的同时，增加了抗风压性、刚性、韧性、耐候性、耐热性、尺寸稳定性，特别是在低温下使用的特点，因此在电气、机械、运输、设备等方面使用时，可以替代金属材料、结构材料和铸件，特别适合在冷热交替明显的环境下使用。采用改性 PBT 材料制备内衬材料与采用钢材和铝材制备内衬材料相比，内衬材料的比强度提高了 40%。改性 PBT 材料的性能如表 4-8 所示。

表 4-8 改性 PBT 材料的性能

性能指标	数值	性能指标	数值
拉伸强度/MPa	98	悬臂梁缺口冲击强度/(kJ/m²)	51.2
断裂伸长率/%	4.1	熔体流动速率/(g/min)	$2.2×10^{-1}$
弯曲强度/MPa	178	热变形温度/℃	197
弯曲模量/MPa	8542		

4.13 改性 PBT/ABS 合金材料

(1) 配方(质量份)

PBT	33	非离子型表面活性剂 HDC-201	2.5
ABS	43	2-羟基-4-甲氧基二苯甲酮	2
N,N-二甲基甲酰胺	14	聚硅氧烷	2
异丙醇	7	抗氧剂 1076	1
ABS-g-MAH	6	抗氧剂 168	1
E-MA-GMA	6		

(2) 加工工艺 将 PBT 在 120～130℃下干燥 4～6h,含水率控制在 0.03% 以下,将 ABS 在 80～85℃下干燥 2～4h,含水率控制在 0.03% 以下。按配方将物料混合均匀,经双螺杆挤出机熔融挤出并造粒。其加工工艺如下:双螺杆挤出机加工温度为 200～250℃,螺杆转速为 180～600r/min。

(3) 参考性能 改性 PBT/ABS 材料的性能见表 4-9。

表 4-9 改性 PBT/ABS 材料的性能

性能指标	数值	性能指标	数值
拉伸强度/MPa	123	热变形温度/℃	200～220
弯曲强度/MPa	226		

4.14 改性氧化石墨烯/PBT 复合材料

(1) 配方(质量分数/%)

PBT	97.6	十六烷基三甲基溴化铵	0.2
氧化石墨烯	2	盐酸十八胺	0.2

(2) 加工工艺 氧化石墨烯的制备:采用改进的 Hummers 法制备氧化石墨,在干燥的烧杯中加入 115mL 98% 的浓硫酸,用冰水浴冷却至 4℃ 以下,激烈搅拌下加入 5g 石墨粉 (NGP) 和 2.5g NaNO₃ 混合物,然后再缓慢加入 15g KMnO₄,并将反应体系的温度控制在 20℃ 以下,继续搅拌反应 5min 后将体系温度升至 (35±3)℃,恒温搅拌 30min 后在激烈搅拌下加入 230mL 去离子水。将上述体系转入加热的油浴锅,体系反应温度在 98℃ 左右,保持 15min,然后加 355mL 热的去离子水进行高温水解,加 30mL H₂O₂ 中和未反应的强氧化剂,趁热抽滤并用 5% 盐酸和去离子水充分洗涤,在 90℃ 真空干燥箱中干燥 24h,得到氧化石墨。三种插层改性氧化石墨烯的制备过程如下。

① 十六烷基三甲基溴化铵 (C₁₆H₄₂BrN) 插层改性氧化石墨烯 配制 0.05mol/L 的 NaOH 溶液,然后称取 0.5g 氧化石墨粉,依次往 250mL 三口烧瓶中加入 NaOH 溶液和氧化石墨粉,再放入磁力转子,把三口烧瓶固定在超声波清洗机上处理 40min 至充分分散 (用玻璃棒蘸取液滴无明显氧化石墨附着在棒上即分散充分)。将水浴加热磁力搅拌器升温至

70℃，再将三口烧瓶固定在其中，称取 0.2g C_{16} 加入其中后将温度升至 80℃，然后激烈搅拌 20min。缓慢搅拌 30min，停止搅拌，保温 30min，趁热抽滤，然后用乙醇与蒸馏水洗涤，将滤饼放在真空干燥箱 80℃下烘干得到 C_{16} 插层改性的 GO-C_{16}。

② 十八胺插层（$C_{18}H_{39}N$）改性氧化石墨烯　首先制备盐酸十八胺，具体过程为：称取 1.0g 十八胺，用量筒量取 50mL 盐酸倒入 250mL 烧杯中并加入十八胺；将水浴磁力搅拌器升温至 70℃，放入烧杯，搅拌 30min，在搅拌的过程中滴加浓盐酸调节 pH 值至 1～2，继续搅拌直至取出烧杯后可冷却结晶析出白色的晶体。重复两次以上步骤得到结晶产物，并在 80℃的真空干燥箱中烘干得到盐酸十八胺。然后制备十八胺插层（$C_{18}H_{39}N$）改性氧化石墨烯。具体过程为：称取 0.1gNaOH 固体，放入盛有 50mL 蒸馏水的 100mL 烧杯中制成 0.05mol/L 的 NaOH 溶液；然后称取 0.5g 氧化石墨粉，依次向 250mL 三口烧瓶中加入 NaOH 溶液和氧化石墨粉，再放入磁力转子，把三口烧瓶固定在超声波清洗机上处理 40min 至充分分散；将水浴加热磁力搅拌器升温至 70℃，再将三口烧瓶固定在其中，称取 0.2g 盐酸十八胺加入其中后将温度升至 80℃，然后激烈搅拌 20min，缓慢搅拌 30min，停止搅拌保温 30min；水浴锅升温至 90℃，量取 5mL 水合肼倒入三口烧瓶，加大搅拌速率，反应 10min；趁热抽滤，将滤饼放在托盘上于真空干燥箱 80℃下烘干得到 C_{18} 插层改性的 GO-C_{18}。

③ 复合插层改性氧化石墨烯　复合插层改性氧化石墨烯由氧化石墨烯同时与十六烷基三甲基溴化铵和十八胺两种插层剂复合插层反应得到。首先制备盐酸十八胺，其制备过程同上所述。配制 0.05mol/L 的 NaOH 溶液，然后称取 0.5g 氧化石墨粉，依次往 250mL 三口烧瓶中加入 NaOH 溶液和氧化石墨粉，再放入磁力转子，把三口烧瓶固定在超声波清洗机上处理 40min 至充分分散；将水浴加热磁力搅拌器升温至 70℃，再将三口烧瓶固定在其中，称取 0.2g 十六烷基三甲基溴化铵加入其中，将温度升至 80℃，然后搅拌 1h；再称取 0.2g 盐酸十八胺加入并加大转速搅拌 20min，然后缓慢搅拌 30min，停止搅拌，保温 30min；趁热抽滤洗涤，将滤饼放在托盘上于真空干燥箱 80℃下烘干得到复合插层改性的氧化石墨烯。

聚对苯二甲酸丁二醇酯复合材料的制备：称取 0.6g 十六烷基三甲基溴化铵插层改性氧化石墨烯和 29.4g PBT 混合均匀，将混合物加入熔融混炼机中，于 245℃下混炼 15min，转子转速为 50r/min。复合材料中，填料的质量分数为 2%。十八胺插层改性氧化石墨烯与复合插层改性氧化石墨烯也取 0.6g，按相同方法获得复合材料，填料含量均为 2%。

（3）参考性能　表 4-10 为改性氧化石墨烯/PBT 复合材料性能。与纯 PBT 相比，采用复合插层改性氧化石墨烯填料所得的复合材料，其热导率都有所提高，50℃与 100℃时分别提升了 36.39% 和 46.26%。

表 4-10　改性氧化石墨烯/PBT 复合材料性能

样品	拉伸强度/MPa	冲击强度/(kJ/m²)	热导率/[W/(m·K)]	
			50℃	100℃
PBT	43.33	6.52	0.316	0.281
0.25% GO-$C_{16}C_{18}$	45.8	8.33	0.331	0.301
0.5% GO-$C_{16}C_{18}$	55.1	11.33	0.353	0.333
1%GO-$C_{16}C_{18}$	62.3	12.71	0.423	0.401
25GO-$C_{16}C_{18}$	53.98	8.44	0.431	0.411

4.15　通信设备用 PBT/PET 改性塑料

（1）配方（质量份）

| PBT | 28 | PET | 35 |

偏氟乙烯	12	紫外线吸收剂	1
四氟乙烯	15	三(2,4-二叔丁基苯基)亚磷酸酯	1
磷酸二氢钠	1	双酚 A 型环氧树脂	6
钛酸镁	20		

（2）加工工艺 按配方混合均匀，放入双螺杆挤出机中共混造粒；双螺杆挤出机十个区，各区温度分别为：280℃、270℃、268℃、270℃、260℃、255℃、253℃、250℃、248℃、240℃。

（3）参考性能 通信设备用 PBT/PET 改性塑料的性能见表 4-11。该改性塑料不仅具有良好的耐候性、优良的力学性能，而且还具有较高的介电常数，适宜用作大功率通信设备上使用的塑料基材基础零部件，在 5G 通信设备中也会有较广泛用途。

表 4-11 通信设备用 PBT/PET 改性塑料的性能

性能指标	数值	性能指标	数值
D_k(1GHz)	21.76	弯曲强度/MPa	192
D_f(1GHz)	0.0023	弯曲模量/MPa	7913
拉伸弹性模量/MPa	7810		

注：介电性能 D_k/D_f 采用平板电容法测定 1GHz 下样品板材的介电常数 D_k 和介电损耗 D_f。

4.16 改性增强阻燃 PBT

（1）配方（质量份）

PBT	41	增韧剂	8
玻璃纤维	30	润滑剂	1
阻燃剂	14.5	光稳定剂 UV770	0.2
抗滴落剂	0.3	紫外线吸收剂 UV531	0.1
纳米活性碳酸钙	3	抗氧化剂 1010	0.1
γ-巯丙基三甲氧基硅烷	1	抗氧化剂 168	0.1

注：PBT 树脂的 TH6100 熔融指数为 23～32g/10min（235℃/2.16kg），按照国标 GB/T 3682.1—2018 进行测试，抗张强度在 50～60MPa，断裂伸长率＞200%；玻璃纤维为无碱玻璃长纤维，粒径为 14μm；阻燃剂为溴化环氧树脂和三氧化二锑（纯度为 99.99%）质量比为 3:1 的复配物，其中溴化环氧树脂中溴的质量分数在 51%～53%，环氧树脂的分子量为 3000～6000；抗滴落剂为聚四氟乙烯母粒，使用时磨为粉状，其中聚四氟乙烯的质量分数为 50%；纳米活性碳酸钙，粒径为 3000 目；增韧剂为乙烯-丙烯酸甲酯-甲基丙烯酸缩水甘油酯无规三元共聚物。其中，丙烯酸甲酯的质量分数为 24%，甲基丙烯酸缩水甘油基酯的质量分数为 8%；润滑剂为微纳聚酰胺（PA）粉（粒径为 5000 目）与超细无机物（纳米硅酸钙，粒径为 3000 目）的复配物，其中 PA 粉的质量分数＞40%。

（2）加工工艺 将 PBT 树脂、溴化环氧树脂、增韧剂放入高速混合机中，加入硅烷偶联剂，以 500～700r/min 的转速搅拌 2min，使材料充分湿润，然后依次将润滑剂、无机填充物、抗滴落剂、抗氧剂、光稳定剂、紫外线吸收剂加入，以 500～700r/min 的转速搅拌 3～5min 形成预混料，预混料经双螺杆挤出机（螺杆长径比为 40:1）挤出，玻璃纤维侧喂，冷却、造粒后得到改性增强阻燃 PBT 材料。挤出造粒的工艺参数为：主机螺杆转速 400r/min；加热温度段为：一区温度 220℃、二区温度 230℃、三区温度 235℃、四区温度 235℃、五区温度 235℃、六区温度 235℃、七区温度 235℃、八区温度 230℃、九区温度 230℃，机头温度为 230℃，熔体温度为 240℃。主机转速为 250r/min，主喂料转速为 12.1r/min，侧喂料转速为 6.1r/min。

（3）参考性能 改性增强阻燃 PBT 性能见表 4-12。改性增强阻燃 PBT 材料的加速老化色差试验见表 4-13。表 4-14 是改性增强阻燃 PBT 材料的加速老化力学性能试验数据。由结果可知，通过合理控制配方中各组分的比例和成分，可以得到一种改性增强阻燃 PBT 材料，从而以较低的成本通过共混改性的方法实现高抗冲、高耐候、低翘曲、耐擦划的改性增强阻燃 PBT 材料的制备。该方法操作简单，所需原材料易得。

表 4-12   改性增强阻燃 PBT 性能

性能指标	改性增强阻燃 PBT	某公司 PBT 产品
拉伸强度/MPa	101.38	98
断裂伸长率/%	10.1	—
弯曲强度/MPa	262	—
弯曲模量/MPa	7625	7579
悬臂梁缺口冲击强度/(kJ/m²)		
(23℃)	22.67	6.4
(−40℃/2h)	18.37	—
密度/(g/cm³)	1.594	1.6
阻燃性能	V0	V0

表 4-13   改性增强阻燃 PBT 材料的加速老化色差试验

样品	项目	1#		2#		3#		4#	
		测试前	3h	测试前	6h	测试前	60h	测试前	96h
改性增强阻燃 PBT	L	30.53	30.61	31.13	31.51	31.10	31.28	30.70	31.10
	a	−0.16	−0.15	−0.17	−0.18	−0.17	−0.05	0.04	−0.17
	b	−1.85	−1.85	−1.87	−1.83	−1.82	−2.38	−2.87	−1.82
	ΔE	0.06	0.272	0.422	0.789				

注：测试条件为氙灯老化试验箱，测试周期为 8 个，8h 持续光照，辐照度 6550W/m²，黑板温度（60±3）℃，4h 冷淋，无辐照度，黑板温度（50±3）℃。

表 4-14   改性增强阻燃 PBT 材料的加速老化力学性能试验

项目	测试条件	单位	测试值	
			0h	60h
密度	23℃	g/cm³	1.59	1.59
拉伸强度	50mm/min	MPa	101.38	85.86
断裂伸长率	50mm/min	%	10.1	8.85
弯曲强度	2mm/min	MPa	262	89.7
弯曲模量	2mm/min	MPa	7625	5580
悬臂梁缺口冲击强度	23℃	kJ/m²	22.67	19.9

4.17   灼热丝起燃温度（GWIT）增强阻燃 PBT

（1）配方（质量份）

PBT	4	三氧化二锑	0.14
PET	0.8	玻璃纤维	3
溴化环氧助剂	1.4	助剂	2
磷酸盐	0.5		

（2）加工工艺   将助剂、磷酸盐和三氧化二锑加入高速混料机混合，再加入 PBT、PET、溴化环氧助剂混合均匀后于双螺杆挤出机中熔融挤出，玻璃纤维侧喂料或从玻璃纤维口加入，挤出温度控制在 180～230℃，螺杆转速控制在 300～400r/min。

（3）参考性能   灼热丝起燃温度（GWIT）增强阻燃 PBT 综合性能见表 4-15。

表 4-15 灼热丝起燃温度 (GWIT) 增强阻燃 PBT 综合性能

性能指标	数值	性能指标	数值
密度/(g/cm³)	1.658	GWIT 值/℃	850
拉伸强度/MPa	126.3	熔融指数/(g/10min)	24.1
弯曲强度/MPa	191.3	热变形温度/℃	189.8
弯曲模量/MPa	9683	垂直燃烧(1.6min)	V-0
缺口冲击强度/(kJ/m²)	8.2		

4.18 耐热 PBT 材料

(1) 配方 (质量份)

对苯二甲酸	350	丁二醇	350
螺环二醇	160	钛酸四丁酯	0.2

(2) 加工工艺　在 2L 反应釜中加入对苯二甲酸、螺环二醇、丁二醇、钛酸四丁酯，酯化温度 200~260℃，酯化压力（绝压）为 30~100kPa。当出水量达理论值后，结束酯化，恢复到常压，逐步升温转入低真空阶段。低真空时间约为 45min 后，进入高真空缩聚阶段（真空<100Pa），缩聚温度为 220~260℃，搅拌功率达额定值时出料。

(3) 参考性能　耐热改性 PBT 材料的性能见表 4-16。

表 4-16 耐热改性 PBT 材料的性能

性能指标	数值	性能指标	数值
玻璃化转变温度/℃	76	端羧基/(mol/t)	20
特性黏度/(dL/g)	0.921	色值(L/a/b)	88.3/-1.8/6.6

4.19 防污憎水憎油型改性 PBT 复合材料

(1) 配方 (质量份)

改性 PBT	70	相容剂 SAG	1
氟硅改性丙烯酸酯	60	硅烷偶联剂	5
聚硅氧烷树脂	20	其他助剂	0.05
聚醚砜	10		

(2) 加工工艺

① 改性 PBT 制备　PBT 树脂 100 份、聚四亚甲基醚二醇 30 份和热塑性聚酯弹性体 30 份，将原材料烘干，进行干燥预处理。将聚四亚甲基醚二醇和热塑性聚酯弹性体均匀混合后，与 PBT 树脂加入螺杆挤出机进行熔融塑化、捏合混炼，经机头挤出。

② 改性 PBT 复合材料加工　按配方称取原料，将改性 PBT、氟硅改性丙烯酸酯和聚硅氧烷树脂混匀烘干，烘干后与聚醚砜在转速为 1000~2000r/min 的高速机中混合 10min，混合过程中均匀加入相容剂苯乙烯-丙烯腈-甲基丙烯酸缩水甘油酯（SAG）、硅烷偶联剂和其他助剂，得到预混料。将预混料喂入双螺杆挤出机中，预加热 3~5min，其中螺杆各区的温度为 190~250℃，螺杆转速为 200~500r/min，出料冷却，挤出造粒，得到防污憎水憎油型改性 PBT 复合材料。

(3) 参考性能　防污憎水憎油型改性 PBT 复合材料性能见表 4-17。该材料具有憎水、憎油、防污的特性，同时具有优异的耐候性和良好的力学性能。

表 4-17 防污憎水憎油型改性 PBT 复合材料性能

性能指标	数值	性能指标	数值
拉伸强度/MPa	58.80	耐候性	无开裂、无褪色
冲击强度/MPa	312	憎水性	HC1

4.20 预结晶-增黏-冷却法改性 PBT 光缆套管材料

(1) 加工工艺 将 PBT 放置在 120℃的温度环境中 0.8h，此环境为干燥通风环境。PBT 在预结晶过程中，流动的风对 PBT 进行干燥除湿；预结晶之后，向 PBT 中加入增塑剂，增塑剂可采用邻苯二甲酸酯，将 PBT 放置在 170℃环境下约 1h；再提高环境温度至 180℃，并向其中添加结晶剂，结晶剂可采用硫酸镁晶须，继续放置 1h。以上过程全部结束之后，将 PBT 平铺以提高其比表面积，用于增加其与外界环境的接触面积，再将环境温度以 10℃/min 的速度缓慢降至 70℃，PBT 在此环境中冷却硬化。

(2) 参考性能 PBT 较为常见的使用领域为光缆套管的制作，但现有技术中光纤套管的制备速度约在 150～220m/min，现有的 PBT 以及改性 PBT 均不能适应光纤套管高速生产的需求。将 PBT 进行预处理之后，再提高温度进行增黏处理和增黏保持处理，经过这两个步骤之后将改性 PBT 置入挤出机中时，挤出速度比改性前的 PBT 有显著提高。分别添加增塑剂和结晶剂之后，PBT 的黏性以及挤出速度有较大提升。改性前的 PBT 的挤出速度为 250m/min，黏度为 14000mPa·s，改性后 PBT 挤出速度为 658m/min，黏度为 28200mPa·s。改性 PBT 光缆套管材料性能见表 4-18。当挤出速度为≥600m/min 时制备出的线缆仍然具有较好的力学性能，具有抗拉伸、抗扭转、抗弯曲压扁和抗冲击的良好性能。

表 4-18 改性 PBT 光缆套管材料性能

拉伸	短期拉力 300N		合格
	拉伸后无目力可见开裂	无目力可见开裂	
扭转	张力 50N,20 倍缆径,±180°,循环 10 次		合格
	扭转后无目力可见开裂	无目力可见开裂	
反复弯曲	张力 50N,20 倍缆径,±90°,循环 25 次		合格
	弯曲后无目力可见开裂	无目力可见开裂	
压扁	压力 450N,1min		合格
	压扁后无目力可见开裂	无目力可见开裂	
冲击	每次取 3 点,每点一次		合格
	冲击后无目力可见开裂	无目力可见开裂	

4.21 合成法制备 3D 打印热塑性聚酯材料

(1) 配方（质量份）
① 无定形热塑性聚酯

1,4-环己烷二甲醇	859	抗氧化剂 1010	1.5
异山梨醇	871	催化剂二丁基氧化锡	1.23
对苯二甲酸	1800		

② 半晶质热塑性聚酯

1,4-环己烷二甲醇	1432	对苯二甲酸	2000
异山梨醇	484	抗氧化剂 1010	1.65

催化剂二丁基氧化锡　　　　　　　　　1.39

（2）加工工艺

① 无定形热塑性聚酯的合成　将 859g（6mol）1,4-环己烷二甲醇、871g（6mol）异山梨醇、1800g（10.8mol）对苯二甲酸、1.5g Irganox 1010（抗氧化剂）和 1.23g 二丁基氧化锡加入 7.5L 反应器中。为了从异山梨醇晶体中提取残余的氧，一旦反应介质的温度在 60℃ 与 80℃ 之间，进行 4 次真空-氮循环。然后，在 6.6bar（1bar＝0.1MPa）的压力且在恒定搅拌速度（150r/min）下将该反应混合物加热至 275℃（4℃/min）。由收集馏出物的量估计酯化度，然后根据对数梯度在 90min 过程内将压力降至 0.7mbar 并且使温度达到 285℃。维持这些真空和温度条件直到获得相对于初始扭矩 10N·m 的扭矩增加。最后，经由该反应器的底阀浇铸聚合物棒，将其在热调节的水浴中冷却至 15℃ 并以约 15mg 的颗粒大小短切粒。

② 半晶质热塑性聚酯合成　将 1432g（9.9mol）1,4-环己烷二甲醇、484g（3.3mol）异山梨醇、2000g（12.0mol）对苯二甲酸、1.65g Irganox 1010（抗氧化剂）和 1.39g 二丁基氧化锡（催化剂）加入 7.5L 反应器中。为了从异山梨醇晶体中提取残余的氧，一旦反应介质的温度是在 60℃ 下，进行 4 次真空-氮循环。然后，在 6.6bar 的压力且在恒定搅拌速度（150r/min）下，将该反应混合物加热至 275℃（4℃/min）直至获得 87% 的酯化度（根据收集的馏出物的质量估算）。然后根据对数梯度在 90min 过程内将压力降至 0.7mbar 并且使温度达到 285℃。维持这些真空和温度条件直到获得相对于初始扭矩 12.1N·m 的扭矩增加。最后，经由该反应器的底阀浇铸聚合物棒，将其在热调节的水浴中冷却至 15℃ 并以约 15mg 的颗粒形式短切。将颗粒 G2 在 170℃、真空条件下于烘箱中结晶 2h。在 210℃ 下于氮气流（1500L/h）中粒料反应 20h 进行固相增黏，以增加摩尔质量。固态缩合后的树脂具有 103.4mL/g 的溶液比浓黏度。

（3）参考性能　无定形热塑性聚酯树脂的溶液比浓黏度为 54.9mL/g，玻璃化转变温度为 125℃。半晶质热塑性聚酯树脂的溶液比浓黏度为 103.4mL/g，玻璃化转变温度为 96℃，熔点为 253℃。

4.22　高刚性增强无卤阻燃 PTT/PC 合金

（1）配方（质量份）

聚对苯二甲酸丙二酯（PTT）	40	抗氧剂 1010	0.02
聚碳酸酯（PC）	10	抗氧剂 168	0.02
玻璃纤维	40	布吕格曼成核剂 P250	1
阻燃剂	15	MBS	3
酯交换抑制剂（亚磷酸三苯酯）	0.3		

（2）加工工艺　将 PTT、PC 预先烘干，烘干温度为 120℃，烘干时间为 3h。将按配方配比称好的原料按序添加共混，在高速搅拌机中混合共计 10min，然后送至双螺杆挤出机熔融、混炼、挤出。双螺杆挤出机中设有 10 个温度设定区。一区的加工温度为 230℃，二区的加工温度为 230℃，三区的加工温度为 255℃，四区的加工温度为 265℃，五区的加工温度为 275℃，六区的加工温度为 265℃，七区的加工温度为 265℃，八区的加工温度为 255℃，九区的加工温度为 245℃，十区的加工温度为 245℃。主机转速为 450～550r/min。

（3）参考性能　高刚性增强无卤阻燃 PTT/PC 合金性能见表 4-19。该合金材料具有防火耐热等特征，用作有防火要求的电器受力件、结构件、配件使用的耐热、高性能工程塑料。

表 4-19　高刚性增强无卤阻燃 PTT/PC 合金性能

性能指标	改性增强阻燃 PBT	某公司 PBT 产品
拉伸强度/MPa	115	110
缺口冲击强度/(kJ/m²)	24	7
弯曲强度/MPa	175	160
弯曲模量/MPa	6700	6200
热变形温度/℃	190	200
阻燃等级	V-0	V0
收缩率	0.3	0.3

4.23　碳纤维增强聚萘二甲酸乙二醇酯（PEN）

(1) 配方（质量份）

PEN	100	聚丙二醇二缩水甘油醚	5
CF	50	柠檬酸铁/癸酸钡	0.1/0.8

注：聚萘二甲酸乙二醇酯（PEN），为日本帝人株式会社产 TN-8065S；碳纤维短纤（CF），为日本东丽株式会社产 T008-003，长度 3mm；聚丙二醇二缩水甘油醚，为上海如发化工科技有限公司产 RF-PPG-DGE400，环氧值为 0.28～0.36mol/L；柠檬酸铁，为南通市飞宇精细化学品有限公司产品。

(2) 加工工艺　在氮气气氛保护下，将碳纤维短纤（日本东丽株式会社产 T008-003，长度 3mm）在 350℃下加热 2h；将制得的碳纤维短纤浸渍在 1mol/L 的硝酸溶液中，于 50℃下加热 4h；再将碳纤维短纤浸渍在 50℃含聚碳化二亚胺的溶液中 2h，然后在 60℃下加热 2h。其中，聚碳化二亚胺的溶液为聚甲基环己烷碳化二亚胺的四氯化碳溶液，是由聚甲基环己烷碳化二亚胺（由甲基环己烷二异氰酸酯在催化剂膦啉氧化物作用下制得）溶于四氯化碳制得，浓度为 20%（质量分数）。得到的碳纤维短纤浸渍在 30℃含羧酸官能团的聚合物水溶液中 2h。其中，含羧酸官能团的聚合物水溶液为聚丙烯酸-聚丙烯酰胺的水溶液，由聚丙烯酸-聚丙烯酰胺（由丙烯酸单体和丙烯酰胺单体溶液在过硫酸钾的作用下共聚制得）溶于水制得，浓度为 20%（质量分数）。再将所制得的碳纤维短纤在 80℃下加热 2h 后，取部分环氧化合物-聚丙二醇二缩水甘油醚（2.5 份），将制得的碳纤维短纤同环氧化合物在 30℃预混合 2h；使用密炼机，在 280℃、100r/min 下，将聚萘二甲酸乙二醇酯、包覆了环氧化合物的碳纤维短纤以及剩余的环氧化合物-聚丙二醇二缩水甘油醚（2.5 份）和无机盐密炼 10min。最后，在 280℃模压成型后，冷却到室温。

(3) 参考性能　从表 4-20 中可以看出，与未改性碳纤维/PEN 相比，改性处理后的碳纤维/PEN 热塑性聚酯的拉伸强度、弯曲强度得到了很大改善。

表 4-20　改性碳纤维/PEN 性能

性能	拉伸强度/MPa	弯曲强度/MPa
改性碳纤维/PEN	205	308
未改性碳纤维/PEN	123	182

第 5 章 ▶▶▶

高强高模聚乙烯改性配方与应用

5.1 增韧高耐磨超高分子量聚乙烯/铸型尼龙复合材料

（1）配方（质量份）

改性超高分子量聚乙烯	5	甲苯二异氰酸酯	0.25
氢氧化钠	0.15	己内酰胺单体	100

（2）加工工艺

① 改性超高分子量聚乙烯工艺

a. 超高分子量聚乙烯的改性工艺：将 88%（质量分数）的 500 万超高分子量聚乙烯加入强力搅拌反应釜，再加入 3%（质量分数）的甲苯、1%（质量分数）的马来酸酐、1%（质量分数）的偶氮二异丁腈，在 90℃、150～200r/min 的转速下，边搅拌边反应 1.5h。

b. 环氧树脂包覆超高分子量聚乙烯的改性工艺：加 5%（质量分数）的环氧树脂分散均匀后，再加入 2%（质量分数）的过氧化苯甲酰，缓慢升温至 100℃并在此温度下保温 2h。然后降至室温，过滤，将滤饼抽真空，置于烘箱内在 105℃下干燥 24h，再粉碎，得到脱水后的环氧树脂包覆好的改性超高分子量聚乙烯。

② 超高分子量聚乙烯/铸型尼龙复合材料的制备　将己内酰胺单体加热熔化，加入 0.15%（质量分数）的 NaOH 和 5%（质量分数）的包覆改性的超高分子量聚乙烯，加热至 130℃，抽真空反应，再加入 0.25%（质量分数）的 TDI，浇铸至 170℃模具中聚合，冷却脱模。

（3）参考性能　该种复合材料具有浇铸型尼龙更高的冲击强度、耐磨性等性能，能满足承受更高冲击载荷的应用及耐磨场合的需要，悬臂梁缺口冲击强度提高了 1～4 倍，达到 12kJ/m²；弯曲强度提高了 40%～50%，达到 190MPa；摩擦性能明显改善，摩擦系数减小，磨损率降低 10%～20%，具有良好的耐磨性能。

5.2 有机刚性粒子增韧超高分子量聚乙烯合金

（1）配方（质量份）

超高分子量聚乙烯合金	100	PE-g-MAH	10
PA66	6	抗氧剂 1010	1

(2) 加工工艺

① 超高分子量聚乙烯合金的制备　将 90 份黏均分子量 250 万的超高分子量聚乙烯与 10 份黏均分子量 50 万的聚乙烯高速混合后，通过双螺杆挤出机挤出造粒，挤出熔体温度控制在 210℃，挤出后的超高分子量聚乙烯合金烘干备用。

② 将 100 份超高分子量聚乙烯合金、4 份 PA66 有机刚性粒子、10 份聚乙烯和马来酸酐接枝共聚物、1 份抗氧剂 1010 高速混合。然后将混合物用单螺杆注塑熔体机注塑熔体成型制品，注塑熔体温度控制在 260℃，压力为 90MPa，注塑熔体时间为 10s，保压冷却时间为 30s。

(3) 参考性能　有机刚性粒子增韧超高分子量聚乙烯合金力学性能见表 5-1。

表 5-1　有机刚性粒子增韧超高分子量聚乙烯合金力学性能

性能指标	数值	性能指标	数值
拉伸强度/MPa	47	悬臂梁缺口冲击强度/(J/m)	125.3
拉伸模量/GPa	2684		

5.3　高抗冲、抗静电超高分子量聚乙烯

(1) 配方（质量份）

超高分子量聚乙烯	95	流动改性剂/聚乙烯蜡	2
多壁碳纳米管	5		

注：高分子量聚乙烯是黏均分子量为 450 万的超高分子量聚乙烯。

(2) 加工工艺　将超高分子量聚乙烯在 80℃真空干燥 12h 后，放入高速搅拌机中以 30000r/min 的速度搅拌 90s，然后加入多壁碳纳米管、流动改性剂继续以 30000r/min 的速度搅拌 90s；投入单螺杆挤出机中挤出，将挤出物在 240℃、5MPa 预压 15min，然后压力升至 15MPa 热压 30min，以 15℃/min 的速度降至室温制得复合材料。

(3) 参考性能　高抗冲、抗静电超高分子量聚乙烯的性能见表 5-2。

表 5-2　高抗冲、抗静电超高分子量聚乙烯的性能

性能指标	数值
悬臂梁缺口冲击强度/(J/m)	79.61
体积电阻率/Ω·cm	3.6×10^3

5.4　抗冲击高强度聚乙烯通信管

(1) 配方（质量份）

超高分子量聚乙烯	14	填充剂	1.6
改性聚乙烯	75	增韧剂	0.4
硬脂酸单甘油酯	1.6	二辛酯	0.3
EBS	0.8	硅烷偶联剂	2
纳米二氧化硅	4	抗氧化剂 CA	4
二价镍合碳纳米管	1.5		

(2) 加工工艺

① 多孔钛的制备　取 10 份钛粉和 4 份田菁粉末，用球磨机在 110r/min 的速度下球磨 4h；75MPa 下保压 10min，冷压成型得到胚体，将胚体置于真空环境下，以 5℃/min 的速度升温至 450℃，保温 2.5h，再升温至 1300℃，保温 3h，烧结完成，冷却碾磨得到多孔钛粉末。

② 钛碳化硅/钛的制备　取 5 份钛碳化硅和 10 份多孔钛粉末混合，以 400r/min 的速度

球磨 1.5h，将混合粉末置于氮气氛围，在 700℃、40MPa 压力下烧结 1h，再升温至 1280℃，保持 40MPa 压力的条件下热压烧结 2h，冷却后碾磨得到钛碳化硅/钛粉末。

③ 改性聚乙烯的制备　取 80 份常规聚乙烯、1 份钛碳化硅/钛、1 份埃洛石纳米管置于高速混合机中，在 3300r/min 的转速下混料 28min，将混合后的物料放入碾磨装置中，碾磨 18min，过 100 目筛。将粒径小于 100 目的混合物料置于双螺杆挤出机中，第一段温度为 142℃，第二段温度为 158℃，第三段温度为 176℃，第四段温度为 187℃，第五段温度为 204℃，第六段温度为 219℃，喂料速度为 19r/min，主机转速为 34r/min，挤出造粒；然后在 80℃下鼓风干燥 6h，得到改性聚乙烯。粒径大于 100 目的混合物料返回碾磨装置参与下一次碾磨。

④ 抗冲击高强度聚乙烯通信管材料的制备　按配方称重，采用超声波分散，超声波频率为 38kHz，分散时间为 50min，得到混合物料。将混合物料置于挤出装置中熔融旋转挤出，熔融段温度为 195℃，口模段温度为 215℃，芯棒与口模的转速为 13r/min，牵引速度为 44.5r/min，得到抗冲击高强度聚乙烯通信管。

(3) 参考性能　抗冲击高强度聚乙烯通信管材料性能见表 5-3。

表 5-3　抗冲击高强度聚乙烯通信管材料性能

性能指标	改性高强抗冲击通信管材料	现有聚乙烯通信管产品性能
拉伸强度/MPa	35.31	27.14
冲击强度/(kJ/m²)	288.12	256.86

5.5　纳米改性抗静电超高分子量聚乙烯

(1) 配方 (质量份)

超高分子量聚乙烯	100	聚乙烯蜡	5
乙烯-乙酸乙烯酯共聚物	15	蒸馏水	50
纳米石墨	8		

注：超高分子量聚乙烯的黏均分子量为 450 万。

(2) 加工工艺　将 15 份乙烯-乙酸乙烯酯共聚物放入反应釜中，于 170℃熔融，放入 8 份纳米石墨、5 份聚乙烯蜡，高速搅拌分散 25min，加入 50 份蒸馏水，降温冷却，过滤烘干，得到有机层包覆纳米导电石墨。然后与 100 份黏均分子量为 450 万的超高分子量聚乙烯高速混合，将混合物用双螺杆挤出机挤出造粒，挤出熔体温度控制在 220℃。

(3) 参考性能　纳米改性抗静电超高分子量聚乙烯性能见表 5-4。

表 5-4　纳米改性抗静电超高分子量聚乙烯性能

性能指标	数值	性能指标	数值
拉伸强度/MPa	34	双缺口简支梁缺口冲击强度/(kJ/m²)	158
断裂伸长率/%	400	表面电阻率/Ω	1.9×10^3

5.6　长效抗静电与阻燃性能的超高分子量聚乙烯管材

(1) 配方 (质量份)

超高分子量聚乙烯	64	预处理二硫化钼	10
甲基乙烯基硅氧烷接枝低密度聚乙烯	10	超细炭黑	2
聚电解质接枝低密度聚乙烯	10	硅烷偶联剂 KH-570	2
高分子蜡	2		

（2）加工工艺

① 制备甲基乙烯基硅氧烷接枝低密度聚乙烯　按低密度聚乙烯：过氧化二异丙苯：甲基乙烯基硅氧烷＝1000：1：50的比例，将LDPE放在温度为120℃的双辊混炼机上混炼，依次加入过氧化二异丙苯、甲基乙烯基硅氧烷，混匀后取下，在190℃、10MPa下在平板硫化机上热压15min反应，成片后取出，冷却至室温。甲基乙烯基硅氧烷接枝低密度聚乙烯具有图5-1所示的分子结构式。其中，m是n的0.05～0.2倍，$k=1～20$，$h=500～2500$。

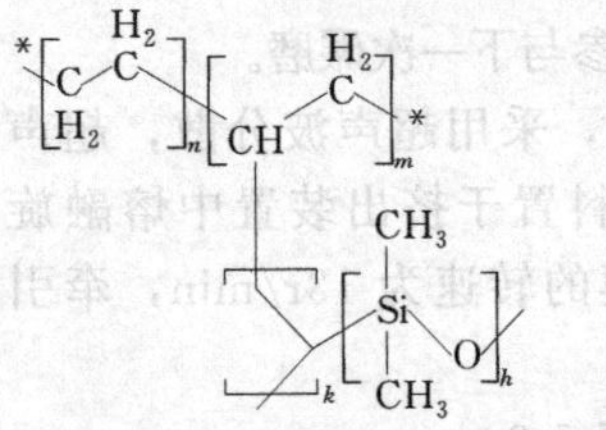

图5-1　甲基乙烯基硅氧烷接枝低
密度聚乙烯分子结构式

② 制备聚电解质接枝低密度聚乙烯　按二甲苯：低密度聚乙烯：偶氮二异丁腈：甲基丙烯酸＝500mL：80g：1g：10g的比例混合，130℃回流反应3～5h；蒸发除去溶剂，产物干燥1～3h；用碳酸钠水溶液进行中和处理后，干燥产物并研磨至100～200目，制得聚电解质接枝低密度聚乙烯。

③ 制备预处理二硫化钼　首先将40份的二硫化钼放入120℃烘箱内干燥2h，冷却至低于70℃，冷却后放入高辊机混合5min，转速为2500r/min。然后依次加入2份亚乙基双硬脂酸酰胺EBS和1份硅烷偶联剂KH-570，混合5min后加入15份线型低密度聚乙烯，再混合2min，冷却至常温，得到预处理二硫化钼。

④ 制备超高分子量聚乙烯管材　按配方称重，在高速混合机中混合2～5min，转速为1200r/min，制得预混合料；将预混合料加入挤出机中挤出成型，挤出机机筒6区加工温度依次为（170±5）℃、（180±5）℃、（195±5）℃、（210±5）℃、（220±5）℃和（225±5）℃，设定挤出机中模具3区温度依次为（220±5）℃、（215±5）℃和（210±5）℃；挤出机螺杆转速为60r/min，牵引速度为5m/min；经挤出机挤出成型后得到超高分子量聚乙烯抗静电、阻燃管材。

（3）参考性能　纳米改性抗静电超高分子量聚乙烯性能见表5-5。经过长期冲洗后材料的阻燃性和抗静电性能不下降。

表5-5　纳米改性抗静电超高分子量聚乙烯性能

性能指标	数值	性能指标	数值
氧指数/%	27	表面电阻率/Ω	10^6
样品在10000次自来水冲刷后的氧指数/%	27	样品在10000次自来水冲刷后的表面电阻率/Ω	10^6

5.7　无卤抗静电阻燃超高分子量聚乙烯复合材料

（1）配方（质量份）

超高分子量聚乙烯	70	低密度聚乙烯	2
三聚氰胺前驱体多聚均三嗪	15	硅烷偶联剂	0.2
聚磷酸铵	10	碳酸钙	0.5
双季戊四醇	2	抗氧剂1010	0.3

（2）加工工艺

① 多聚均三嗪的制备　选取厚度为0.8mm的坩埚放入马弗炉内，设置温度为600℃，烧结时间为2h。选取三聚氰胺作为烧结前驱体，所得产物即为三聚氰胺前驱体多聚均三嗪高聚物，其结构如图5-2所示。

② 多聚均三嗪无卤抗静电阻燃剂超高分子量聚乙烯复合材料的制备　按配方称重，在高速混合机中混匀；混匀物料用双螺杆挤出机挤出造粒，挤出机各段温度为 180～190℃，螺杆转速为 350r/min。

(3) 参考性能　制备得到的多聚均三嗪无卤抗静电阻燃剂超高分子量聚乙烯复合材料性能见表 5-6。

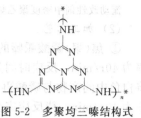

图 5-2　多聚均三嗪结构式

表 5-6　多聚均三嗪无卤抗静电阻燃剂超高分子量聚乙烯复合材料性能

性能指标	数值	性能指标	数值
拉伸强度/MPa	24	UL-94	V-0
缺口冲击强度/(kJ/m^2)	145.2	表面电阻率/Ω	2.6×10^7
极限氧指数/%	28	体积电阻率/Ω·cm	2.3×10^7

5.8　改性可膨胀石墨/聚磷酸铵阻燃超高分子量聚乙烯

(1) 配方（质量份）

超高分子量聚乙烯	80	聚磷酸铵	7
改性可膨胀石墨	13		

(2) 加工工艺　改性可膨胀石墨的制备：将 9,10-二氢-9-氧杂-10-磷杂菲-10-氧化物和乙醇混合，加热至 70℃，滴加甲醛，缓慢搅拌回流，搅拌速率为 50r/min，搅拌 24h，待反应完全后，将产物滤出，清洗干燥滤出物，得到产物 A。其中，甲醛和 9,10-二氢-9-氧杂-10-磷杂菲-10-氧化物的摩尔比为 1∶1；乙醇和 9,10-二氢-9-氧杂-10-磷杂菲-10-氧化物的摩尔比为 2∶1；A 和乙醇混合（乙醇与 A 的质量比为 2∶1）制得混合溶液 B。加入去离子水和可膨胀石墨混合（离子水和可膨胀石墨的质量比为 2∶1，产物 A 和可膨胀石墨的质量比为 1∶4），用乙酸调 pH 值至 3 得到可膨胀石墨悬浮液 C；混合溶液 B 滴加到可膨胀石墨悬浮液 C 中，在水浴锅中边加热边搅拌，升温至 80℃条件下，搅拌速率为 250r/min，搅拌 12h，直至反应完全。反应完全后搅拌降温，使用离心机离心过滤，用乙醇水溶液反复清洗产物，直至滤液 pH 值为中性，干燥滤出物，得到改性可膨胀石墨。将超高分子量聚乙烯粉末和阻燃剂通过高速混合机混合均匀，将混合物用模压成型法在 210℃、17MPa 的条件下熔融压制。

(3) 参考性能　制备得到的改性可膨胀石墨/聚磷酸铵阻燃超高分子量聚乙烯性能见表 5-7。

表 5-7　改性可膨胀石墨/聚磷酸铵阻燃超高分子量聚乙烯性能

性能指标	数值	性能指标	数值
拉伸强度/MPa	16.89	极限氧指数/%	30.6
断裂伸长率/%	72.58	UL-94	V-0

5.9　无卤阻燃超高分子量聚乙烯

(1) 配方（质量份）

超高分子量聚乙烯（分子量 200 万）	63	偶联剂（KH560）	1
焦(聚)磷酸哌嗪	24	光稳定剂（牌号 508）	1
二乙基次磷酸铝	6	增塑剂磷酸酯	1

流动改性剂中密度聚乙烯　　　2　　有机改性纳米合成云母　　　2

（2）加工工艺

① 焦（聚）磷酸哌嗪的制备　将相同摩尔比的磷酸和磷酸哌嗪水浴加热到80℃，搅拌速率为40r/min，反应时间为2h。反应完全后，冷却到室温，过滤干燥，得到白色中间产物。将白色中间产物与磷酸再次按摩尔比1∶1复配，油浴加热到200℃，持续搅拌2h，搅拌速率为40r/min，待反应完全后冷却过滤干燥，最后粉碎到粒径在100μm以下，即得到产物焦（聚）磷酸哌嗪（PAPP），其合成过程见图5-3。

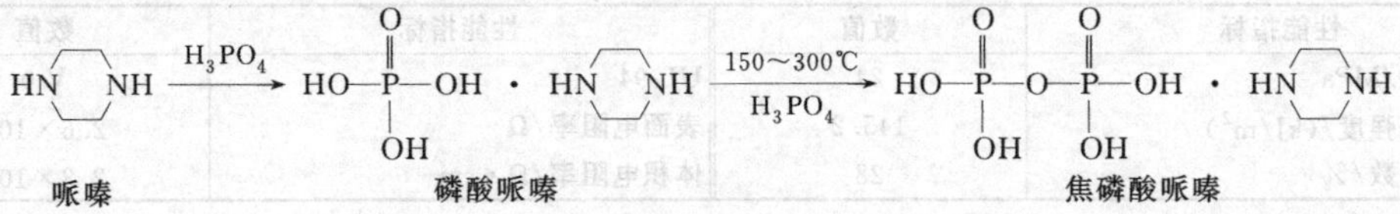

图 5-3　焦(聚)磷酸哌嗪合成过程

② 无卤阻燃超高分子量聚乙烯材料的制备　将焦（聚）磷酸哌嗪、二乙基次磷酸铝先在高速混合机中预混合，再加入挤出机中挤出造粒，加工温度为180～200℃。

（3）参考性能　制备得到的改性可膨胀石墨/聚磷酸铵阻燃超高分子量聚乙烯材料性能见表5-8。

表 5-8　改性可膨胀石墨/聚磷酸铵阻燃超高分子量聚乙烯性能

性能指标	数值
极限氧指数/%	35.7
UL-94(1.6mm)	V-0

5.10　注塑级超高分子量聚乙烯

（1）配方（质量份）

① 含有溶剂油的超高分子量聚乙烯

120#汽油	90	催化剂烷基铝/TiCl₄ 催化剂	0.001
白油	1	乙烯	100

② 注塑级超高分子量聚乙烯

含有溶剂油的超高分子量聚乙烯	100	抗氧剂1010	0.7
高密度聚乙烯	5	低密度聚乙烯	5
改性二硫化钼	5	聚乙烯蜡	5

（2）加工工艺

① 含有溶剂油的超高分子量聚乙烯制备　将反应釜加热至反应温度70℃，抽真空并干燥，然后用氮气置换，加入120#汽油、白油和烷基铝/TiCl₄催化剂。在400r/min的搅拌条件下通入乙烯，控制压力为0.5MPa，在反应温度下反应5h。反应结束后，迅速冷却至20℃，滤去120#汽油，得到浆液，将浆液干燥后可得含有溶剂油的超高分子量聚乙烯树脂。

② 二硫化钼改性工艺　用0.04份乙醇稀释0.01份乙烯基硅氧烷，用高速混合机搅拌5份超细二硫化钼粉末，并在上面喷洒稀释后的乙烯基硅氧烷，直到喷洒均匀潮湿为止，然后将混合物风干。

③ 将抗氧剂1010、高密度聚乙烯、低密度聚乙烯、聚乙烯蜡、含有溶剂油的超高分子量聚乙烯与改性二硫化钼得到的混合物在10℃下高速混合10min，经螺杆挤出机挤出造粒得到注塑级超高分子量聚乙烯，挤出温度为220℃。

（3）参考性能　注塑级超高分子量聚乙烯树脂黏均分子量及所得粒料性能如表 5-9 所示。

表 5-9　注塑级超高分子量聚乙烯树脂性能

性能指标	数值	性能指标	数值
熔融指数/(g/10min)	1.12	拉伸强度/MPa	30
黏均分子量/10^4	450	耐低温冲击强度/(J/m)	1050

5.11　高导热 UHMWPE

（1）配方（质量分数/%）

改性 UHMWPE(数均分子量 250 万)　　99.5　　　抗氧剂　　　　　　　　　　0.5

（2）加工工艺

① 改性 UHMWPE 的制备

a. 对 UHMWPE 粉末进行去油：将 200g UHMWPE 置于乙醇中超声清洗 20min，再用布氏漏斗过滤，过滤过程中不断加入去离子水充分清洗，洗至水完全变清，再置于 45℃下真空干燥 6h。

b. 对清洗干燥后的 UHMWPE 粉末进行表面包覆聚多巴胺（PDA）：称取盐酸多巴胺，配成盐酸多巴胺与 Tris-HCl 缓冲液，其浓度为 2g/L。将清洗干燥后的 UHMWPE 粉末与多巴胺溶液按质量比 1:3 混合，将 UHMWPE 粉末加入多巴胺溶液中，常温敞口下机械搅拌 24h，抽滤干燥后得到表面包覆有 1～20nm 厚度的聚多巴胺改性 UHMWPE 粉末（简称 PDA-UHMWPE）。

c. 对改性后的 UHMWPE 粉末进行活化：将 PDA-UHMWPE 分散于 50mmol/L 的硝酸银溶液中，在 30℃下搅拌 30min，用布氏漏斗进行过滤，用无水乙醇冲洗至溶液清澈。再置于真空干燥箱中于 40℃干燥 2h，样品标记为 UHMWPE/PDA/AgNP；将 UHMWPE/PDA/AgNP 粉末分散于化学镀铜液中，反应 30min。化学镀铜液配方为：30mmol/L 浓度的氯化铜作为铜源，30mmol/L 浓度的 EDTA-2Na 作为络合剂，0.1mol/L 浓度的硼酸作为还原剂，用 1mol/L 浓度的 NaOH 调节溶液 pH 值为 7.0；再加入 0.1mol/L 浓度的二甲胺硼烷（DMAB）作为还原剂，反应 3h 后将样品过滤，用无水乙醇和去离子水充分洗涤，置于 40℃真空干燥箱中干燥 3h。

② 高导热的 UHMWPE 复合材料的制备　在模具上下各垫一层符合尺寸的聚四氟乙烯膜，称取配方量的改性 UHMWPE、酚类抗氧剂投入模具内，摆放平坦均匀；在温度为 200℃时预热 10～20min，缓慢施加压力到 180MPa，热压前 10min 放气 4～5 次，冷压 20min 满压力自然冷却。

（3）参考性能　高导热的 UHMWPE 复合材料具有高导热性能；热变形温度提高，复合材料界面增强；相对于传统偶联剂处理清洁环保，可促进加工；而且该法成本较低，制备工艺简单，可实现工业化。

5.12　高温耐磨 UHMWPE/PI

（1）配方（质量份）

UHMWPE　　　　　　　　　　　　　50　　　MAH-g-LDPE　　　　　　　　　8

聚酰亚胺(PI)　　　　　　　　　　　50

（2）**加工工艺** 将聚酰亚胺（PI）、超高分子量聚乙烯（UHMWPE）与马来酸酐接枝低密度聚乙烯（MAH-*g*-LDPE）粉料混合，混合时间 45～60min；将含有相容剂（MAH-*g*-LDPE）的 UHMWPE/PI 共混粉料置于 40～60℃烘箱中烘干 2～3h；取出烘干料后将其倒入预先清理好的模具中，在 50～90MPa 压力下预压三次、每次保压 1～3min；预压过程完成后卸载，设置控温仪控制热压机以 1～5℃/min 的升温速率升高到 110～150℃，保温 20～40min；继续升温至 340～360℃，保温 3～5h；保温结束后将压力升高至 10～20MPa，待温度冷却至 190～250℃时加压至 20～50MPa，待温度冷却至 130～190℃时加压至 50～90MPa，待温度冷却至 90～130℃时加压至 130～160MPa；自然冷却至室温后脱模，得块状高温耐磨 UHMWPE/PI 复合材料。

（3）**参考性能** 高温耐磨 UHMWPE/PI 性能见表 5-10。PI 含量对高温耐磨 UHMWPE/PI 的硬度和密度的影响见图 5-4。

表 5-10 高温耐磨 UHMWPE/PI 性能

测试条件	检测项目	测试结果
100℃环境温度下	摩擦系数	0.094
	磨损深度/mm	37.88
	磨损宽度/mm	1.59
5m/s 高速滑动状态下的摩擦学性能	摩擦系数	0.216
	摩擦高度/μm	22
	摩擦质量/mg	0.2

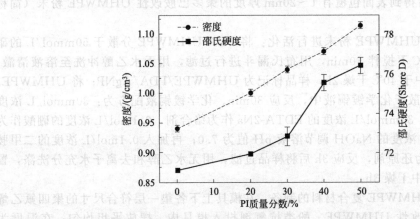

图 5-4 PI 含量对高温耐磨 UHMWPE/PI 的硬度和密度的影响

5.13 超高分子量聚乙烯耐热导热管材

（1）**配方（质量份）**

超高分子量聚乙烯	89	抗氧剂 1010	0.1
镀铜云母	10	白油	0.8
γ-氨丙基三乙氧基硅烷	0.1		

（2）**加工工艺**

① 镀铜云母的制备方法 先将云母经过除油、粗化、敏化以及活化步骤后，按照云母∶乙二胺四乙酸二钠∶氯化铜∶甲醛∶2,2-联吡啶＝100∶80∶40∶50∶0.04 的质量比例，称取氯化铜 40g、乙二胺四乙酸二钠 80g 分别用蒸馏水溶解，将两者混合、搅拌，然后

用氢氧化钠溶液调节溶液 pH 值为 12.5，加入蒸馏水至 10L，再加入 2,2-联吡啶 0.04g，搅拌混匀后加入甲醛 50g，最后加入云母 100g 搅拌，待溶液中没有气泡产生时，反应结束。经过滤、洗涤、干燥，得到镀铜云母。

② 超高分子量聚乙烯耐热导热管材的制备　按配方称量后，加到高速混合机中高速共混 7min，所述的高速混合机的转速为 8000r/min，将共混后的物料经过连续密炼挤出机进行挤出，得到超高分子量聚乙烯管材。其中，一区温度为 175℃、二区温度为 195℃、三区温度为 170℃、四区为温度 160℃，模具温度为 160℃，主机频率为 3Hz，挤出频率为 10Hz。

(3) 参考性能　超高分子量聚乙烯管材的热导率提高 45%，热变形温度为 130℃，拉伸强度≥20MPa。

5.14　煤矿用超高分子量聚乙烯抗静电阻燃管材

(1) 配方 (质量份)

UHMWPE	60	红磷	8
LLDPE	7	三氧化二锑	10
丙烯腈-氯化聚乙烯-苯乙烯共聚物(ACS)	8	预处理硫酸钙晶须	28
高分子蜡	2	硫酸钡	2
超导电炭黑(CB)	10	钛酸酯偶联剂 NDZ-201	2

(2) 加工工艺

① 硫酸钙晶须的处理　将 60 质量份的硫酸钙晶须放入 (120±10)℃的烘箱内烘干 3h，烘干后冷却至＜70℃，冷却后放入高速混合机中混合 5～8min，高速混合机的转速为 (2500±200)r/min；依次加入 4 份分散剂亚乙基双硬脂酸酰胺 EBS 和 3 份钛酸酯偶联剂 NDZ-201，混合 2～4min；接着加入 20 份线型低密度聚乙烯 LLDPE，再混合 1～2min；最后出料冷却至常温，得到预处理硫酸钙晶须。

② 煤矿用超高分子量聚乙烯抗静电阻燃管材的制备　将称取的原料于高速混合机中混合 2～5min，高速混合机转速为 (1200±200)r/min；加入挤出机中进行挤出成型，设定挤出机机筒 6 区加工温度依次为 (170±5)℃、(180±5)℃、(195±5)℃、(210±5)℃、(220±5)℃ 和 (225±5)℃，设定挤出机中模具 3 个区温度依次为 (220±5)℃、(215±5)℃ 和 (210±5)℃；挤出机螺杆转速为 20～80r/min，牵引速度为 0.5～10m/min；经挤出机挤出成型后得到煤矿用超高分子量聚乙烯抗静电阻燃管材。

(3) 参考性能　煤矿用超高分子量聚乙烯抗静电阻燃管材性能见表 5-11。

表 5-11　煤矿用超高分子量聚乙烯抗静电阻燃管材性能

性能指标	规格标准	测试结果
拉伸强度/MPa	≥22	28
断裂伸长率/%	≥200	300
缺口冲击强度(−40℃)/(kJ/m²)	≥100	140
纵向回缩率/%	≤3	2.2
砂浆磨损率/%	≤0.3	0.18
表面电阻率(Ⅰ型)/Ω	$1.0×10^6$	$1.0×10^6$
表面电阻率(Ⅱ型)/Ω	$1.0×10^8$	$1.0×10^8$
有焰燃烧时间(阻燃性)/s	≤3	2.4
无焰燃烧时间(阻燃性)/s	≤20	15

5.15 超高分子量聚乙烯防腐托盘

(1) 配方（质量份）

超高分子量聚乙烯	93	二氧化钛	0.2
甲基丙烯酸缩水甘油酯接枝的聚乳酸	5.0	流变学加工助剂氟化钾	0.1
聚异丁烯	0.3	钾石盐	0.1
硅橡胶	0.2	无机填料	20
高岭土	0.3		

注：超高分子量聚乙烯的分子量为 450 万，无机填料为粉煤灰、硅藻土和石墨的混合物且粉煤灰：硅藻土：石墨的质量比＝1：0.6：0.3。

(2) 加工工艺　按配方称取原料，加入混合均匀后，经注塑机加热熔融，快速注入闭合托盘模具内，经过保压、注塑成型，开模取出制品进行适当修剪整边，得到超高分子量聚乙烯防腐托盘。

(3) 参考性能　超高分子量聚乙烯防腐托盘性能见表 5-12。

表 5-12　超高分子量聚乙烯防腐托盘性能

性能指标	数值	性能指标	数值
熔融指数/(g/10min)	7.5	耐低温冲击强度/(kJ/m²)	26.3
邵氏硬度(A)	124.5	耐腐蚀性	可以承受浓度为 30% 的盐酸在 40℃环境下的腐蚀

5.16 化工泵用超高分子量聚乙烯材料

(1) 配方（质量份）

① 化工泵用超高分子量聚乙烯

超高分子量聚乙烯	113	绢云母粉	18
聚合改性复合物	21	硬脂酸丁酯	0.3
硅橡胶	6	钛酸酯偶联剂	1.2
环氧化大豆油	2	聚酰胺蜡微粉复合炭黑	2

② 聚合改性复合物

丙烯酸二甲氨基乙酯	35	纳米石墨烯	5
异氰尿酸三缩水甘油酯	22	偶氮二异丁腈	0.8
甲基丙烯酸月桂酯	15	去离子水	80
二羟甲基丁酸	8		

(2) 加工工艺

① 聚合改性复合物的制备　将丙烯酸二甲氨基乙酯、异氰尿酸三缩水甘油酯添加到反应釜中，再添加去离子水，加热至 72℃。以 120r/min 的转速搅拌 40min，将（甲基）丙烯酸酯类-乙烯基类单体、二羟甲基丁酸、纳米石墨烯与引发剂混合到一起，搅拌均匀得反应液。预热至 55℃，保温 10min。然后再将预热后的反应液添加到反应釜内，调节温度至 85℃，以 1200r/min 的转速搅拌 3h，静置保温 1h，最后冷却至 38℃，再调整反应体系 pH 值至 8.2。经过滤、洗涤、真空干燥至恒重，即得聚合改性复合物。

② 聚酰胺蜡微粉复合炭黑的制备　将炭黑按 40g：300mL 的比例均匀分散到去离子水中，得到炭黑悬浮液，然后向炭黑悬浮液中依次添加炭黑质量 20% 的硫酸、31% 的硝酸钾，在 70℃下以 150r/min 的转速搅拌 40min。然后再添加炭黑质量 10% 的硅烷偶联剂和炭黑质

量 3 倍的聚酰胺蜡微粉，继续搅拌 2h 后，静置、过滤、清洗、烘干至恒重，即得聚酰胺蜡微粉复合炭黑。

（3）参考性能　化工泵用超高分子量聚乙烯材料的热导率具有大幅度提高，从而显著提高了其散热性能。化工泵用超高分子量聚乙烯性能见表 5-13。

表 5-13　化工泵用超高分子量聚乙烯性能

性能指标	改性聚乙烯	纯聚乙烯
热导率/[W/(m·K)]	7.882	0.453
50%分解温度/℃	498.2	472.6

5.17　人体关节用辐射交联超高分子量聚乙烯

（1）配方（质量份）

超高分子量聚乙烯	65	二亚磷酸季戊二硬脂醇酯	0.5

注：超高分子量聚乙烯的重均分子量为 550 万。

（2）加工工艺　将反应釜加热至 85℃，抽真空，用氮气置换，然后加入己烷、单活性中心催化剂和三丙基铝，通入乙烯，在温度为 100℃、压力为 1MPa 下，使乙烯单体发生聚合反应 14h，得到超高分子量聚乙烯。超高分子量聚乙烯的重均分子量为 550 万，乙烯、己烷、单活性中心催化剂和三丙基铝的质量比为 100∶150∶0.25∶0.05。将得到的超高分子量聚乙烯 65 份和二亚磷酸季戊二硬脂醇酯 0.5 份依次加入高速混合机中，在 70℃下高速混合 35min，将混匀后的超高分子量聚乙烯和二亚磷酸季戊二硬脂醇酯在温度为 110℃、转速为 40r/min 条件下密炼造粒 13min 得到母粒；将母粒送入单螺杆挤出机内挤出成型为母片，单螺杆挤出机机筒一区到七区的温度分别为 103℃、103℃、102℃、104℃、104℃、110℃和 106℃，连接体的温度为 100℃，模具三个区温度均为 109℃，螺杆转速为 21r/min；对母片进行连续、均匀的辐射交联处理，辐射源为电子束，辐射剂量为 110kGy，交联度为 35%，得到辐射交联超高分子量聚乙烯。

（3）参考性能　制得的辐射交联超高分子量聚乙烯的磨损率均在 0.18mg/百万次及以下。

第6章 ▶▶▶

聚甲醛 POM 改性配方与应用

6.1 聚甲醛增强改性

6.1.1 刚性增强聚甲醛

(1) 配方（质量份）

① 复合稳定剂配方

甲醛吸收剂三聚氰胺	235	抗氧剂1010	168
甲酸吸收剂氧化锌	67	抗氧剂168	132
抗氧剂245	214	抗"浮纤"润滑剂聚乙烯蜡	85

② 刚性增强聚甲醛配方

聚甲醛	2580	复合稳定剂	28
马来酸酐接枝苯乙烯-丁二烯-丙烯腈	17.5	玻璃纤维	875

(2) 加工工艺

① 复合稳定剂的制备　将物料加入容积为 3L 的高速搅拌机中，在转速为 1250r/min 条件下，混合均匀；将混合均匀的复合稳定剂加入挤出成型机中，挤出、切粒得到复合稳定剂颗粒。

② 刚性增强聚甲醛复合材料的制备　按配方将物料加入高速混合机中混合均匀，混合机搅拌速率为 1600r/min；然后将混匀后的组分加入双螺杆挤出机的主喂料器中，玻璃纤维从辅助喂料器加入，经过挤出造粒，得到刚性增强聚甲醛复合材料。双螺杆挤出机螺杆转速为 650r/min，挤出机螺杆各段温度为 168℃、172℃、175℃、180℃、185℃、180℃、175℃，冷却温度为 45℃。

(3) 参考性能　刚性增强聚甲醛性能见表 6-1。

表 6-1　刚性增强聚甲醛性能

性能指标	数值	性能指标	数值
拉伸强度/MPa	127.5	弯曲模量/MPa	6543
断裂伸长率/%	2.7	样条外观	均匀
缺口冲击强度/(kJ/m²)	7.8		

6.1.2 车用部件玻璃纤维增强 POM

（1）配方（质量分数/%）

POM	71.99	甲醛清除剂（三聚氰胺）	0.11
亚甲基二苯基-4,4'-二异氰酸酯（MDI）	0.7	添加剂	1.2
增强纤维（偶联剂改性）	26		

（2）加工工艺　将除玻璃纤维以外的所有组分混合在一起，使用 ZSK25MC 挤出机（区段温度 190℃，熔体温度大约 210℃）挤出，使用下游进料单元在合适的位置添加玻璃纤维。选择带有捏合元件的螺杆构造以在反应性挤出过程中发生各组分的有效充分混合以及获得最佳玻璃纤维长度。

（3）参考性能　车用部件玻璃纤维增强 POM 可以用于汽车工业中所用的部件，尤其是外壳、撞锁、窗缠绕系统、滑轮装置、雨刷系统、天窗系统、座椅调节装置、杠杆、齿轮、卡爪、枢轴外壳、托架或雨刷臂。本例在加工的过程中可以去除甲醛，绿色环保。车用部件玻璃纤维增强 POM 复合材料性能见表 6-2。

表 6-2　车用部件玻璃纤维增强 POM 复合材料性能

性能指标	数值	性能指标	数值
VDA275(7d/1.5mm)/10^{-6}	6.9	断裂伸长率/%	3.7
拉伸强度/MPa	161	缺口冲击强度/(kJ/m²)	12.9

6.1.3 低气味玻璃纤维增强聚甲醛

（1）配方（质量份）

聚甲醛	70	抗氧剂 1010	0.1
短切 E 型玻璃纤维（直径为 12μm）	30	抗氧剂 168	0.2
除味剂（LDV1040）	10	硬脂酸钙	0.5

（2）加工工艺　称取配料，经高速混合机混合，高速混合机转速为 500r/min，常温混合，混合时间为 3min；将混合料倒入双螺杆挤出机的主喂料斗内，调节双螺杆挤出机的转速为 300r/min，设置其五个区段的温度：第一区段温度为 140℃，第二区段温度为 160℃，第三区段温度为 180℃，第四区段温度为 190℃，第五区段温度为 200℃，机头温度为 190℃。当熔融料通过双螺杆挤出机的真空口时抽真空，保持压力低于 0.02MPa，最后进行拉条、切粒，得到低气味玻璃纤维增强聚甲醛复合材料。

（3）参考性能　低气味玻璃纤维增强聚甲醛性能见表 6-3。其中，气味等级是按照大众公司气味试验标准 PV 3900 进行测试的结果。

表 6-3　低气味玻璃纤维增强聚甲醛性能

性能指标	数值	性能指标	数值
拉伸强度/MPa	118	弯曲模量/MPa	7500
断裂伸长率/%	2.7	样条外观	均匀
Izod 缺口冲击强度/(kJ/m²)	7	密度/(g/cm³)	1.60
弯曲强度/MPa	189	气味等级	3 级

6.1.4 聚甲醛材料增强专用玄武岩纤维

（1）配方（质量份）

玄武岩纤维处理剂配方

改性剂	15	丁二烯树脂成膜剂	50

| 乙醇 | 20 | 硅烷偶联剂 | 10 |
| 水 | 20 | 硬脂酸甲酯 | 3 |

（2）加工工艺　将玄武岩矿石进行粉碎处理，得到粒径为 0.5mm 的玄武岩矿石粉体；将得到的粉体加热，在 1250℃ 温度下进行熔融，形成纺丝熔液；纺丝熔液在 2000m/min 的速度下进行拉丝，得到直径为 15μm 的玄武岩纤维原丝；将玄武岩纤维原丝在温度为 60℃ 的浸润剂中进行浸润处理。浸润剂的组成为：改性剂含［二甲基次磷酸钠∶草酸＝6∶2（质量比）］、丁二烯树脂成膜剂、乙醇、水、硅烷偶联剂和硬脂酸甲酯。经过浸润处理的原丝进行退解、并捻，得到聚甲醛材料增强专用玄武岩纤维。

（3）参考性能　玄武岩纤维增强聚甲醛材料性能见表 6-4。

表 6-4　玄武岩纤维增强聚甲醛材料性能

性能指标	玄武岩纤维增强聚甲醛	聚甲醛塑料
断裂伸长率/%	15	30
缺口冲击强度/(kJ/m^2)	15.3	7.6
成型收缩率/%	0.5～0.9	2.0～3.5

6.1.5　汽车转向节衬套碳纤维增强聚甲醛材料

（1）配方（质量份）

聚甲醛	100	JK01	0.47
长丝碳纤维	20	双氰胺	0.56
石墨	10	UV-9	0.094
二硫化钼	5		

（2）加工工艺　按配方称量后搅拌均匀，通过双螺杆造粒机混合加工，在 205℃ 下混合加工 2min，得到碳纤维增强聚甲醛改性材料。

（3）参考性能　汽车转向节衬套碳纤维增强聚甲醛材料性能见表 6-5。

表 6-5　汽车转向节衬套碳纤维增强聚甲醛材料性能

性能指标	碳纤维增强聚甲醛复合衬套	聚甲醛复合衬套	双金属(钢背＋合金)复合衬套
抗压强度/MPa	130	80～90	100～130
极限 PV 值/(MPa·m/s)	＞12	＞8	＞8
摩擦系数(μ)	0.12	0.1～0.15	0.15～0.18
润滑条件	脂润滑	脂润滑	油润滑
最高使用温度/℃	130	100	280
免维护公里数/km	20 万	4 万～6 万	4 万～6 万
抗咬合性	优越	一般	不好
材料成本对比系数	0.95	0.9	1

6.2　聚甲醛增韧改性

6.2.1　增韧聚甲醛

（1）配方（质量份）

聚甲醛	100	抗氧剂 168	0.6
轻质氧化镁	0.1	三聚氰胺	0.5
二氧化钛	2	硬脂酸钙	3
抗氧剂 1098	0.6		

（2）加工工艺　将聚甲醛和轻质氧化镁分别在80℃下干燥3h后备用；将各组分原料加入高速混合机中混合10min；采用排气式同向双螺杆挤出机熔融共混，挤出造粒。其中，螺杆转速为280r/min，料筒温度见表6-6。

表6-6　料筒温度

温区	料斗	一区	二区	三区	四区	五区	六区	七区	八区	九区	机头
温度/℃	室温	165	170	175	180	185	185	190	190	190	185

（3）参考性能　增韧聚甲醛材料的力学性能见表6-7。

表6-7　增韧聚甲醛材料的力学性能

性能指标	增韧聚甲醛	纯聚甲醛
拉伸强度/MPa	56	62
断裂伸长率/%	53	50
弯曲强度/MPa	83	91
弯曲模量/MPa	2300	2620
原料成本/（万元/t）	1.52	1.5
缺口冲击强度/（kJ/m²）	16	6

6.2.2　复合稳定剂改性的增韧聚甲醛

（1）配方（质量份）

① 复合稳定剂

甲醛吸收剂三聚氰胺	235	抗氧剂168	132
甲酸吸收剂氧化锌	67	润滑剂甲基硅油	85
抗氧剂3354	214	经过硅烷偶联剂表面处理的纳米	
抗氧剂1010	168	二氧化硅	2467

② 增韧聚甲醛复合材料

2.58kg聚甲醛，875g聚氨酯弹性体，17.5g MDI/聚醚多元醇预聚体，28g复合稳定剂。

（2）加工工艺

① 复合稳定剂的制备　将配方组分加入容积为5L的高速搅拌机中，在转速为1250r/min的条件下，混合，将混合均匀的助剂加入挤出成型机中，挤出、切粒得到复合稳定剂颗粒。

② 增韧聚甲醛复合材料的制备　将配方②组分加入高速混合机中混合均匀，混合机搅拌速率为1500r/min；然后将混匀后的组分加入双螺杆挤出机中挤出造粒，得到增韧聚甲醛复合材料双螺杆，挤出机螺杆转速为650r/min，挤出机螺杆各段温度为168℃、170℃、175℃、180℃、180℃、176℃、172℃，冷却温度为30℃。

（3）参考性能　复合稳定剂改性的聚甲醛性能测试结果参见表6-8。

表6-8　复合稳定剂改性的聚甲醛性能测试结果

性能指标	数值	性能指标	数值
拉伸强度/MPa	41.3	弯曲模量/MPa	1682
断裂伸长率/%	173.3	样条外观	均匀，无流纹
简支梁缺口冲击强度/（kJ/m²）	20.4		

6.2.3　耐候增韧聚甲醛

（1）配方（质量份）

聚甲醛	95	聚己内酯型热塑性聚氨酯弹性体	5

聚酯型热塑性聚氨酯弹性体	5	PA6	3
抗氧剂 1790	0.5	UV-292	1
双氰胺	1	光引发剂 944	0.5

（2）加工工艺　将各原料混合均匀，熔融挤出造粒，干燥即可。

（3）参考性能　耐候增韧聚甲醛材料性能见表 6-9。

表 6-9　耐候增韧聚甲醛材料性能

项目	数值	项目	数值
老化前拉伸强度/MPa	61.3	老化前缺口冲击强度/(kJ/m²)	14.5
氙灯老化 1000h 后拉伸强度/MPa	60.5	氙灯老化 1000h 后缺口冲击强度/(kJ/m²)	12.3
氙灯老化 1000h 后拉伸强度保持率/%	98	氙灯老化 1000h 后缺口冲击强度保持率/%	78
氙灯老化 1000h 后断裂伸长保持率/%	69	氙灯老化 1000h 后色差 ΔE	2.8

6.2.4　低温增韧聚甲醛

（1）配方（质量份）

改性 POM	70.2	主抗氧剂 1076	0.3
TPU	23.5	辅助抗氧剂 626	0.2
PBA 接枝的纳米 SiC	5	润滑剂	0.8

注：改性 POM 由三聚甲醛、二氧戊烷和羟基乙酸通过阳离子聚合制得，PBA 接枝的纳米 SiC 通过等离子体引发接枝聚合的方法制得。

（2）加工工艺　各组分在恒温通风干燥箱中于 90℃下干燥，控制水分含量在 0.03% 以下，然后将干燥后的组分加入高速混合机中，高速混合机转速为 500r/min，混合 5min 得到均匀的混合物，将混合物加入双螺杆挤出机喂料斗中，挤出造粒，得到聚甲醛复合材料。其中，双螺杆挤出机的转速为 28.5Hz，喂料斗转速为 18.5Hz，挤出温度为 185℃。

（3）参考性能　低温增韧聚甲醛性能见表 6-10。

表 6-10　低温增韧聚甲醛性能

性能指标	数值	性能指标	数值
拉伸强度/MPa	94	弯曲强度/MPa	195
断裂伸长率/%	137	弯曲模量/MPa	2137
缺口冲击强度/(kJ/m²)	85.2	低温缺口冲击强度/(kJ/m²)	22.5
无缺口冲击强度/(kJ/m²)	不断		

注：低温测试使用低温耐候箱在 -40℃的条件下处理 1000h 后进行缺口冲击强度的测试。

6.2.5　增强增韧聚甲醛

（1）配方（质量份）

POM 500P	500	KH560	1
TPU 7560	470	抗氧剂	5
nano-SiO₂	30		

（2）加工工艺　先将 POM500P、nano-SiO₂、KH560、抗氧剂按配方称量，加入高速混合机中在 80℃下混合均匀，通过双螺杆挤出机挤出造粒，获得填充母粒。挤出机各区段温度设定为 160℃、180℃、180℃、180℃、180℃、185℃、185℃、200℃、200℃、190℃，螺杆转速设定为 240r/min。再将填充母粒和 TPU 7560 在高速混合机中混合均匀后，通过双螺杆挤出机挤出造粒获得产品，挤出机各区段温度设定为 160℃、180℃、180℃、180℃、180℃、185℃、185℃、200℃、200℃、190℃，螺杆转速设定为 240r/min。

（3）参考性能　增强增韧聚甲醛性能见表 6-11。

表 6-11 增强增韧聚甲醛性能

性能指标	数值	性能指标	数值
弯曲强度/MPa	42	简支梁缺口冲击强度/(kJ/m²)	82
弯曲模量/MPa	1580		

6.2.6 木质素增韧聚甲醛

(1) 配方 (质量份)

聚甲醛	81	抗氧剂 1010	0.3
木质素(粒径 5μm)	5	分散剂 EBS	0.7
滑石粉(粒径 500nm)	1		

(2) 加工工艺 通过高速混合机以 200r/min 的转速混合 15min，将混合物在双螺杆挤出机中进行挤出。热塑性聚氨酯在挤出机的中段三号侧喂料口中加入，挤出机的前段温度设置为 180℃，中段温度设置为 190℃，后段出料口温度设置为 200℃，挤出机的螺杆转速为 300r/min。将挤出机出料口处的物料切粒、过筛、干燥后得到所述增韧改性聚甲醛。

(3) 参考性能 热塑性聚氨酯协同碳酸钙增韧聚甲醛性能见表 6-12。

表 6-12 热塑性聚氨酯协同碳酸钙增韧聚甲醛性能

性能指标	数值	性能指标	数值
拉伸强度/MPa	56	缺口冲击强度/(kJ/m²)	25
弯曲模量/MPa	2230		

6.2.7 弹性体增韧聚甲醛

(1) 配方 (质量份)

POM	79	三聚氰胺	0.3
TPEE H4132	20	硬脂酸钙	0.5
抗氧剂 1010	0.2		

(2) 加工工艺 将配方原料预混好后，通过双螺杆挤出机在 150～160℃、转速 240r/min 条件下挤出造粒得到增韧 POM 共混物材料。

(3) 参考性能 弹性体增韧聚甲醛性能见表 6-13。

表 6-13 弹性体增韧聚甲醛性能

性能指标	数值	性能指标	数值
拉伸强度/MPa	39	弯曲强度/MPa	43
断裂伸长率/%	43	弯曲模量/GPa	1.1
缺口冲击强度/(kJ/m²)	24		

6.2.8 热塑性聚氨酯协同碳酸钙增韧聚甲醛

(1) 配方 (质量份)

含增容剂 MDI 的 POM	70	碳酸钙母粒	5
TPU	25		

注：POM 采用昆山台益塑料科技有限公司生产的 EHI204；TPU 采用宁波勤业聚合物科技有限公司生产的 T29M80，TPU 的硬度为邵尔 90A。

(2) 加工工艺 按配方将物料放入塑料混合机中搅拌混合均匀，将混合料于干燥箱中 90℃下干燥 2～4h；将干燥后的混合物放入注塑成型机中，在分段 160～200℃下进行熔融注塑，注塑速度为中速，注塑周期 45s，模温为 50℃，得到 POM 制品。

（3）参考性能 热塑性聚氨酯协同碳酸钙增韧聚甲醛性能见表 6-14。

表 6-14 热塑性聚氨酯协同碳酸钙增韧聚甲醛性能

性能指标	数值	性能指标	数值
拉伸强度/MPa	49.7	缺口冲击强度/(kJ/m²)	50.3
断裂伸长率/%	81.3		

6.2.9 低气味、高耐磨聚甲醛增强复合材料

（1）配方（质量份）

聚甲醛	54	抗氧剂 1098	0.1
气味吸附母粒	10.2	抗氧剂 168	0.1
聚硅氧烷	0.2	改性玻璃纤维	45

（2）加工工艺 将物料混合均匀后加入双螺杆挤出机中，将改性玻璃纤维从玻璃纤维口加入，经熔融挤出后造粒，制得低气味、低散发、高耐磨聚甲醛增强复合材料。双螺杆挤出机一区温度为 170℃，二区温度为 170℃，三区温度为 180℃，四区温度为 180℃，五区温度为 185℃，六区温度为 185℃；双螺杆主机转速为 500r/min。

（3）参考性能 低气味、高耐磨聚甲醛增强复合材料性能见表 6-15。

表 6-15 低气味、高耐磨聚甲醛增强复合材料性能

性能指标	数值	性能指标	数值
拉伸强度/MPa	158	耐磨性[700g(载荷),1000r]/(g/1000r)	0.07
断裂伸长率/%	8	TVOC/(μg/g)	91
缺口冲击强度/(kJ/m²)	28	气味等级	8 级

6.3 聚甲醛阻燃改性

6.3.1 高效阻燃聚甲醛

（1）配方（质量份）

POM	1200	热塑性聚氨酯	260
改性三氧化二铝纤维	300	AT-10 抗氧剂	20
三聚氰胺氰尿酸盐	100	KF-1 稳定剂	20
三聚氰胺	100		

（2）加工工艺

① 改性三氧化二铝纤维的制备 取 50g 三氧化二铝纤维在烘箱中干燥 1~2h，放置于 5000mL 三口烧瓶中，加入 2000mL 二甲苯与 1000mL 丙酮溶剂，常温下机械搅拌的同时进行超声分散 20min。随后向三口烧瓶中加入 100g 硅树脂溶液（固含量 50%），搅拌 2h，依次经浓缩、干燥、研磨，制得改性三氧化二铝纤维。

② POM 阻燃复合材料的制备 将各原料分别于 80℃下干燥 4~6h，然后将 POM 1200g、改性三氧化二铝纤维 300g、三聚氰胺氰尿酸盐 100g、三聚氰胺 100g、热塑性聚氨酯 260g、AT-10 抗氧剂 20g 和 KF-1 稳定剂 20g 进行预混合，随后于 175℃下在双螺杆挤出机中进行熔融共混，螺杆转速为 80r/min，经冷却、切粒、干燥制得高效阻燃 POM 复合材料。

（3）参考性能 高效阻燃聚甲醛性能见表 6-16。制备的高效阻燃聚甲醛复合材料的氧指数已经达到 35%~37%，而且可以达到 UL-94 中 V-1 级别。虽然缺口冲击强度有所降低，但拉伸强度和弯曲强度下降幅度很小。表 6-17 为复合材料燃烧性能参数。对比纯聚甲醛，

高效阻燃复合聚甲醛材料的熄灭时间已经被显著延长，由原来的 180s 延长至 893s，这在发生火灾时的逃生过程中十分重要。热释放的峰值也被大幅度降低，降至 135.5kW/m²，这表明热量的释放是均匀。此外，在成炭率上增强阻燃复合材料的成炭率也有明显提高。

表 6-16　高效阻燃聚甲醛性能

性能指标	配方样	纯聚甲醛
拉伸强度/MPa	43.3	56
缺口冲击强度/(kJ/m²)	3.1	5.7
弯曲强度/MPa	72.1	75.2
UL-94	V-1	不通过
氧指数 LOI/%	37	16

表 6-17　复合材料燃烧性能参数

燃烧参数	配方样	纯聚甲醛
点燃时间/s	55	40
熄灭时间/s	893	180
总热释放/(MJ/m²)	50.7	34.2
热释放速率峰值/(kW/m²)	135.5	239.5
热释放速率均值/(kW/m²)	60.5	195.5
单位质量产热率峰值/(MJ/kg)	81.2	45.5
质量损失 10% 的时间/s	104	52
成炭率/%	20.0	5.7

6.3.2　无卤环保阻燃的聚甲醛

(1) 配方（质量份）

共聚型聚甲醛	53.8	氰尿酸三聚氰胺	22
TPU(ES2388)	6	磷酸三聚氰胺	10
PTFE(A-3800)	2	季戊四醇	6
抗氧剂 1010	0.2		

(2) 加工工艺　将 POM、TPU、PTFE、抗氧剂 1010 在室温状态下预混 2min，然后再加入氰尿酸三聚氰胺、磷酸三聚氰胺、季戊四醇混合 5min，经熔融挤出、造粒制成复合材料。双螺杆一区温度为 155℃，二区温度为 165℃，三区温度为 170℃，四区温度为 175℃；停留时间为 1.5min，热压压力为 12MPa。

(3) 参考性能　无卤环保阻燃的聚甲醛性能见表 6-18。

表 6-18　无卤环保阻燃的聚甲醛性能

性能指标	数值	性能指标	数值
拉伸强度/MPa	48	弯曲模量/MPa	1780
断裂伸长率/%	15	UL-94	V-0
缺口冲击强度/(J/m)	13.8		

6.3.3　高 CTI 值无卤阻燃聚甲醛

(1) 配方（质量份）

共聚甲醛	56	硅烷偶联剂改性的氢氧化铝	10
增韧剂/聚酯型热塑性聚氨酯	3.5	硅烷偶联剂改性的氢氧化镁	10
阻燃剂/聚氰胺多聚磷酸酯	16.9	钛酸酯偶联剂改性的滑石粉	15
阻燃增效剂/三聚氰胺	6.0	甲醛吸收剂/己二胺甲醛缩聚物	1.5

| 抗氧化剂 1010 | 0.15 | 抗氧化剂 168 | 0.10 |

注：硅烷偶联剂为 3-(2,3-环氧丙氧)丙基甲基二乙氧基硅烷；钛酸酯偶联剂为单烷氧基不饱和脂肪酸钛酸酯。

（2）加工工艺

① 氢氧化铝和氢氧化镁的改性方法　将氢氧化铝或氢氧化镁置于高速混合机中进行混合搅拌。将浓度为 10%（质量分数）的硅烷偶联剂的石油醚溶液均匀地喷淋在氢氧化铝或氢氧化镁中，所述溶液与氢氧化铝或氢氧化镁的质量比为 1：9，混合搅拌 30min 后在 100℃下干燥 7h 即可得到处理后的氢氧化铝或氢氧化镁。

② 滑石粉的改性方法　将滑石粉置于高速混合机中进行搅拌，在保证溶液与滑石粉的质量比为 1：9 的配比下将浓度为 5%（质量分数）的钛酸酯偶联剂的石油醚溶液均匀地喷淋在滑石粉中，混合搅拌 30min 后将无机填料放置在 100℃ 的电热恒温鼓风干燥箱中干燥 8h。

③ 制备方法　按配方称取增韧剂、阻燃剂和阻燃增效剂，将增韧剂置于开炼机后辊上熔融，使其均匀地分散形成包覆基体，加入阻燃剂和阻燃增效剂制得复合阻燃剂；开炼机的工艺条件为前辊温度为 140℃，后辊温度为 160℃。将干燥后的共聚甲醛、复合阻燃剂、无机填料、超细颗粒、甲醛吸收剂与抗氧化剂置于混合机中混合均匀。通过加料斗将混合好的物料加入双螺杆挤出机进行熔融共混挤出；料筒至机头的各段温度分别为 165℃、170℃、175℃、175℃、180℃、180℃、178℃、175℃、170℃，口模温度为 170℃，螺杆转速为 200r/min，喂料速度为 10~15r/min。

（3）参考性能　聚甲醛具有特殊的电器破坏现象（即电痕破坏现象），限制了其在潮湿环境下工作的电子电元器件、高压电器开关等对材料 CTI 值（相对电痕指数，comparative tracking index）和阻燃性能要求高的领域的应用，因此对聚甲醛进行高 CTI 值和阻燃改性是十分必要的。高 CTI 值无卤阻燃聚甲醛性能见表 6-19。本聚甲醛复合材料可广泛应用于精巧薄壁电子电器元件、精密仪器齿轮、高压电器开关、潮湿环境下工作的电子元件等方面的制造。

表 6-19　高 CTI 值无卤阻燃聚甲醛性能

性能指标	纯聚甲醛	性能指标	纯聚甲醛
拉伸强度/MPa	39.5	弯曲模量/MPa	5385.3
断裂伸长率/%	15	UL-94	V-0
缺口冲击强度/(kJ/m²)	6.4	CTI 值	550
弯曲强度/MPa	63.7		

6.3.4　聚甲醛聚氨酯共混物电缆护套料

（1）配方（质量份）

聚甲醛	55	红磷	2
聚氨酯	20	凹凸棒土(ATP)	1
聚氨酯弹性体	7	可膨胀石墨	2
三聚氰胺增容剂	0.2		

（2）加工工艺　将聚甲醛、聚氨酯、聚氨酯弹性体和三聚氰胺增容剂加入高速捏合机内捏合，于 100℃捏合 20min，得到混合树脂基料。然后将红磷、凹凸棒土和可膨胀石墨继续加入高速捏合机内捏合，于 100℃捏合 20min，得到混合物料。将混合物料置于开炼机中薄通 7 次，再由压延机压延成型，即得聚甲醛聚氨酯共混物电缆护套料。

（3）参考性能　聚甲醛聚氨酯共混物电缆护套料性能见表 6-20。

表 6-20　聚甲醛聚氨酯共混物电缆护套料性能

性能指标	配方样	性能指标	配方样
拉伸强度/MPa	25.3	最大烟密度(无焰法)	82
断裂伸长率/%	201	毒性指数	0.1
缺口冲击强度/(J/m)	750	氧指数/%	80
最大烟密度(有焰法)	30		

6.3.5　核壳型无卤阻燃 POM 复合材料

（1）配方（质量份）

聚甲醛	1400	季戊四醇	100
聚磷酸铵微胶囊	360	AT-10 抗氧剂	10
三聚氰胺氰尿酸盐	60	KF-1 稳定剂	10
三聚氰胺	60		

（2）加工工艺　核壳型无卤阻燃 POM 复合材料的制备方法包括如下步骤。

① 聚磷酸铵微胶囊的制备　取 1000 份聚磷酸铵在烘箱中干燥 $10\sim12h$，放置于 5000mL 三口烧瓶中，加入 30 份 MDI-50 和 2000mL 二甲苯，40℃下机械搅拌的同时进行超声分散 20min，随后向三口烧瓶中滴加 70 份聚醚多元醇 N220 和 100mL 二甲苯的混合溶液，20min 滴完。然后升温至 75℃，加入 8 份季戊四醇和 2 份二月桂酸二丁基锡进行交联反应 2h，反应结束后依次经过滤、洗涤、干燥、研磨，制得以聚氨酯为囊材、聚磷酸铵为芯材的聚磷酸铵微胶囊。

② POM 阻燃复合材料的制备　按配方将物料混合均匀，于 175℃下在双螺杆挤出机中进行熔融共混，转速 30r/min，冷却切粒，干燥制得核壳型无卤阻燃 POM 复合材料。

（3）参考性能　核壳型无卤阻燃 POM 复合材料性能见表 6-21。纯 POM 的氧指数仅为 16%，对主阻燃剂进行包覆改性后复合材料的氧指数为 43%。此外，其缺口冲击强度与纯聚甲醛相当，但拉伸强度有所提高，为 47.3MPa。表 6-22 为复合材料燃烧性能参数，纯 POM 总热释放高达 $34.2MJ/m^2$，对聚磷酸铵进行包覆改性后制得的复合材料总热释放进一步降低至 $25.2MJ/m^2$。另外，热释放速率显著降低。

表 6-21　核壳型无卤阻燃 POM 复合材料性能

性能指标	配方样	纯聚甲醛
拉伸强度/MPa	47.3	72
缺口冲击强度/(J/m)	4.2	6.5
LOI/%	43	16

表 6-22　复合材料燃烧性能参数

燃烧参数	配方样	纯聚甲醛
总热释放/(MJ/m²)	25.2	34.2
总氧气消耗量/g	15.3	16.1
热释放速率峰值/(kW/m²)	151.1	239.5
热释放速率均值/(kW/m²)	58.0	195.5
单位质量产热率峰值/(MJ/kg)	38.7	45.5
质量损失 10% 的时间/s	38	52
成炭率/%	21.6	5.7
CO 的产率峰值/%	0.02	0
CO₂ 的产率峰值/%	2.73	2.52

6.3.6 聚氨酯基复合阻燃剂阻燃聚甲醛

(1) 配方（质量份）

① 阻燃母粒

三聚氰胺磷酸盐	50	三聚氰胺	10
季戊四醇	20	聚酯型热塑性聚氨酯	15

② 聚氨酯基复合阻燃剂阻燃聚甲醛

共聚聚甲醛	65	抗氧剂 245	0.6
阻燃母粒	35		

(2) 加工工艺　按配方①在温度为 160℃下的双辊开炼机中混炼 40min 后，粉碎成平均粒径为 0.1cm 的颗粒。将阻燃母粒、共聚聚甲醛和抗氧剂混合后，在温度为 170～190℃的挤出机中挤出造粒，得到阻燃聚甲醛。该产品的阻燃性能达 UL-94 V-1 级别，极限氧指数达 28%，材料缺口冲击强度达 7.5kJ/m²。

(3) 参考性能　聚氨酯基复合阻燃剂阻燃聚甲醛性能见表 6-23。

表 6-23　聚氨酯基复合阻燃剂阻燃聚甲醛性能

性能指标	数值	性能指标	数值
缺口冲击强度/(kJ/m²)	7.5	UL-94	V-1
极限氧指数/%	28		

6.3.7 膨胀型复配阻燃体系阻燃聚甲醛

(1) 配方（质量份）

聚甲醛	70	三聚氰胺	7.92
氧化铈	0.3	季戊四醇	5.94
聚磷酸铵	15.84		

(2) 加工工艺　将配方物料置于烘箱中于 85℃干燥 4h，迅速混合均匀。混合物用单螺杆挤出机在 165～180℃下挤出造粒，并于 85℃干燥 8h，所得粒料在 160～165℃下注塑。

(3) 参考性能　膨胀型复配阻燃体系阻燃聚甲醛性能见表 6-24。

表 6-24　膨胀型复配阻燃体系阻燃聚甲醛性能

性能指标	配方样	性能指标	配方样
拉伸强度/MPa	21.5	氧指数 LOI/%	52
UL-94	V-0		

6.3.8 无卤阻燃体系的阻燃抗静电聚甲醛

(1) 配方（质量份）

POM	65.5	双季戊四醇	6
红磷微胶囊	8	氧化铝	1
MCA	7	金属纤维	6
三聚氰胺	3	抗氧剂 245	0.5
酚醛树脂	4	聚乙烯蜡	1

(2) 加工工艺　按配方称取物料，在高速混合机上预混 10min，然后在双螺杆挤出机中于 165～175℃熔融挤出造粒，在注塑机上注塑成型。

(3) 参考性能　无卤阻燃体系的阻燃抗静电聚甲醛材料性能见表 6-25。其力学性能较好，阻燃性能达到 UL-94 V-0 级；同时，体积电阻率最低可以达到 $10^5\Omega\cdot cm$，可用于汽车工业、电子工业以及煤炭井下用聚合物制品等技术领域。

表 6-25　无卤阻燃体系的阻燃抗静电聚甲醛材料性能

性能指标	数值	性能指标	数值
拉伸强度/MPa	36.9	体积电阻率/Ω·cm	$10^5 \sim 10^6$
缺口冲击强度/(kJ/m²)	8.9	UL-94	V-0
弯曲强度/MPa	64.6	极限氧指数/%	34.0

6.3.9　改性白石墨烯协效阻燃聚甲醛复合材料

(1) 配方 (质量份)

POM	100	季戊四醇	3
改性白石墨烯	5	抗氧剂 168	0.3
聚磷酸铵	7	硬脂酸锌	0.3
三聚氰胺	3		

(2) 加工工艺　取 5 份白石墨烯粉末加入圆底烧瓶中，并向圆底烧瓶中加入 100 份丙三醇，然后超声分散，向圆底烧瓶中加入 0.3 份油胺，超声高速搅拌，得到亲油改性白石墨烯；将亲油改性的白石墨烯分散液加热至 90℃后，加入 2 份引发剂偶氮二异丁腈，搅拌 20min 后开始滴加 1 份丙烯酸缩水甘油酯，0.7h 滴完。滴加完毕后，保温 1.5h 待反应完成。反应完毕后用氨水调节 pH 值为 7，迅速冷却至常温，减压过滤，用蒸馏水洗涤滤饼 3～4 次后用乙醇洗涤一次，并在 90℃真空干燥研磨即得到聚甲基丙烯酸缩水甘油酯包覆修饰的白石墨烯。按配方称取物料，在高速混合机内混合 15min；加入双螺杆挤出机中熔融挤出、造粒。双螺杆挤出机一区至九区温度分别为 160℃、170℃、170℃、175℃、175℃、180℃、180℃、180℃、180℃，机头温度为 180℃，挤出机主机转速为 260r/min，喂料转速为 10Hz；切粒机速度为 10Hz。

(3) 参考性能　六方氮化硼纳米片，也称"白色石墨烯"。由于结构相似，氮化硼纳米片具有和石墨烯类似的性能，如优异的力学性能等，尤其是导热性能。氮化硼纳米片具有良好的电绝缘性，因此特别适用于导热绝缘领域中的散热材料。改性白石墨烯协效阻燃聚甲醛复合材料性能见表 6-26。

表 6-26　改性白石墨烯协效阻燃聚甲醛复合材料性能

性能指标	配方样	性能指标	配方样
悬臂梁缺口冲击强度/(kJ/m²)	21.1	UL-94	V-0
拉伸强度/MPa	85.0		

6.3.10　聚甲醛直接注塑成型用高效增强型无卤阻燃功能母粒

(1) 配方 (质量份)

① A 母粒

玻璃纤维	70.0	抗氧剂 3114	0.1
高流动聚甲醛	22.0	抗氧剂 626	0.1
聚氧乙烯	6.0	抗氧剂 168	0.1
聚四氟乙烯粉末	1.7		

② B 母粒

多聚磷酸铵	60.0	聚乳酸	7.0
三聚氰胺氰脲酸盐	30.0	聚氧乙烯	3.0

(2) 加工工艺

① A母粒的制备　按配方称取原料，将聚甲醛与聚氧乙烯、聚四氟乙烯粉末与抗氧剂分别投入不同的高速混合机中混合均匀，再将混合好的粒料混合物和粉料混合物分别通过主料和辅料料斗加入双螺杆挤出机内进行熔融共混挤出制备成复合物熔体。双螺杆挤出机的料筒至机头各段温度控制在185～195℃，螺杆转速为220r/min；再将该复合物熔体通过与双螺杆挤出机机头相连的口模直接挤入浸渍模具的模腔内。与此同时，将连续长玻璃纤维（直接纱）通过所述浸渍模具的另一个口模进入模腔，通过模腔内导丝辊的牵引作用在熔体内浸渍，浸渍模具的模腔温度控制在195℃，牵引机速度控制在70m/min。经熔体浸渍后的玻璃纤维丝束从模腔内牵出并经冷却后，通过切粒机切成长度为11mm的长条形状粒料，从而获得所述A母粒。

② B母粒的制备　按上述质量配比要求称取所有原料，并将其投入高速混合机内混合均匀后转移至密炼机内进行热混炼。密炼机的混炼温度为135℃，混炼时间为20min，然后将所得到团状共混物通过锥形喂料机喂入单螺杆挤出机，经熔融挤出并造粒，获得B母粒。单螺杆挤出机的螺杆转速为180r/min，机筒温度分段控制在160～165℃。

(3) 参考性能　聚甲醛直接注塑成型用高效增强型无卤阻燃功能母粒性能见表6-27。

表6-27　聚甲醛直接注塑成型用高效增强型无卤阻燃功能母粒性能

性能指标	配方样	性能指标	配方样
拉伸强度/MPa	102.6	UL-94	V-0
缺口冲击强度/(kJ/m²)	14.5	氧指数LOI/%	31.5

6.4　聚甲醛抗静电、导电改性

6.4.1　抗静电聚甲醛（一）

(1) 配方（质量份）

聚甲醛	100	氧化镁	8
油酸聚乙二醇酯(分子量6000)	10	抗氧剂330	4
聚对苯二甲酸乙二酯	6	光稳定剂UV-327	3
共聚尼龙	7	润滑剂硅油	5
铜粉	5		

(2) 加工工艺　按配方将物料混合均匀后，加入挤出机，在减压和熔融状态下挤出造粒，干燥。

(3) 参考性能　抗静电聚甲醛材料性能见表6-28。

表6-28　抗静电聚甲醛材料性能

性能指标	纯聚甲醛	性能指标	纯聚甲醛
拉伸强度/MPa	65	摩擦系数	0.21
断裂伸长率/%	55	磨损量/mg	0.6
缺口冲击强度/(kJ/m²)	7.8	表面电阻率/Ω	10^6

6.4.2　抗静电聚甲醛（二）

(1) 配方（质量份）

聚甲醛	89.9	增韧剂	1
脂肪醇-环氧乙烷缩合物	3	抗氧化剂	0.3
乙烯-丙烯酸甲酯-甲基丙烯酸缩水		聚甲醛稳定剂	0.5
甘油酯无规三元共聚物	5	紫外线吸收剂	0.3

（2）加工工艺　按配方称取物料，在高速混合机中混合 15min，用双螺杆挤出机挤出造粒。双螺杆挤出机机筒温度为 180℃，机头温度为 180℃，主螺杆转速为 12r/min，喂料速率为 2.5r/min。经过双螺杆挤出机熔融共混后，拉条、切粒，在 100℃ 下干燥 2h，经注塑机注塑成型，制备出抗静电聚甲醛。注塑机参数设置：射嘴温度 185℃，四段温度分别为 175℃、175℃、185℃、185℃；射出压力为 130MPa，射出时间为 5s，冷却时间为 20s；第一段压力为 700MPa，时间为 2s；第二段压力为 600MPa，时间为 15s，模温为 70℃。

（3）参考性能　抗静电聚甲醛材料性能见表 6-29。

表 6-29　抗静电聚甲醛材料性能

性能指标	数值	性能指标	数值
拉伸强度/MPa	58	弯曲强度/MPa	74
断裂伸长率/%	49	体积电阻率/Ω·cm	$7.2×10^9$
缺口冲击强度/(kJ/m^2)	8.9	表面电阻率/Ω	$2.4×10^6$

6.4.3　长久抗静电聚甲醛

（1）配方（质量份）

聚甲醛	100	聚乙烯蜡	10
丙氨酸钠	1	抗氧剂 1076	1
乙炔黑	5	抗氧剂 168	1
热稳定剂	20		

注：热稳定剂由有机锡 60%（质量分数）、硬脂酸锌 25%（质量分数）和硬脂酸钙 15%（质量分数）组成。

（2）加工工艺　将聚甲醛、热稳定剂、聚乙烯蜡与抗氧剂 1076、抗氧剂 168 一起加入高速混合机中，在 80℃ 下混合 7min；然后继续加入丙氨酸钠、乙炔黑再混合 5min。最后，将混合均匀的物料通过精密计量的送料装置送入双螺杆挤出机中挤出造粒，挤出机各区段温度设定为一区 160℃、二区 180℃、三区 190℃、四区 230℃。

（3）参考性能　长久抗静电聚甲醛材料性能见表 6-30。

表 6-30　长久抗静电聚甲醛材料性能

性能指标	数值	性能指标	数值
拉伸强度/MPa	69	体积电阻率(1 年后)/Ω·cm	$7.8×10^9$
简支梁缺口冲击强度/(kJ/m^2)	8.3	体积电阻率(2 年后)/Ω·cm	$1.8×10^{10}$
体积电阻率/Ω·cm	$3.6×10^9$		

6.4.4　阻燃抗静电聚甲醛

（1）配方（质量份）

聚甲醛	65.9	碳纤维	2
三聚氰胺硼酸盐	6	抗氧剂 1010	0.1
三聚氰胺缩焦磷酸酯	10	三聚氰胺	1
季戊四醇双磷酸酯蜜胺盐	4	聚酯型热塑性聚氨酯弹性体	8
石墨烯	3		

（2）加工工艺

① 阻燃剂母粒的制备　将聚酯型热塑性聚氨酯弹性体放入混炼机内，待其熔融后将三聚氰胺硼酸盐、三聚氰胺缩焦磷酸酯、季戊四醇双磷酸酯蜜胺盐加入混炼机内，充分混合后取出，得到阻燃剂母粒。工艺参数：混炼机前辊温度为 175℃，后辊温度为 185℃，辊速为 30r/min，混炼时间为 30min。

② 抗静电剂包母粒的制备　将聚酯型热塑性聚氨酯弹性体放入混炼机内，待其熔融后将石墨烯加入混炼机内，待热塑性聚氨酯弹性体与抗静电剂充分混合后取出，得到抗静电剂母粒。工艺参数：前辊温度为 175℃，后辊温度为 185℃，辊速为 35r/min，混炼时间为 45min。

③ 阻燃抗静电聚甲醛复合材料的制备　将干燥后的阻燃剂母粒、抗静电剂母粒、聚甲醛与三聚氰胺、抗氧剂充分混合后加入双螺杆挤出机料筒，碳纤维从侧喂料加入，经双螺杆挤出机熔融共混后，拉条、切粒、干燥后制备出阻燃抗静电聚甲醛复合材料。工艺参数：双螺杆挤出机机筒温度为 170～185℃、机头温度为 180℃、螺杆转速为 200r/min、喂料转速为 15r/min。

(3) 参考性能　阻燃抗静电聚甲醛材料性能见表 6-31。

表 6-31　阻燃抗静电聚甲醛材料性能

性能指标	数值	性能指标	数值
拉伸强度/MPa	44.6	表面电阻率/Ω	10^7
缺口冲击强度/(kJ/m^2)	4.1		

6.4.5　耐磨、抗静电聚甲醛

(1) 配方 (质量份)

聚甲醛	100	抗氧剂 168	0.25
聚四氟乙烯(杜邦 MP1000)	10	三聚氰胺	0.5
聚醚改性硅油 ET101	10	酸吸收剂碳酸钙	0.5
抗氧剂 1010	0.25		

(2) 加工工艺　先称取聚四氟乙烯和抗静电剂，投入高速混合机中充分混合均匀，再称取剩余原料混合均匀后，加入双螺杆挤出机挤出造粒。加工温度范围为 170～180℃，杆转速为 120～300r/min。

(3) 参考性能　POM 用于记录媒体设备中的各种部件或粉尘工作环境中的部件时，为了防止灰尘附着，或因静电造成的各种误动作，往往要求这些部件具有较好的抗静电性。特别是由于 POM 具有优良的摩擦磨耗特性，作为如齿轮、滑轮、滑道或滑轨等各种动力传动传导部件使用的场合较多。这些部件因摩擦而产生的静电荷会造成各种意外的损害，所以有时也要求这些部件既要具备较好的摩擦磨耗特性，又要具备较好的抗静电性。耐磨、抗静电聚甲醛材料性能见表 6-32。

表 6-32　耐磨、抗静电聚甲醛材料性能

性能指标	纯聚甲醛	配方样
拉伸强度/MPa	62.7	49.8
断裂伸长率/%	50.9	37.0
缺口冲击强度/(kJ/m^2)	7.5	5.0
摩擦系数	0.39	0.18
磨损量/mg	1.8	0.5
表面电阻率/Ω	10^{16}	10^{11}

6.4.6　内增塑抗静电聚甲醛

(1) 配方 (质量份)

聚甲醛	100	三正丁基辛膦双(三氟甲磺酰)亚胺盐	1

(2) 加工工艺　将聚甲醛和三正丁基辛膦双（三氟甲磺酰）亚胺盐分别于 80℃下真空

干燥 24h，加入密炼机于 190℃进行熔融混炼。预混时，密炼机的转子速度为 20r/min，熔融混炼 2min，然后将转子速度提升至 50r/min，熔融混炼 5min，出料，降至室温，得到聚甲醛材料。

（3）参考性能　抗静电聚甲醛材料性能见表 6-33。

表 6-33　抗静电聚甲醛材料性能

性能指标	数值	性能指标	数值
拉伸强度/MPa	48.1	玻璃化转变温度/℃	−64.6
断裂伸长率/%	40.09	体积电阻率/Ω·cm	$4.65×10^9$
杨氏模量	52.62	表面电阻率/Ω	$4.81×10^9$

6.4.7　光稳定性抗静电聚甲醛

（1）配方（质量份）

① 抗静电母粒

聚甲醛	98.7	炭黑	0.3
光稳定性低共熔助剂	1		

② 光稳定性抗静电聚甲醛

聚甲醛	58.5	高级脂肪酸	1
抗静电母粒	40	受阻胺类抗氧剂	0.5

（2）加工工艺

① 光稳定性低共熔助剂的制备　将 4-羟基-2,2,6,6-四甲基哌啶-1-氧自由基（TEMPO）作为氢键给体与尿素和水按照摩尔比为 1∶2∶3 混合后，于 80℃油浴下加热 2h，形成均一、透明的具有抗静电作用的光稳定性低共熔助剂。

② 光稳定性抗静电聚甲醛制备　将光稳定性低共熔试剂、炭黑以及聚甲醛按配方共混均匀后，设置加料口温度为 160℃，挤出机一区温度为 175℃，挤出机二区温度为 180℃，挤出机三区、四区温度为 180℃，挤出机五区温度为 185℃，出料口温度为 180℃，螺杆转速为 120r/min。将混合物在双螺杆挤出机中挤出造粒得到抗静电母粒，将所得抗静电母粒在 75℃下真空干燥 4h 备用；将制备的抗静电母粒、高级脂肪酸、受阻胺类抗氧剂、纯聚甲醛按比例混合均匀后，在双螺杆挤出机中挤出造粒。

（3）参考性能　光稳定性抗静电聚甲醛材料性能见表 6-34。

表 6-34　光稳定性抗静电聚甲醛材料性能

性能指标	纯聚甲醛	配方样
表面电阻率/Ω	$1.3×10^{15}$	$2.1×10^8$
老化前后的拉伸强度下降率/%	3.5	2.2

6.4.8　阻燃抗静电双功能聚甲醛

（1）配方（质量份）

POM	64.2	双季戊四醇	6
红磷微胶囊	15	金属颗粒	4
双氰胺	6	抗氧剂 1010	0.3
酚醛树脂	4	硬脂酸锌	0.5

（2）加工工艺　在高速混合机上预混 10min，然后在双螺杆挤出机中于 165～175℃熔融挤出造粒，在注塑机上注塑成型。

（3）参考性能　阻燃抗静电双功能聚甲醛材料的性能见表 6-35，其可用于汽车工业、电子工业以及煤炭井下用聚合物制品等技术领域。

表 6-35　阻燃抗静电双功能聚甲醛材料的性能

性能指标	数值	性能指标	数值
拉伸强度/MPa	43.3	氧指数/%	35.8
抗折强度/MPa	72	体积电阻率/Ω·cm	10^7
UL-94	V-1		

6.4.9　增韧改性抗静电聚甲醛材料

（1）配方（质量份）

聚甲醛	130	抗氧剂 245	1
热塑性聚氨酯	30	硅油	10
导电炭黑	20	增溶剂	10
热安定剂	1.5	无机填料	10

注：聚甲醛为日本宝理 POM M90-44 或美国杜邦 100P；硅油为道康宁有机硅油 PMX200；增溶剂的合成具体为取等份的甲醛与一缩二乙醇，以酸为催化剂进行缩合聚合，缩合产物用碱中和；干燥后经甲苯二异氰酸酯封端，用 1,4-丁二醇扩链即可。

（2）加工工艺　将物料在高速混合机中混合均匀后，通过双螺杆挤出机挤出造粒，挤出机螺杆各段温度为 168℃、170℃、175℃、180℃、180℃、176℃、172℃，螺杆转速设定为 250r/min。

（3）参考性能　增韧改性抗静电聚甲醛材料性能见表 6-36。

表 6-36　增韧改性抗静电聚甲醛材料性能

性能指标	改性聚甲醛	纯聚甲醛 M90-44
拉伸强度/MPa	80	62
缺口冲击强度/(kJ/m²)	48	6
弯曲强度/MPa	105	87
弯曲模量/MPa	3600	2500
密度/(g/cm³)	1.48	1.41

6.4.10　抗静电、耐摩擦和耐磨损聚甲醛

（1）配方（质量份）

聚甲醛	100	聚四氟乙烯	10
三正丁基辛膦双(三氟甲磺酰)亚胺盐	1		

（2）加工工艺　将聚甲醛、三正丁基辛膦双（三氟甲磺酰）亚胺盐和聚四氟乙烯在 80℃下真空干燥 24h，将干燥后的物料加入挤出机于 180℃下进行熔融挤出造粒，螺杆转速为 50r/min，得到混合物。

（3）参考性能　抗静电、耐摩擦和耐磨损聚甲醛材料性能见表 6-37。

表 6-37　抗静电、耐摩擦和耐磨损聚甲醛材料性能

性能指标	数值	性能指标	数值
拉伸强度/MPa	53.3	磨损量/mg	2
断裂伸长率/%	98.6	磨痕宽度/cm	0.3
缺口冲击强度/(kJ/m²)	9.4	表面电阻率/Ω	$2.08×10^{10}$
平均摩擦系数	0.21		

6.4.11 导电聚甲醛

（1）配方（质量份）

聚甲醛	63	聚乙烯醇	3
PAN 基碳纤维	15	硬脂酸钙	1.4
钢渣（300 目）	7	硬脂酸锌	0.9
聚烯烃弹性体	2	乙氧基化烷基硫酸铵	2.4
二硫化钼	4	KH570	3.1
氰尿酸三聚氰胺	6	抗氧剂 168	1.5

（2）加工工艺　将聚甲醛、PAN 基碳纤维、二硫化钼、偶联剂、聚烯烃弹性体、乙氧基化烷基硫酸铵加入高速混合机，搅拌温度为 88℃，转速为 140r/min，搅拌 50min；然后加入余下组分，控制温度为 50℃，转速为 95r/min，搅拌 30min，出料。将得到的物料投入双螺杆挤出机中熔融挤出造粒，控制挤出机料筒温度为 170～205℃，螺杆转速为 85r/min，即得导电聚甲醛复合材料。

（3）参考性能　导电聚甲醛性能见表 6-38。

表 6-38　导电聚甲醛性能

性能指标	纯聚甲醛	配方样
拉伸强度/MPa	60.8	72
缺口冲击强度/（J/m）	46	53
表面电阻率/Ω	5.1×10^{12}	3.1×10^5

6.4.12 导热聚甲醛

（1）配方（质量份）

POM 树脂	10	尿素	70
改性碳纳米管	2	硅酸钙	7
3-(4-羟基-3,5-二叔丁基苯基)丙酸十八醇酯	10		

（2）加工工艺

① 碳纳米管改性处理　将 60g 聚醚胺表面处理剂（$n=10$，$m=12$）与 3kg 羟基化多壁碳纳米管分散在体积比为 1∶9 的乙醇和水混合溶液中，质量分数为 5%，于 50℃下超声处理 1.5h（频率：20kHz；功率：400W），然后抽滤、干燥，得到表面改性羟基化多壁碳纳米管待用。

② 导热聚甲醛的制备　按配方称重，加入高速混合机中混合，采用排气式双螺杆挤出机熔融混炼，挤出造粒。螺杆转速为 200r/min，料筒温度为 180～220℃。

（3）参考性能　导热聚甲醛性能见表 6-39。

表 6-39　导热聚甲醛性能

性能指标	配方样	性能指标	配方样
拉伸强度/MPa	60	热导率/[W/(m·K)]	1.15
缺口冲击强度/（kJ/m²）	5.0		

6.4.13 导电聚甲醛复合材料

（1）配方（质量份）

聚甲醛（20g/10min）	100	金属铁粉（200nm）	3
聚乙烯	10	碳纳米管（直径和长度分别为 20nm 和 40μm）	2
聚苯胺	4	石墨粉（粒径为 10μm）	3
抗氧剂 1010	4	二硫化钼（粒径为 6～10μm）	2.5

| 镀镍云母纤维 | 4 | 马来酸酐接枝苯乙烯-乙烯-丁烯- |
| N,N-二甲基乙酰胺 | 7 | 苯乙烯嵌段共聚物　1 |

（2）加工工艺　将原料按配方搅拌混合均匀，于160~200℃挤出造粒。

（3）参考性能　导电聚甲醛复合材料性能见表6-40。

表6-40　导电聚甲醛复合材料性能

性能指标	数值
体积电阻率/Ω·cm	0.8×10^2
表面电阻率/Ω	9.1×10^3

6.4.14　导热耐摩擦聚甲醛

（1）配方（质量份）

聚甲醛	120	铜粉	48
抗氧剂2246	0.6	硬脂酸锌	3
聚四氟乙烯	12	聚氨酯弹性体	12
硅灰石	6		

（2）加工工艺　称取聚甲醛树脂、抗氧剂2246进行混合，将混合物加入开炼机进行塑炼；塑炼2min后，分别将经过表面处理的聚四氟乙烯、聚氨酯弹性体加入开炼机；塑炼2min，分别将经过表面处理的硅灰石和铜粉、硬脂酸锌加入开炼机中混合10min，然后将共混物在平板硫化机上压塑成型。压塑温度为170~180℃，热压压力为10MPa，可得聚甲醛复合材料。

（3）参考性能　导热耐摩擦聚甲醛材料性能见表6-41。

表6-41　导热耐摩擦聚甲醛材料性能

性能指标	配方样	纯聚甲醛
拉伸强度/MPa	41.6	60.3
摩擦系数	0.29	0.35
热导率/[W/(m·K)]	0.5018	0.1129

6.5　其他改性

6.5.1　耐候耐磨增强型聚甲醛

（1）配方（质量份）

聚甲醛	100	碳酸钙	1
玻璃纤维	15	UV328	1.5
PTFE	10	受阻胺光稳定剂770	3
聚酯型TPU	3	光屏蔽剂（金红石二氧化钛）	3
三聚氰胺	1	润滑剂TAF	0.35
抗氧剂	0.5		

注：抗氧剂为主抗氧剂1010与辅助抗氧剂168，其比例为1:2。

（2）加工工艺　按配方称量物料，高速混合5min，将混合好的物料从双螺杆挤出机的主喂料口加入，将无碱长玻璃纤维从侧喂料装置计量加入，熔融挤出，切粒，干燥后即得耐候耐磨增强型聚甲醛复合材料。双螺杆挤出机的温度范围为160~190℃，螺杆转速为300r/min，真空度为-0.8kgf/cm²（1kgf/cm²=98.0665kPa）；双螺杆挤出机的各区温度为：一区

160～165℃、二区 165～170℃、三区 170～175℃、四区 175～180℃、五区 180～185℃、六区 185～190℃、七区 190～185℃；温度稳定 25min。

（3）参考性能　耐候耐磨增强型聚甲醛材料性能见表 6-42。

表 6-42　耐候耐磨增强型聚甲醛材料性能

性能指标	数值	性能指标	数值
拉伸强度/MPa	106	磨耗/mg	9
断裂伸长率/%	8	老化 1000h 后拉伸强度保持率/%	91
缺口冲击强度/(kJ/m²)	10.8	老化 1000h 后冲击强度保持率/%	87

6.5.2　石墨烯改性高导热、高强度聚甲醛

（1）配方（质量份）

石墨烯改性聚甲醛粒子	100	光屏蔽剂氧化锌	4
分散剂聚乙烯吡咯烷酮	7	抗氧剂 2,6-二叔丁基对甲苯酚	0.4

（2）加工工艺

① 石墨烯改性聚甲醛粒子的制备　将 0.02 份、厚度为 1～2nm 的石墨烯干粉放置于静电喷涂机中，设定静电输出电压为 12kV、静电输出电流为 6μA、出粉量控制在 2g/min，将石墨烯干粉喷涂于 100 份粒度为 100 目的聚甲醛粒子上。

② 石墨烯改性高导热、高强度聚甲醛的制备　将石墨烯改性聚甲醛粒子、聚乙烯吡咯烷酮、光屏蔽剂氧化锌和抗氧剂 2,6-二叔丁基对甲苯酚加入高速混合机中混合均匀，混合温度为 95℃，混合时间为 10min，然后置于 105℃真空烘箱中烘干 14h。将混合好的物料经过计量泵后送入双螺杆挤出机挤出造粒，螺杆长径比为 50:1，进行熔融混炼，双螺杆温度设置为 125℃、135℃、145℃、155℃、165℃、175℃，挤出机转速为 120r/min。

（3）参考性能　石墨烯改性高导热、高强度聚甲醛性能见表 6-43。

表 6-43　石墨烯改性高导热、高强度聚甲醛性能

性能指标	配方样	纯聚甲醛
悬臂梁缺口冲击强度/(kJ/m²)	73.8	63.5
拉伸强度/MPa	66.4	54.8
热导率/[W/(m·K)]	0.79	0.23

第7章

聚砜改性配方与应用

7.1　低成本聚砜合金

(1) 配方 (质量份)

聚砜 PSU	54.5	抗氧剂 PEPQ	0.2
PC	40	润滑剂 PETS	0.1
相容剂 POE-GMA	5	紫外吸收剂 TINUV327	0.1
抗氧剂 1330	0.1		

注：PSU 树脂的重均分子量为 5.3 万，PC 的熔融指数为 12g/10min。

(2) 加工工艺　将 PSU 树脂、聚碳酸酯树脂 (PC) 在 150℃ 鼓风干燥 4～5h，然后将干燥好的 PSU 树脂、PC 与相容剂 POE-GMA、抗氧剂及其他助剂一起放入 80℃ 高速混合中于 200r/min 转速条件下混合 8min，高温摩擦能使得部分助剂黏附在 PC 表面。将混合物在低剪切的双螺杆挤出机中挤出造粒，双螺杆的温度设置如下：一区、二区温度分别为 245℃、250℃，三区、四区、五区温度分别为 270℃、280℃、290℃，六区、七区温度为 305℃、305℃，机头温度为 300℃；螺杆转速为 200r/min。

(3) 参考性能　低成本聚砜合金性能见表 7-1。

表 7-1　低成本聚砜合金性能

性能指标	数值	性能指标	数值
拉伸强度/MPa	62	弯曲模量/MPa	2360
拉伸模量/MPa	2320	密度/(g/m³)	1.32
缺口冲击强度/(kJ/m²)	13	熔融指数/(g/10min)	16
弯曲强度/MPa	95	热变形温度/℃	140

7.2　改性聚砜复合材料

(1) 配方 (质量份)

PSU	100	抗氧剂 Hostanoxp-EP	0.4
PPSU	10	聚硅氧烷	0.6
PBT	5	二硫化钼	5
GF	20		

（2）加工工艺　将 PSU、PPSU 混合后，在 140℃下干燥 4h，PBT 在 120℃下干燥 4h。将抗氧剂、聚硅氧烷、二硫化钼在 200r/min 转速下搅拌混合 5min 后加入计量罐 B。将干燥好的 PSU、PPSU、PBT 树脂在 200r/min 转速下混合 5min，加入计量罐 A，将玻璃纤维加入计量罐 C。按配方比例将物料连续送入双螺杆挤出机，经加热熔融，混合挤出，冷却，切粒得到改性 PSU 复合材料。挤出共混温度：熔融段 290℃，混炼段 310℃，计量段 300℃；螺杆转速为 500r/min；真空度为 −0.06MPa。

（3）参考性能　改性聚砜复合材料性能见表 7-2。

表 7-2　改性聚砜复合材料性能

性能指标	数值	性能指标	数值
拉伸强度/MPa	102	熔融指数/(g/10min)	15
缺口冲击强度/(kJ/m²)	25.2	热变形温度/℃	179
弯曲强度/MPa	128	摩擦系数	0.28
弯曲模量/GPa	0.65	磨耗/mg	0.23
密度/(g/m³)	1.32	应力开裂裂纹	无

7.3　高性能改性聚砜树脂

（1）配方（质量份）

聚砜树脂	69	增塑剂	0.1
玻璃纤维	30	增韧剂	0.1
抗氧剂	0.1	热稳定剂	0.7

（2）加工工艺

① 主链含有碳、硅、钛的高强度聚砜树脂的合成　在惰性气体保护的反应釜中，加入环丁砜溶剂后开始搅拌升温至 60~80℃，顺次加入双酚 A、4,4′-二氯二苯砜单体，待单体全部溶解后，再加入成盐剂碳酸钠，成盐剂的用量为双酚 A 物质的量的 1.05~1.2 倍，随后加入分水剂，继续搅拌升温至 170~190℃，成盐反应 1~2h；成盐反应完成后蒸出全部分水剂，再升温至 200~240℃，开始以 50~70r/min 的搅拌速率搅拌，恒温 1~2h 后加大搅拌速率至 70~90r/min，继续恒温 4~5h，再加入扩链剂。扩链剂的物质的量是双酚 A 物质的量的 0.1%~10%，继续反应 40min，到设定黏度，得聚合液体；冷却、粉碎、洗涤、干燥即得聚醚砜树脂。扩链剂为二氯取代物、三氯取代物、四氯取代物中的一种或几种混合物，结构通式如下：

$$R^1—\overset{\displaystyle Cl}{\underset{\displaystyle R^2}{M}}—R^3$$

其中，M 为 C，R¹、R²、R³ 为氯。

② 高性能改性聚砜树脂的制备　将聚砜树脂在鼓风烘箱中于 130℃烘干 12h，将玻璃纤维和助剂在 60℃烘干 8h。将干燥后的原料按比例混合均匀，然后用双螺杆挤出机按照挤出工艺进行熔融挤出造粒。

（3）参考性能　高性能改性聚砜树脂材料性能见表 7-3。

表 7-3　高性能改性聚砜树脂材料性能

性能指标	数值	性能指标	数值
拉伸强度/MPa	75	熔融指数/(g/10min)	35.2
弯曲强度/MPa	105	热变形温度/℃	210

7.4 高流动聚砜复合材料

（1）配方（质量份）

聚砜	97	抗氧剂 1010	0.3
热致液晶聚合物	2.5	吸酸剂氧化铝	0.2

（2）加工工艺　按配方的配比将各组分加入双螺杆造粒机剪切、挤出、造粒，即得高流动聚砜复合材料。

（3）参考性能　高流动聚砜复合材料性能见表7-4。

表7-4　高流动聚砜复合材料性能

性能指标	数值	性能指标	数值
拉伸强度/MPa	78.2	密度/(g/m³)	1.32
简支梁缺口冲击强度/(kJ/m²)	6.1	熔融指数/(g/10min)	16.2
弯曲强度/MPa	122.7	热变形温度/℃	194.3
弯曲模量/MPa	2903.2		

7.5 氧化铝/聚砜复合材料

（1）配方（体积填充百分比/%）

聚砜	82.51	Al_2O_3	17.49

（2）加工工艺　将 Al_2O_3 颗粒于120℃下在干燥箱中干燥3h，与聚砜基体混合，经双螺杆挤出机熔融共混（120r/min）；粉碎，在120℃下干燥3h，经注塑机注塑，注塑温度300℃，模温设定为150℃，3段注射压力依次为30MPa、90MPa、70MPa。经注塑成型的样品条在120℃下退火处理2h，自然冷却至室温。

（3）参考性能　90～150nm Al_2O_3 颗粒在填充体积为17.49%时，复合材料达到最高拉伸强度76.7MPa。Al_2O_3/PSF复合材料的拉伸强度如图7-1所示。

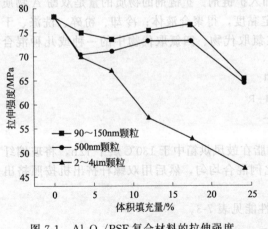

图7-1　Al_2O_3/PSF复合材料的拉伸强度

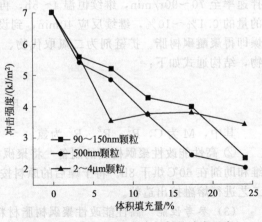

图7-2　Al_2O_3/PSF复合材料的冲击强度

Al_2O_3 颗粒填充PSF基复合材料的冲击强度随着填充量的增加而降低，以90～150nm Al_2O_3 颗粒填充复合材料的冲击强度综合表现为最好，见图7-2。

7.6 聚醚醚酮改性聚砜树脂

（1）配方（质量份）

聚砜树脂	70	石蜡	5
聚醚醚酮树脂	18	邻苯二甲酸二辛酯	0.7
碳纤维	10		

（2）加工工艺　将聚砜粒料置于真空干燥箱中在 120℃下干燥 4h，制得干燥的聚砜粒料；将聚醚醚酮粒料置于真空干燥箱中在 150℃下干燥 3h，制得干燥的聚醚醚酮粒料；将干燥的物料，包括碳纤维、邻苯二甲酸二辛酯和石蜡加入高速搅拌机，于 110~130℃预分散 8~15min；将物料加入双螺杆挤出机，于 335~340℃熔融共混，挤出造粒。

（3）参考性能　聚醚醚酮改性聚砜树脂材料性能见表 7-5。

表 7-5　聚醚醚酮改性聚砜树脂材料性能

性能指标	数值	性能指标	数值
拉伸强度/MPa	131	弯曲模量/GPa	11.2
断裂伸长率/%	4.1	热变形温度/℃	235
弯曲强度/MPa	154		

7.7 无卤阻燃工程塑料聚砜

（1）配方（质量份）

聚砜	58.5	抗氧剂 B215	0.2
玻璃纤维	20	抗氧剂 1098	0.2
阻燃剂 C-1	20	抗滴落剂 PTFE	0.2
内润滑剂 PETS	0.5	硅烷偶联剂 KH560	0.2
外润滑剂	0.2		

（2）加工工艺

① 阻燃剂 C-1 的合成　向装有蒸馏柱和机械搅拌器的 250mL 三口烧瓶器中投入 34.2g 双酚 A（0.15mol）、40.1g 甲基膦酸二苯酯（含量 95%，0.1534mol）、6mg 苯酚钠（NaOPh）催化剂、0.46g（0.0015mol）支化剂 1,1,1-三(4-羟苯基)乙烷。通入氮气将空气排出，抽真空，油浴加热，将该反应混合物在真空下从 250℃加热到 300℃，保温反应 8~9h，在反应过程中收集到大约 35g 馏出物，在反应的最后 1h 观察到熔体的溶液黏度显著快速地增加。结束反应，将聚合物水冷粉细，真空干燥，制得阻燃剂 C-1。该阻燃剂含磷量为 10.8%，T_g 为 102℃。

② 无卤阻燃工程塑料聚砜　按配方称重，将各原料预干燥至含水量少于 0.5%，混合均匀后，放入双螺杆挤出机中，于 300℃下混合挤出造粒，制得无卤阻燃工程塑料聚砜（PSU）。将产品制成 3.2mm 及 1.6mm 厚度的样条，采用 UL-94 垂直燃烧法测定阻燃性，并测定产品的含磷量，其测试结果见表 7-6。

（3）参考性能　无卤阻燃工程塑料聚砜性能见表 7-6。

表 7-6　无卤阻燃工程塑料聚砜性能

性能指标	数值	性能指标	数值
产品含磷量/%	131	UL-94(1.6mm)	V-0
UL-94(3.2mm)	V-0		

7.8 3D打印用聚砜柔性粉体的制备

(1) 配方（质量份）

聚砜	80	热稳定剂	0.1
聚对苯二甲酸丁二醇酯	10	抗氧剂 1076	0.1
马来酸酐接枝 EVA	5		

注：热稳定剂为 1,4-丁二醇双(β-氨基丁烯酸)酯、亚磷酸三(壬基苯基)酯中的一种或两种联用。

(2) 加工工艺　按配方称重，将物料加入高速混合机中，高速搅拌混合 10～20min，送入啮合同向双螺杆挤出机熔融塑化，剪切改性，挤出切粒，制得改性聚砜复合材料颗粒。

将制得的复合材料颗粒在 −100～−150℃ 低温下粉碎，制得粒径为 30～80μm 的粉末。将 2 质量份 N-环己基硫代邻苯二甲酰亚胺溶于乙酸乙酯，配成溶液，粉末通过流化床。设置流化床温度为 150～180℃，喷洒 N-环己基硫代邻苯二甲酰亚胺溶液，使粉末表面在流化床发生交联，得到 3D 打印用聚砜柔性粉体。

(3) 参考性能　通过将聚对苯二甲酸丁二醇酯与聚砜完全共混后形成均相，进一步在流化床高温下通过喷洒交联剂使聚砜表面交联增韧，从而获得粉体粒径为 30～80μm 的柔性聚砜粉。其克服了聚砜抗冲击性差的缺陷，特别是加入聚对苯二甲酸丁二醇酯后，应用于 3D 打印时的粘接性能优异，实现了 3D 打印 SLS 技术对粉体材料的要求。

150mol), 甲苯 50mL、DMAc 100mL、18-冠-6 2.3 g, 氮气下 D-H07 反应 8h, 氮气氛围
在170℃反应 8h, 停止加热。打正常温度至 80℃时，由底层分次倒出被硫乙醚 0.8022g
8-乙酸乙酯的 0.456g（2mmol）→寸二，乙醇浸泡不能好反应后乙醚上层上右 10h-
10h 稀释加还上h，增酸板后加入碳合乙醚乙醇加入并乙基下乙乙在真磁浸解放用
机械用过加止水稀释。当温加5h，无焦乙醚 R-H。5th 氢出h，机械碳磁管 T-8℃比较加热管中
分钟h，进加过含 DOPO 在含乙乙乙加乙乙分加乙，其及乙及乙乙乙乙乙乙乙乙

第8章

聚芳醚酮（PAEK）改性配方与应用

8.1 含有DOPO及交联烯基聚芳醚酮电缆材料

（1）加工工艺

① 含 DOPO 取代基双酚单体的制备　在单口瓶中加入 6.1060g 对羟基苯甲醛、
4.9565g 4,4′-二氨基二苯甲烷和 90mL 乙酸乙酯，搅拌均匀，氮气氛中于 40℃下反应 2h，
接着加入 10.8085g DOPO 继续反应 24h，终止反应。将反应液冷却至室温，过滤得固体物。
固体物用乙醇浸泡、淋洗、抽滤，在 60℃下真空干燥 24h，得到含 DOPO 取代基双酚单体，
其合成路线见图 8-1。

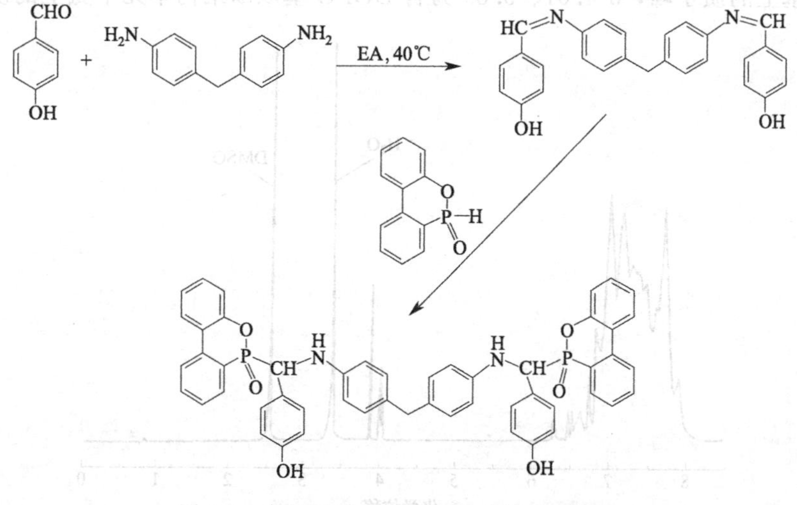

图 8-1　含 DOPO 取代基双酚单体合成路线

② 含有 DOPO 及交联烯基聚芳醚酮的合成　在三口烧瓶中依次加入含 DOPO 取代基双
酚单体 1.6777g（2mmol）、六氟双酚 A 6.0521g（18mmol）、二氟二苯甲酮 4.3640g

（20mmol）、甲苯 80mL、DMAc 100mL，在 1mL/s 的 N₂ 流下于 140℃反应 3h，然后升温至 170℃反应 8h，停止加热。待自然降温至 80℃后，再加入邻烯丙基对苯二酚 0.3022g（2mmol）和二氟二苯酮 0.4364g(2mmol)，在 N₂ 气流作用下搅拌均匀后升温并在 150～160℃继续反应 5h，立即将反应液在搅拌条件下倒入去离子水中沉淀，过滤。将过滤得到的沉淀物用去离子水浸泡，每隔 3h 更换水一次，24h 后过滤，将沉淀物置于 80℃真空烘箱中干燥 10h，可得含有 DOPO 及交联烯基聚芳醚酮，其合成路线见图 8-2。

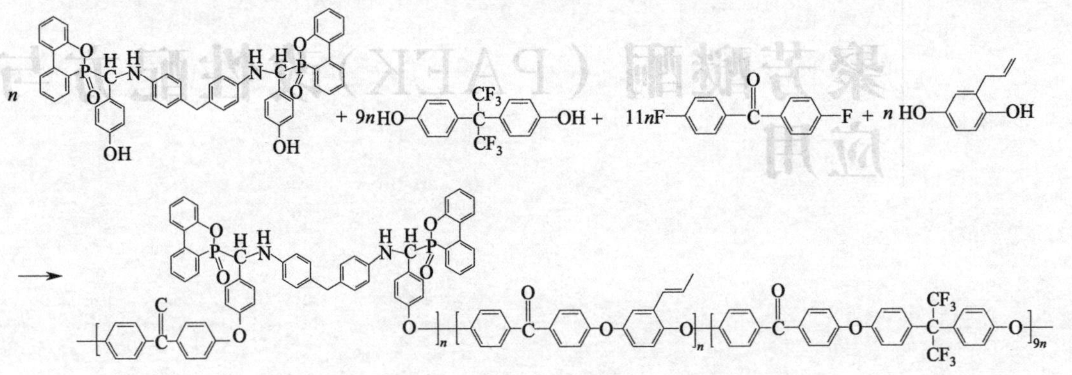

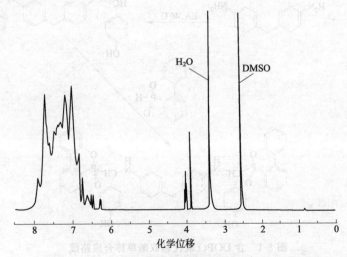

图 8-2　含有 DOPO 及交联烯基聚芳醚酮的合成路线

（2）参考性能　本例应用弱碱成盐，将 DOPO 基引入聚芳醚酮侧基中制备含有 DOPO 及交联烯基聚芳醚酮，具有强度高、高耐磨、高耐油、电绝缘性好和低烟、无卤、阻燃等特性，非常适合超薄壁电缆挤出，能满足超薄壁绝缘电缆的加工工艺及产品技术要求，生产方便，具有良好的经济效益及推广价值。

产物经过 80℃真空干燥 12h 后进行表征分析。图 8-3 为含 DOPO 基及交联烯基聚芳醚酮的 ¹H NMR 谱图，δ 7.90、7.77、7.75、7.70、7.45、7.34、7.22、7.18、7.08、6.96、6.91、6.72 和 6.60 为聚芳醚酮分子链中苯环上的质子峰，δ 6.49、6.47、6.20 和 1.82 为丙烯基取代基上的质子峰，δ 4.01、3.89 为含 DOPO 基双酚结构单元中氮上的质子峰。

图 8-3　含 DOPO 基及交联烯基聚芳醚酮的 ¹H NMR 谱图

8.2 透明 PAEK 片材

（1）配方（质量分数/%）

PAEK 树脂	99	高温润滑剂	1

注：PAEK 树脂，对数比浓黏度为 0.80，分子式如下：

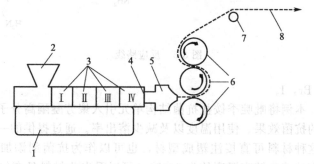

高温润滑剂为德国 Wacker 公司生产的颗粒状或粉末状的 GENIOPLAST Pellet S。

（2）加工工艺 采用如图 8-4 所示的设备和工艺方法制备聚芳醚酮片材或板材。所使用的单螺杆挤出机的螺杆长径比为 $L/D=28$，加热系统为 4 区电加热，最高温度为 450℃；过滤网为由 600 目的中心层、两侧各为 200 目的次外层及附于次外层两侧 80 目的外层组成的 5 层不锈钢网；狭缝式口模的宽度为 500mm，狭缝式口模的模唇厚度可在 0.2~2mm 之间调控，口模的模唇内表面高度抛光；口模距三辊压光机的距离可根据成型片材的厚度及工艺在 3~20mm 之间调整。三辊压光机的辊轮直径为 150mm，辊轮宽度为 500mm，最高温度为 280℃，辊轮表面镀铬且高度抛光，牵引速度为 0~20m/min，辊轮间距为 0.1~25mm。

图 8-4 聚芳醚酮片材或板材挤出成型工艺流程

1—高温单螺杆挤出机的底座；2—料斗；3—挤出机料筒；4—过滤网；5—狭缝式口模；
6—三辊压光机；7—导向轮；8—聚芳醚酮片材或板材
Ⅰ、Ⅱ、Ⅲ和Ⅳ分别代表挤出机料筒的四个加热区。

具体工艺参数为：口模的模唇厚度为 0.5mm，口模距三辊压光机的距离为 4mm，挤出机螺杆转速为 20r/min。螺杆挤出机的挤出温度：一区为 300℃，二区为 360℃，三区为 380℃，四区为 380℃，口模温度为 360℃。三辊压光机的辊轮温度为 80℃，牵引速度为 5m/min，辊轮表面间距为 0.3mm，可制得宽度为 400mm、厚度为 0.3mm 的透明无定形 PAEK 片材。

（3）参考性能 透明无定形 PAEK 片材的宽度为 400mm，厚度为 0.3mm。片材的拉伸强度为 90MPa，在 30%（质量分数）氢氧化钠和 30%（质量分数）硫酸水溶液中分别浸泡 20d，片材表观及拉伸强度无任何变化。片材可在 240℃下长期使用。

8.3 抗菌性聚芳醚酮

（1）配方（质量份）

PPEK-P	3.03	3-氯丙胺	0.047
氢氧化钠	0.1	二氯甲烷	适量

（2）加工工艺　反应路线见图 8-5，在装有机械搅拌的三口瓶中，于氮气保护下，依次加入 15mL 二氯甲烷和 PPEK-P（5mmol，3.03g），随后加入氢氧化钠（2.5mmol，0.10g）和 3-氯丙胺（0.5mmol，0.047g），控制反应体系温度为 20～25℃，反应 6h；反应完毕后，将该反应液沉析于乙醇中，过滤，收集滤饼；再将该沉淀放于沸水煮沸并过滤几次后，收集滤饼，干燥，得白色聚芳醚酮产品。季铵盐比例为 5%。

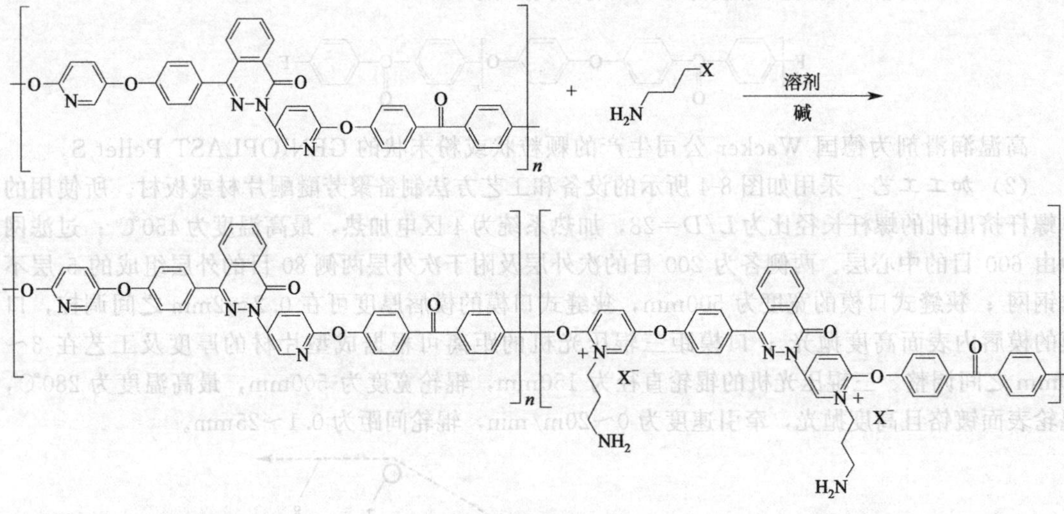

图 8-5　反应路线

其中：X＝Cl，Br，I。

（3）参考性能　本例将吡啶季铵盐抗菌结构单元引入聚芳醚酮高分子材料骨架中，将大大提高吡啶季铵盐的抗菌效果、使用温度以及减少溶出率。通过提供的一种抗菌聚芳醚酮材料及其制备方法，这种材料可直接注塑成型材，也可以作为抗菌剂添加到其他高分子材料中。抗菌性聚芳醚酮玻璃化转变温度约为 265℃，可以看出此材料具有较高的耐温性。抗菌性聚芳醚酮抑菌效果见表 8-1。

表 8-1　抗菌性聚芳醚酮抑菌效果

细菌名称	不同培养条件下抑菌率/%		
	灯光,37℃	无光,37℃	自然光,37℃
不含吡啶季铵盐结构聚合物做对比	0	0	0
大肠杆菌	98.9	98.2	99.2
金黄色葡萄球菌	99.3	97.0	99.1
枯草杆菌	98.8	98.2	99.4
鼠伤寒沙门氏菌	98.6	97.9	99.6

8.4　耐磨聚芳醚酮

（1）配方（质量份）

聚芳醚酮四元共聚物	600	二硫化钼	3
改性填料	200	石墨粉	40

| 碳纤维 | 7 | 玻璃纤维 | 7 |

（2）加工工艺

① 聚芳醚酮四元共聚物　在 100mL 三口圆底烧瓶中依次加入 0.268g（0.002mol）苯并咪唑酮、2.547g（0.008mol）酚酞、0.671g（0.003075mol）4,4′-二氟二苯甲酮、1.234g（0.007175mol）2,6-二氯苯腈、1.589g 碳酸钾、15g 环丁砜和 20mL 甲苯，加热到 120℃共沸除水，保温 1.5h，除去甲苯，继续加热到 210℃，反应 2.5h，降温。加入 20mL DMAc 稀释，在乙醇/水中沉淀，沉淀物经过滤、粉碎后，在去离子水中煮洗 5 次，除去无机盐和反应溶剂等杂质，得到具有下式结构的聚芳醚酮四元共聚物。

② 改性填料　取碳化硅 120g、三氧化二铝 140g、三氧化二铬 40g 和二氧化硅 60g 在搅拌下喷雾加入 KH570 硅烷偶联剂的乙酸热水溶液（pH 值为 3～6，硅烷偶联剂的质量分数为 20%，温度控制在 40～80℃）200g，高速搅拌混合均匀后，在 150℃下干燥 5h，可得到产物。

③ 耐磨聚芳醚酮四元共聚物的制备　取步骤①制得的聚芳醚酮四元共聚物粉体，再加入二硫化钼、石墨粉、碳纤维和玻璃纤维，在高速搅拌机中混合均匀后，在 150℃下干燥 3h 以上，双螺杆挤出造粒。双螺杆挤出机各段设定温度为：一区温度 325℃，二区温度 355℃，三区温度 360℃，四区温度 360℃，五区温度 345℃，机头温度为 345℃。

（3）参考性能　耐磨聚芳醚酮性能见表 8-2。

表 8-2　耐磨聚芳醚酮性能

性能指标	数值	性能指标	数值
拉伸强度/MPa	132	热变形温度/℃	45
弯曲强度/MPa	172	摩擦系数	0.15
冲击强度/(kJ/m²)	60	磨痕宽度/mm	3.2
弹性模量/GPa	3.5		

8.5　聚芳醚酮耐磨材料

（1）配方（质量份）

聚芳醚酮	100	锡青铜粉末(粒径 20μm)	1
高密度聚乙烯	10	石墨(粒径 20μm)	2
羟基磷灰石(粒径 300μm)	30	碳化钛(粒径 50nm)	5
聚四氟乙烯(粒径 30μm)	30	润滑微球	20
金刚砂(粒径 50μm)	2		

（2）加工工艺

① 润滑微球的制备　取质量比为 5：1 的液体石蜡与二硫化钼，混合均匀，得到混合溶液，取多孔微球浸泡在混合溶液中，2h 后取出。除去多余混合溶液，置于聚酰亚胺粉末中，搅拌，过 300 目筛除去多余的聚酰亚胺粉末，筛网中的剩余物再过 20 目筛，筛出物即为润滑微球。润滑微球由芯球和包覆层组成，芯球为填充质量比为 5：1 液体石蜡和二硫化钼的多孔碳球（粒径 0.5mm，孔隙率为 70%）；包覆层包覆在芯球的表面，材料为聚酰亚胺粉末（粒径 30μm）。

② 共混物的制备　按组成及质量份，将聚芳醚酮、高密度聚乙烯、聚四氟乙烯、金刚砂、锡青铜粉末、石墨和碳化钛烘干，球磨搅拌均匀，加入润滑微球搅拌混合均匀。

③ 预成型体的制备　按照预成型体的结构，将复合材料与碳纤维交替铺覆在模具中，加压至 5MPa，待温度升高到 330℃，恒温 20min。在模压过程中，每隔 5min 放气一次；再以 10℃/min 的速度降温冷却至 150℃，保温 30min，得到预成型体。将预成型体在浓度为50% 的硫酸中浸泡 35h 后，用去离子水清洗 20min。预成型体由交替排列的复合材料层和碳纤维网组成，且最外层和最内层皆为复合材料层。碳纤维网为两层（碳纤维网的网孔尺寸为2mm，厚度为 0.3mm），复合材料层为三层，每层厚度为 1mm。

（3）参考性能　耐磨聚芳醚酮性能见表 8-3。

表 8-3　耐磨聚芳醚酮性能

性能指标	数值	性能指标	数值
拉伸强度/MPa	112.2	热变形温度/℃	323
断裂伸长率/%	8.1	摩擦系数	0.09
弯曲强度/MPa	161.2	磨损量/g	0.021
冲击强度/(kJ/m²)	74		

8.6　聚芳醚酮密封圈复合材料

（1）配方（质量份）

共聚芳醚酮树脂	95	软碳粉	5

（2）加工工艺

① 软碳粉的表面处理　取 5 份软碳粉，在搅拌机中搅拌，同时喷洒 γ-氨丙基三乙氧基硅烷偶联剂溶液，γ-氨丙基三乙氧基硅烷偶联剂用量是软碳粉质量的 1%。γ-氨丙基三乙氧基硅烷偶联剂溶液中 γ-氨丙基三乙氧基硅烷偶联剂的质量分数为 20%，乙醇的质量分数为 72%，水的质量分数为 8%。搅拌 15～20min 后取出，在 130℃下干燥 2h，粉碎后过 200～300 目标准筛，得到表面处理后的软碳粉。

② 聚芳醚酮复合材料的制备　共聚芳醚酮树脂和软碳粉混合料在 130℃下干燥 1～2h，加入热压机模具模腔中进行压制预成型，压机的压力为 70MPa，排气，保压加热；当物料温度达到 380℃时保温保压 35min，然后加压到 80MPa，保温保压 5min，压力保持在80MPa；停止加热并自然冷却。当物料温度降到 100℃以下时，脱模取出，室温静置 12h，得到聚芳醚酮复合材料。

（3）参考性能　在核工业领域，设备使用的密封件经常遇到高温（最高工作温度可达240℃）、辐射、高压、混合介质等恶劣工况，大部分橡胶密封件易老化变形，使用寿命短，无法满足密封要求。改性后的聚芳醚酮具备高韧性、自润滑、耐磨损和低硬度性能，能满足对高韧性、耐高温、耐辐射、耐磨损有所要求的 U 形密封圈材料性能要求。聚芳醚酮密封圈复合材料性能见表 8-4。

表 8-4　聚芳醚酮密封圈复合材料性能

性能指标	数值	性能指标	数值
拉伸强度/MPa	95	密度/(g/cm³)	1.33
断裂伸长率/%	25	摩擦系数	0.22
弯曲强度/MPa	175	磨痕宽度/mm	4.75
压缩强度/MPa	148	硬度(邵氏 D)	84
热变形温度/℃	323		

第9章

聚苯醚（PPO）改性配方与应用

9.1 抗冲击聚苯醚

（1）配方（质量份）

聚苯醚	120	硬脂酸锌	11
氢氧化镁	20	石英粉	28
氢氧化铝	17	硬脂酸	17
六溴环十二烷	10	聚乙烯蜡	25
邻苯二甲酸双十一酯	13	氧化锌	15
环氧油酸丁酯	8	石蜡油	8
乙酰基柠檬酸三丁酯	23	凡士林	7
过氧化二异丙苯	11	丙三醇	4
微晶石蜡	3	抗氧剂 DLTP	32
季戊四醇硬脂酸酯	33	增塑剂	35
芥酸酰胺	16	金属玻璃	22
亚乙基双油酸酰胺	28	氮化碳	26
焦磷酸钾	15	六方金刚石	16
双硬脂酸铝	7	耐磨剂	32

（2）加工工艺　将聚苯醚树脂、氢氧化镁、氢氧化铝、六溴环十二烷、邻苯二甲酸双十一酯、环氧油酸丁酯、乙酰基柠檬酸三丁酯、过氧化二异丙苯、微晶石蜡、季戊四醇硬脂酸酯、芥酸酰胺、亚乙基双油酸酰胺、焦磷酸钾、双硬脂酸铝、硬脂酸锌、石英粉、硬脂酸、聚乙烯蜡、氧化锌、石蜡油、凡士林、丙三醇、抗氧剂 DLTP、增塑剂和耐磨剂等在混合机中共混，共混温度是 50℃，共混时间是 30min；用双螺杆挤出机挤出、切粒；将金属玻璃、氮化碳和六方金刚石混合均匀，并加工成粉末。将两种共混物均匀共混，共混温度是 65～75℃，共混时间是 43～48min；密闭放置 30～36h，用双螺杆挤出机挤出、切粒。双螺杆挤出机加料到机头的温度依次设定为：175℃、180℃、200℃、210℃、215℃、220℃。

（3）参考性能　抗冲聚苯醚的冲击强度为 152MPa，市售聚苯醚的冲击强度为 90MPa，提升效果明显。

9.2 聚苯醚合金材料

（1）配方（质量份）

聚苯醚树脂	30	金属黏结剂	3
硅灰	3	热稳定剂	0.5
铝酸钙水泥	5	弹性体	2
润滑剂	1	加工助剂	0.8
功能母料	1		

（2）参考性能　本例制备的聚苯醚合金材料热稳定好，经浸锡处理后没有锡渣残留。用其制备的变频空调印制板定位支架在150℃预热不变形；成型产品通过波峰焊处理后浸入250℃锡炉处理，变频空调印制板定位支架不熔化且表面没有锡渣残留。

9.3 阻燃聚苯醚合金

（1）配方（质量份）

聚苯醚树脂	39	复配无卤阻燃剂	40
苯乙烯类共混物	60	增容剂	1
羧基化碳纳米管共混物	54	加工助剂	2

注：苯乙烯类共混物由17份重均分子量为200000～300000g/mol的高抗冲聚苯乙烯、13份重均分子量为180000～300000g/mol的苯乙烯-丙烯腈共聚物和5份重均分子量为220000～360000g/mol的甲基丙烯酸酯-苯乙烯共聚物组成。

羧基化碳纳米管共混物由7份羧基摩尔分数为60%～80%羧基化单层碳纳米管和5份羧基摩尔分数为50%～80%的羧基化多层碳纳米管组成。

复配无卤阻燃剂由9份羧基化碳纳米管纳米颗粒、15份磷系无卤阻燃剂、3份三聚氰胺、48份可膨胀石墨和24份金属氧化物纳米颗粒组成。其中，羧基化碳纳米管纳米颗粒由8份羧基化单层碳纳米管纳米颗粒和4份多层碳纳米管纳米颗粒组成，磷系无卤阻燃剂由2份聚磷酸酯、6份磷杂氧化膦和6份膦酸酯组成，所述金属氧化物由2份二氧化钛纳米颗粒、4份氧化锌纳米颗粒和10份氧化铝纳米颗粒组成。

增容剂由以下组分组成：21份二烯烃低聚物、10份马来酸酐和3份丙烯酸。二烯烃低聚物由7质量份、重均分子量为800～2000g/mol的丁二烯低聚物和2份重均分子量为1500～3000g/mol的戊二烯低聚物组成。

加工助剂由2份抗氧剂、6份润滑剂和3份脱模剂组成。其中，抗氧剂为0.6份柠檬酸、1.6份生育酚和2份亚磷酸酯的混合物；润滑剂为1份硬脂酸镧、2.9份硬脂酸锌、2份聚乙烯蜡和1.2份季戊四醇硬脂酸酯的混合物；脱模剂为1份硅油类脱模剂和4份微晶蜡的混合物。

（2）加工工艺　将无卤阻燃剂中的羧基化碳纳米管纳米颗粒和金属氧化物在碳原子个数为8～11的烷烃中超声混合20min，经干燥得到初步混合物，然后将初步混合物、磷系无卤阻燃剂和可膨胀石墨混合得到无卤阻燃剂。将准备好的聚苯醚树脂、苯乙烯类共混物放入高速混合机中预混5～10min，然后依次加入无卤阻燃剂和增容剂以及加工助剂，预混30min，将预混料通过双螺杆挤出机挤出造粒，料筒温度为200℃。

（3）参考性能　阻燃聚苯醚合金材料的性能见表9-1。

表 9-1　阻燃聚苯醚合金材料的性能

性能指标	数值	性能指标	数值
拉伸强度/MPa	181	冲击强度/(kJ/m²)	152
断裂伸长率/%	2.4	弹性模量/GPa	3.5
弯曲强度/MPa	196	UL-94	V-0
弯曲模量/MPa	8405		

9.4　聚丙烯/聚苯醚合金

(1) 配方（质量份）

PPO	35	相容增韧剂	10
PP	59.9	抗氧剂 168	0.1

注：聚苯醚是蓝星化工新材料股份有限公司产品，牌号 PPE LXR040，聚 2,6-二甲基苯酚；聚丙烯为均聚聚丙烯，牌号 HP550J，230℃、2.16kg 熔融指数约为 3；相容增韧剂为聚苯乙烯-氢化聚异戊二烯-聚苯乙烯嵌段共聚物，分子量 20 万，氢化聚异戊二烯的含量为 60%，氢化率 92%。

(2) 加工工艺　将按配方称量的聚丙烯、聚苯醚、相容增韧剂、抗氧剂 168 在高速混合机中混合均匀，加入双螺杆挤出机中。螺杆设置温度为一区 190~200℃、二区和三区 230~250℃、四区至八区 240~260℃、九区 230~250℃，螺杆转速为 300~400r/min，挤出造粒得到聚丙烯/聚苯醚合金。

(3) 参考性能　聚丙烯/聚苯醚合金材料性能见表 9-2。

表 9-2　聚丙烯/聚苯醚合金材料性能

性能指标	数值	性能指标	数值
拉伸强度/MPa	32	弯曲模量/MPa	1500
弯曲强度/MPa	50	翘曲高度/mm	1
缺口冲击强度/(kJ/m²)	28		

9.5　聚苯醚/聚对苯二甲酸丁二醇酯合金

(1) 配方（质量份）

PPO	40	抗氧剂 1010	0.15
PBT	60	抗氧剂 168	0.15
SMA(增容剂)	6		

注：聚苯醚 PPO，牌号为 LXR-040，为山西蓝星化工新材料股份有限公司产品；聚对苯二甲酸丁二醇酯 PBT，牌号为 L2100G，为中国石化仪征化纤有限责任公司产品；苯乙烯-马来酸酐共聚物（SMA），牌号为 SAM-020，为南通日之升高分子新材料科技有限公司产品。

(2) 加工工艺　先将 PPO、PBT 置于 100℃真空烘箱中干燥 6h，再将烘干后的 PPO、PBT、抗氧剂以及增容剂按配比在高速搅拌机中充分混合，通过双螺杆挤出机熔融混合造粒后制备样品。

(3) 参考性能　PPO/PBT 合金材料的力学性能见表 9-3。

表 9-3　PPO/PBT 合金材料的力学性能

性能指标	PPO/PBT/SMA	PPO/PBT
拉伸强度/MPa	30.87±3.08	7.31±0.13
缺口冲击强度/(kJ/m²)	48.55±0.71	12.81±0.63

9.6 聚苯醚/改性超高分子量聚乙烯共混物

（1）配方（质量份）

① 接枝共聚物 UHMWPE-*g*-PS 的配方

预辐照的 UHMWPE	450	St	450
去离子水	3000	BPO	4.65
SDS	4.8		

② 接枝改性共混物配方

PPO	95	UHMWPE-*g*-PS	5

注：PPO，LXR 040C，特性黏度 0.4dL/g，蓝星化工城分公司生产；UHMWPE 密度为 0.94g/cm³，为德国巴斯夫公司生产。

（2）加工工艺

① 接枝共聚物的制备 采用 120kW 电子加速器作为辐照源，在常温、空气气氛下，使用 β 射线对 UHMWPE 预先辐照。辐照条件为：加速电压 3MeV，辐照剂量 16kGy，剂量率 7kGy/s，电流 7.2mA，扫描宽度 1.2m，束长 7.5cm，传送速度 4.8m/min，可得预辐照的 UHMWPE。采用悬浮接枝聚合的方法，将去离子水、SDS、预辐照的 UHMWPE、St、BPO 按照质量比 3000∶4.8∶450∶450∶4.65 依次加入反应釜中加热，反应温度从 60℃ 缓慢升温至 90℃，并以 10r/min 的搅拌速度反应 9h，结束反应。将接枝产物过滤、清洗，于 80℃烘 12h，最终得到 UHMWPE-*g*-PS 接枝共聚物。

② PPO/UHMWPE-*g*-PS 的制备 将 PPO 粉料、UHMWPE-*g*-PS 接枝共聚物与 UHMWPE 粉料按照配方质量比混合均匀，之后加入双螺杆挤出机中熔融挤出。挤出机分为 7 段，温度分别设为 200℃、230℃、250℃、260℃、260℃、270℃、270℃、270℃（模头温度）。物料经过挤出、牵引、冷却、造粒工艺后，得到 PPO/UHMWPE-*g*-PS/UHMWPE 共混物。注塑成型机温度设为 295℃、290℃、285℃、280℃、170℃。

（3）参考性能 PPO/UHMWPE-*g*-PS 复合材料的拉伸强度与弯曲强度分别达到 66.4MPa、98.6MPa，洛氏硬度达到 114.1HR。PPO 的摩擦系数为 0.38；而 PPO/UHMWPE-*g*-PS 复合材料的磨损体积降为 PPO 的 5.2%，摩擦系数降低了 49%。

9.7 无卤阻燃 PPO/HIPS 合金

（1）配方（质量份）

PPO	60	SEBS-*g*-MAH	8
HIPS	40	抗氧剂 168	0.1
BDP	12	抗氧剂 1010	0.1

注：PPO，牌号为 LXR040C，为蓝星化工新材料股份有限公司产品；HIPS，牌号为 425，为韩国锦湖石油化学株式会社产品；苯乙烯-乙烯-丁二烯-苯乙烯嵌段共聚物接枝马来酸酐（SEBS-*g*-MAH），接枝率为 0.8%～1%，为沈阳科通塑胶有限公司产品；抗氧剂 168、抗氧剂 1010，为瑞士 Ciba 公司产品；双酚 A 双（二苯基磷酸酯）阻燃剂（BDP），为江苏雅克科技股份有限公司产品。

（2）加工工艺 将干燥后的 PPO 及 HIPS、SEBS-*g*-MAH、抗氧剂等经高速混合机混匀后，置于加料器中，定量从双螺杆挤出机第一进料口加入，阻燃剂 BDP 通过液体喂料系统定量加入，在 270～290℃、螺杆转速为 280～320r/min 条件下，经双螺杆共混、挤出、冷却、切粒。

（3）参考性能 PPO 的介电常数非常低，且几乎不受温度、湿度的影响；而其体积电阻率很高，可以广泛用于生产电器产品，尤其是耐高压及户外使用的部件，如光伏行业使用的各种接线盒、彩电中的行输出变压器等，因此要求 PPO 具有优异的阻燃及力学性能。无卤阻燃 PPO/HIPS 合金性能见表 9-4。

表 9-4 无卤阻燃 PPO/HIPS 合金性能

性能指标	数值	性能指标	数值
UL-94 阻燃等级	V-0	缺口冲击强度/(J/m)	25
弯曲模量/MPa	2230		

9.8 导电阻燃聚苯醚

（1）配方（质量份）

聚苯醚	30	石墨	10
马来酸酐接枝的氢化苯乙烯-丁二烯-苯乙烯		微胶囊红磷	1
共聚物	90	纳米氢氧化铝	10

（2）加工工艺 按配方称重混合均匀，通过双螺杆挤出机挤出造粒，双螺杆挤出机各区温度见表 9-5。

表 9-5 料筒温度

温区	一区	二区	三区	四区	五区	六区	七区	八区	机头
温度/℃	230~240	240~250	250~260	260~280	265~275	255~265	245~255	235~245	235~245

（3）参考性能 导电阻燃聚苯醚材料性能见表 9-6。

表 9-6 导电阻燃聚苯醚材料性能

性能指标	数值	性能指标	数值
拉伸强度/MPa	51.2	表面电阻率/Ω	880
氧指数/%	32.6		

9.9 易着色聚苯醚

（1）配方（质量份）

① 色母粒配方

聚苯醚	99	铁红	0.5
钛白粉	10	炭黑	0.01
钛黄粉	2.5		

② 染色聚苯醚配方

聚苯醚	82	协效着色增强剂	3
PA66	5	着色母粒	0.5
乙烯-乙酸乙酯共聚物	30	抗氧剂	0.3
马来酸酐接枝乙烯共聚物	10	润滑剂	0.1

（2）加工工艺

① 着色母粒的制备 按色母粒配方称重，加入高速混合机混合均匀，然后在双螺杆挤出机中挤出造粒得到着色母粒。双螺杆挤出机的加工条件为：一区温度为 260℃，二区温度为 270℃，三区温度为 280℃，四区温度为 290℃，五区温度为 290℃，六区温度为 290℃；双螺杆主机转速为 300r/min。

② 聚苯醚材料的制备 按质量份称取干燥好的以下组分，将称好的聚苯醚、PA66、乙

烯-乙酸乙烯酯共聚物、马来酸酐接枝乙烯共聚物、协效着色增强剂、着色母粒、抗氧剂、润滑剂通过高速混合机混合均匀，搅拌转速为 600r/min，混合时间为 2～10min；将混合好的原料加入双螺杆挤出机中，经熔融挤出造粒，制得鲜艳的聚苯醚材料。双螺杆挤出机的加工条件为：一区温度为 260℃，二区温度为 270℃，三区温度为 280℃，四区温度为 290℃，五区温度为 290℃，六区温度为 290℃；双螺杆主机转速为 300r/min。

（3）参考性能 染色聚苯醚材料性能见表 9-7。

表 9-7 染色聚苯醚材料性能

性能指标	数值	性能指标	数值
拉伸强度/MPa	115	弯曲强度/MPa	187
断裂伸长率/%	137	弯曲模量/MPa	9158
缺口冲击强度/(kJ/m²)	65	色粉分散级(着色力,目测)	鲜艳,均匀

9.10 聚苯醚电缆料

（1）配方（质量份）

聚苯醚树脂	30	过氧化二异丙苯 DCP	1
苯乙烯类热塑性弹性体 SBC	35	硬脂酸丁酯	2
聚烯烃类热塑性弹性体 POE	25	微晶石蜡	0.6
聚丙烯	15	硬脂酸锌	0.3
氢氧化镁	20	硬脂酸钡	0.2
氢氧化铝	25	乙基硅油	2
六溴环十二烷	14	硬脂酸	0.2
邻苯二甲酸双十一酯	9	抗氧剂 1035	0.3
环氧油酸丁酯	3	抗氧剂 DLTP	0.1
乙酰基柠檬酸三丁酯	18	改性填料	13

改性填料配方（质量份）

高岭土	188	葡萄糖酸锌	3
麦饭石	34	玉石粉	2
纳米碳	2	聚异丁烯	2
抗坏血酸	1	铝酸酯偶联剂 DL-411	1
薏仁油	1	硬脂酸	2
氮化铝粉	1	抗氧剂 1010	1

（2）加工工艺

① 改性填料的制备 将高岭土、麦饭石在 450～480℃下煅烧 5～6h，冷却至室温，取出后加入 3%～4% 的氢氧化钠溶液中研磨 1～2h，然后加入 12%～15% 的盐酸溶液，调节 pH 值为 4～5，陈化 10～15h；再加氢氧化钠溶液调节研磨液 pH 值为中性，过滤、烘干得到填料粉末。将所得粉末与其他剩余成分混合，并以 8000～10000r/min 的高速分散均匀，即得改性填料。

② 聚苯醚电缆料的制备方法 按配方比例称取各组成原料，将组成原料投入高速搅拌机混合 5～6min，放料，将混合好的物料投入双螺杆挤出机里，挤出造粒，再进入热风干燥机中进行干燥后，得到聚苯醚电缆料。挤出时双螺杆挤出机温度设置为：加料段 110℃，熔融段 185℃，熔体输送段 185～192℃，混炼段 195℃，均化段 190℃，机头计量段 195℃。

（3）参考性能 聚苯醚电缆料性能见表 9-8。

表 9-8 聚苯醚电缆料性能

项目	结果
拉伸强度/MPa	13
断裂伸长率/%	260
体积电阻率/Ω·cm	5.8×10^{13}
低温脆化冲击温度/℃	-30℃通过
氧指数/%	31
烟密度	38(有烟)
	115(无烟)
介电强度/(kV/m)	25
(100 ± 2)℃×240h 热空气老化后	-6%(拉伸强度变化率)
	-12%(断裂伸长率变化率)

9.11 玻璃纤维增强聚苯醚复合材料

（1）配方（质量份）

聚苯醚	100	钨酸钠	0.9
玻璃纤维	30	次磷酸	0.002
柠檬酸金钾	0.005		

（2）加工工艺

① 防"浮纤"玻璃纤维处理 将玻璃纤维浸没在去离子水中，同时加入质量为玻璃纤维 5 倍的 3-吡啶磺酸搅拌均匀得到溶液 A；将质量为玻璃纤维 2 倍的乙二醇加入溶液 A 中，搅拌均匀得到溶液 B；将溶液 B 倒入水热反应釜中，填充度控制在 70%～80%；然后密封水热反应釜，将其放入电热恒温鼓风干燥箱中，在温度为 140℃条件下，反应 30h，反应结束后自然冷却到室温；打开水热反应釜，将产物用蒸馏水、无水乙醇依次洗涤 1～3 次，于电热恒温鼓风干燥箱中 96℃下干燥 2h，即得所述防"浮纤"玻璃纤维。

② 玻璃纤维增强聚苯醚复合材料的制备 将聚苯醚、玻璃纤维、柠檬酸金钾、钨酸钠、次磷酸加入高速混合机混合均匀，经双螺杆挤出机加热至 190～200℃获得塑化的聚苯醚混合物；然后塑化的聚苯醚混合物被双螺杆挤出机挤出，经牵引、冷却成型、切割处理制备成长度为 10～15mm 的玻璃纤维增强聚苯醚复合材料。

（3）参考性能 聚苯醚填充玻璃纤维后，具有较高的机械强度，在电气方面更是良好的绝缘材料和隔热保温材料，可以制作各种仪表外壳、灯罩、光学化学仪器零件、透明薄膜、电容器介质层等。玻璃纤维增强聚苯醚复合材料性能见表 9-9。

表 9-9 玻璃纤维增强聚苯醚复合材料性能

性能指标	数值	性能指标	数值
弯曲强度/MPa	180	落球冲击/cm	180
缺口冲击强度/(J/m)	105	"浮纤"情况	表面光洁，无"浮纤"

9.12 聚苯醚管道专用料

（1）配方（质量份）

聚(2,6-二甲基-1,4-亚苯基醚)	63.5	四苯基(双酚 A)二磷酸酯(BDP)	14.0
SEBS	12.8	纳米蒙脱土	3.0
超支化聚酯	3.0	抗氧剂 1010	0.1

| 抗氧剂 168 | 0.1 | 硫化锌 | 2.0 |
| 氧化锌 | 1.5 | | |

（2）加工工艺

① 聚苯醚管道专用料的制备 将配方中的纳米蒙脱土和用量为配方量 1/2 的超支化聚酯在转速为 2000r/min 以上的混合机里均匀混合，搅拌时料温控制在 80～100℃ 之间，时间不低于 10min。将上述混合好的材料再与其他剩余的配方材料在 70℃ 下、转速至少为 600r/min 的高速混合机中搅拌 10min，将其混合均匀，用具有剪切混炼元件的同向双螺杆挤出机挤出造粒。各区温度设置为 250～290℃，机头为 240～270℃，双螺杆转速为 200～300r/min，喂料速度为 20～40r/min。

② 聚苯醚管道工艺 原材料干燥处理：在 100℃ 下除湿干燥至少 3h。

挤出成型工艺参数如下。

挤出时各区温度设定：180℃、200℃、230℃、250℃、250℃、260℃。

法兰和连接体温度分别设定：260℃、255℃。

模具温度设定：260℃、260℃、270℃、270℃。

芯模温度设定：280℃。

管坯温度：>280℃。

螺杆转速：80r/min；牵引速度：2.0m/min。

冷却方式：喷淋；冷却水温度为 90℃；真空度为 0.03MPa。

（3）参考性能 作为管道的聚苯醚材料，第一要有足够的承压能力；第二是材料以管道形式存在时其长期静液压强度试验时间足够长，用以预测长期使用寿命（优异的耐蠕变性能）；第三是管材要有足够的抗冲击能力，满足不同环境下的特殊性能要求。例如，在危险环境下使用时，管道需要额外具有阻燃抗静电功能、耐腐蚀性能等，还应兼有耐慢速应力开裂、快速开裂等要求。

制备的管材规格：110mm×7.5mm。测试试验标准：GB/T 14152；落锤质量：11kg；高度：2m，d25 型锤头。经测试，样品破坏率为 0。根据 1000h 静液压强度试验数据，采用线性回归法外推，可预测聚苯醚在 3.0MPa 下可使用 30 年。聚苯醚管道材料性能见表 9-10。

表 9-10 聚苯醚管道材料性能

性能指标	数值
拉伸强度/MPa	≥55
断裂伸长率/%	≥10
爆破压力/MPa	≥10
纵向回缩率（200℃±2℃，恒温 30min）/%	<5
落锤冲击性能	无破裂、无变形
静液压强度	不破裂、不渗透
耐慢速应力开裂	>1000h

9.13 新能源汽车电池模组外壳材料

（1）配方（质量份）

PPO（LXR040）	64.7	三元共聚物（Lotader AX8750）	4
HIPS（PH88）	20	聚硅氧烷（DC-8008）	0.3
FR（无卤阻燃剂）：BDP	7.4	抗氧剂 1098	0.075
SEBS（SEBS 6154）	2	抗氧剂 168	0.075
纳米蒙脱土（Nanomer 1.34TCN）	1	润滑剂 E 蜡	0.45

（2）加工工艺　按配方称量，混合均匀；除了将 BDP 由计量泵从侧喂料口加入以外，其他组分混匀后从主喂料口加入。在直径为 40mm 的双螺杆挤出机中挤出造粒时，挤出温度设置为 220～280℃。

（3）参考性能　无卤阻燃聚苯醚材料在汽车电池模组外壳应用领域具有一定的优势，在拥有良好的介电性能和尺寸稳定性基础上，高的耐热性能、良好的耐冲击性能和优异的耐化学性能是这一应用的主要特点。新能源汽车电池模组外壳材料性能见表 9-11。

表 9-11　新能源汽车电池模组外壳材料性能

性能指标	配方样	性能指标	配方样
热变形温度/℃	126	耐溶剂	—
缺口冲击强度/(kJ/m²)	22.6	银纹	无
UL-94	V-0		

9.14　高拉伸强度的聚苯醚充电器外壳材料

（1）配方（质量份）

聚苯醚	41	多壁碳纳米管	3.5
聚乙烯	70	马来酸酐	1.1
乙烯-乙酸乙烯酯共聚物	8	硬脂醇	0.7
交联剂	2.5	增塑剂	—
硅藻土	45	阻燃剂	1.5
沉淀硫酸钡	17	B-215 长效热稳定剂	1.5
氢氧化铝	30	SBS 增韧剂	1.5
硅灰石粉	6	抗滴落剂 SN3300	0.7
硅烷偶联剂	0.5		

（2）加工工艺　将按配方称量的聚苯醚、增韧剂等助剂在高速混合机中混合均匀，加入双螺杆挤出机中挤出造粒。挤出温度范围为 190～260℃。

（3）参考性能　汽车上的车载充电器一般所用的材料为聚苯醚树脂等工程塑料，高拉伸强度的聚苯醚充电器外壳材料可以广泛应用于对材料拉伸强度和伸长率要求较高的充电器外壳领域，如手机及笔记本电脑用充电器的壳体、计算机接插件、电表壳体、汽车充电器外壳等材料。高拉伸强度的聚苯醚充电器外壳材料性能见表 9-12。

表 9-12　高拉伸强度的聚苯醚充电器外壳材料性能

性能指标	数值	性能指标	数值
拉伸强度/MPa	62	缺口冲击强度/MPa	6.8
弯曲强度/MPa	90.5	UL-94	V-0
伸长率/%	110	热变形温度/℃	128

第 ❿ 章　▶▶▶

聚醚醚酮（PEEK）改性配方与应用

10.1　聚醚醚酮增强改性

10.1.1　碳纤维增强聚醚醚酮

（1）配方（质量份）

PEEK1	70	聚酰胺酰亚胺	10
PEEK2	20	聚酰胺酰亚胺包覆碳纤维	4
PEEK3	10	聚酰胺包覆碳纤维	1

注：聚醚醚酮包含 400℃、1000mm²/s 下的黏度分别为 100Pa·s 以下的 A 组分、100～250Pa·s 的 B 组分和 250Pa·s 以上的 C 组分。A 组分占聚醚醚酮总质量的 50%，B 组分占聚醚醚酮总质量的 40%，C 组分占聚醚醚酮总质量的 10%。聚酰胺酰亚胺的吸水率为 0.25%。A 组分为 PEEK1、B 组分为 PEEK2、C 组分为 PEEK3。

碳纤维的表面具有树脂包覆层，树脂包覆层占碳纤维质量的 1%。树脂包覆层中含有聚酰胺酰亚胺。树脂包覆层中还含有聚酰胺，且聚酰胺占树脂包覆层质量的 10%。聚酰胺的玻璃化转变温度为 −40℃，树脂包覆层中的聚酰胺酰亚胺和聚酰胺都是水溶性的。

（2）加工工艺　将构成树脂包覆层的树脂原料按其配比溶于溶液中，制成质量分数为 10% 的树脂包覆层溶液，选用水作为溶剂。将碳纤维长丝在氮气气氛下于 350℃ 下加热 4h 后，取出，于 110℃ 干燥至恒重。通过调节浸渍时间对碳纤维中的树脂包覆层质量分数进行调节。最后，于 150℃ 热处理 30min，得到表面具有包覆层的碳纤维长丝。将具有包覆层的碳纤维长丝纺织成厚度为 0.3mm 的 2D 平纹预成型件。预成型件由 2 根经纱和 2 根纬纱组成 1 个组织循环，目板钢筘为 40 筘/8cm，经密为 41，纬密为 43。

使用一台密炼机，将树脂基体各原料于 360℃ 共混后，用模压机于相同温度模压成厚度为 0.3mm 的树脂基体薄膜。将 4 层树脂基体薄膜和 3 层碳纤维长丝预成型件交替积层后，于 400℃、4MPa 模压 1h，制得碳纤维增强聚醚醚酮复合材料。

（3）参考性能　碳纤维增强聚醚醚酮性能见表 10-1。

表 10-1　碳纤维增强聚醚醚酮性能

性能指标	改性聚甲醛	性能指标	改性聚甲醛
拉伸强度/MPa	356	缺口冲击强度/(kJ/m²)	56
弯曲强度/MPa	2100		

10.1.2　PEEK/MWCNTs (碳纳米管)复合材料

（1）配方（质量分数/%）

PEEK	94	助剂	2
MWCNTs-COOH	4		

注：PEEK，550PF，为吉林省中研高性能工程塑料有限公司产品；MWCNTs-COOH，外径为 8～15nm，长度为 30～50μm，为中国科学院成都化学有限公司产品。

（2）加工工艺　将 MWCNTs-COOH 在电热鼓风干燥箱中于 160℃干燥 5h 后冷却至室温，将 PEEK 粉末在 120℃烘箱中干燥 10h。干燥后，将 MWCNTs-COOH 分别与 PEEK 按比例于高速混合机中混合 10min，通过双螺杆挤出机（螺杆转速为 175r/min，加料速度为 15r/min）挤出造粒，得到 PEEK/MWCNTs 复合材料。采用注塑机工艺参数为：一区 395℃，二区、三区 390℃，四区 380℃，五区 390℃，注射压力 12MPa。

（3）参考性能　如图 10-1 所示，当 MWCNTs-COOH 质量分数为 3% 时，表面电阻率为 $1.89 \times 10^6 \Omega$；当质量分数为 4% 时，表面电阻率为 $2.07 \times 10^5 \Omega$，呈导电性，复合材料从绝缘体变成导体，出现逾渗现象，逾渗值约为 35。当 MWCNTs-COOH 质量分数为 4% 时，磨损量最小，为 0.6mg，比纯 PEEK 降低 71.4%，如图 10-2 所示。MWCNTs-COOH 拉伸强度为 96.09MPa，比纯 PEEK 提高 16.9%，冲击强度最高可达 10.15kJ/m²。

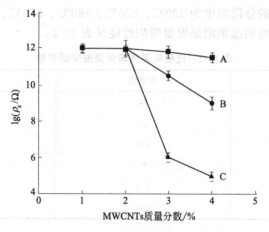

图 10-1　MWCNTs 含量对复合材料电性能的影响

A—未处理 MWCNTs；B—MWCNTs-OH；C—MWCNTs-COOH

10.1.3　硅酸铝晶须增强聚醚醚酮

（1）配方（质量份）

聚醚醚酮	70	四氢呋喃溶剂	500
改性硅酸铝晶须	30		

（2）加工工艺

① 硅酸铝晶须改性处理　将 5 份硅酸聚醚醚酮偶联剂投入带有外搅拌的三口烧瓶内，加入质量为偶联剂质量 80 倍的四氯甲烷进行溶解，再将于 150℃真空干燥处理 360min 并

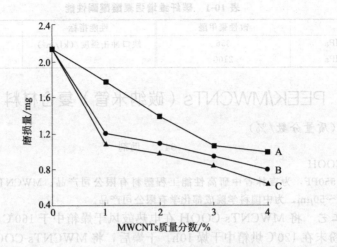

图 10-2 MWCNTs 含量对复合材料磨损量的影响
A—未处理 MWCNTs；B—MWCNTs-OH；C—MWCNTs-COOH

冷却后的硅酸铝晶须 95 份加入上述混合液中，继续搅拌 480min，搅拌速率为 60r/min，过滤、冷却；再用乙醇抽提 120min，过滤后，将滤上物 160℃干燥 720min，冷却至常温待用。

②硅酸铝晶须增强聚醚醚酮的制备 将改性硅酸铝晶须、聚醚醚酮微粉投入带有磁力搅拌的电加热釜内，投入质量为物料总质量 50 倍的四氢呋喃溶剂，常温下超声 120min，升温至 120℃，超声 60min。将超声后的混合物经过滤、干燥后，加入双螺杆挤出机中熔融挤出，控制双螺杆挤出机的分段温度为 300℃、350℃、360℃、370℃、365℃、350℃。

（3）参考性能 硅酸铝晶须增强聚醚醚酮性能见表 10-2。

表 10-2 硅酸铝晶须增强聚醚醚酮性能

性能指标	未增强	增强
拉伸强度/MPa	94	103.1
断裂伸长率/%	21	21
弯曲强度/MPa	110	137.2
线膨胀系数/10⁻⁶K⁻¹	76	69
成型收缩率/%	1.6	1.34
熔点/℃	334	337

10.2 聚醚醚酮耐磨改性

10.2.1 高耐磨性、抗静电聚醚醚酮

（1）配方（质量份）

聚醚醚酮	28	玻璃微珠	60
导电性钛酸钾晶须纤维	10	加工助剂	2

注：导电性钛酸钾晶须纤维为 DENTALL WK 系列，为日本大塚化学生产的产品。

（2）加工工艺 将聚醚醚酮、加工助剂在回转式混合机混合后，从双螺杆挤出机主下料

口投入，将导电性钛酸钾晶须纤维、玻璃微珠经振动式送料器从双螺杆挤出机侧喂料口投入，进行熔融混合挤出造粒。回转式混合机回转速度为 100r/min，混合时间为 10min，双螺杆挤出机吐出量为 200kg/h，转速为 300r/min，机筒各段温度为 360℃，机头温度为 370℃，真空段抽出压力为 -0.08MPa。

（3）参考性能 高耐磨性、抗静电聚醚醚酮性能见表 10-3。

表 10-3 高耐磨性、抗静电聚醚醚酮性能

性能指标	配方样	性能指标	配方样
拉伸强度/MPa	177	摩擦系数	0.08
弯曲强度/MPa	280	比磨损量/[mm³/(N·km)]	0.28
弯曲模量/GPa	11.7	体积电阻率/Ω·cm	130
流动向/垂直向成型收缩	0.04		

10.2.2 高耐磨聚醚醚酮

（1）配方（质量份）

聚醚醚酮	60	碳纤维	10
聚四氟乙烯	10	石墨烯	1
聚酰亚胺	5	纳米二氧化硅	4

（2）加工工艺 采用湿法混料，在无水乙醇溶液中加入石墨烯、纳米二氧化硅、碳纤维、聚四氟乙烯、聚酰亚胺和聚醚醚酮，超声搅拌 60min，混合均匀后，抽滤、烘干、粉碎后备用；将混合好的粉料倒入模具中，热压成型，模压温度为 370℃，压力为 50MPa，保温保压 120min，热压结束后自然冷却，待模具冷却至 150℃时脱模冷却至室温；将脱模后的材料放入 200℃干燥箱中 3h 进行热处理，得到聚醚醚酮复合材料。

（3）参考性能 高耐磨聚醚醚酮性能见表 10-4。

表 10-4 高耐磨聚醚醚酮性能

性能指标	数值	性能指标	数值
拉伸强度/MPa	85	摩擦系数	0.16
断裂伸长率/%	15	体积磨损率/[mm³/(N·m)]	1.03×10^6
弯曲强度/MPa	165	热变形温度/℃	260
压缩强度/MPa	140		

10.2.3 轻质耐磨微发泡聚醚醚酮

（1）配方（质量份）

PEEK	30	抗氧剂 1098	0.2
高流动性 PPS	18	抗氧剂 168	0.2
中流动性 PPS	10	聚硅氧烷粉	1.5
硅烷偶联剂	0.3	三肼基均三嗪	9
二硫化钼	29	硬脂酸钙	1.8

（2）加工工艺 将充分干燥的 PEEK、高流动性 PPS、中流动性 PPS、硅烷偶联剂在高速搅拌机中于 80℃下高速混合 3～5min 后再与二硫化钼、抗氧剂充分混合均匀，在双螺杆挤出机中挤出造粒。其中，聚硅氧烷粉、三肼基均三嗪和硬脂酸钙混合后从挤出机第五节筒体侧喂料装置均匀加入。挤出温度为 270～330℃，螺杆转速为 400r/min。

（3）参考性能 轻质耐磨微发泡聚醚醚酮性能见表 10-5，其可以在压缩机垫片、离合器齿环和轴承轴衬等领域得到应用。

表 10-5 轻质耐磨微发泡聚醚醚酮性能

性能指标	数值	性能指标	数值
拉伸强度/MPa	118	弯曲模量/MPa	9373
断裂伸长率/%	2.1	摩擦系数	0.14
无缺口冲击强度/(kJ/m²)	冲不断	密度/(g/cm³)	1.52
弯曲强度/MPa	138		

10.2.4 轴承用聚醚醚酮

（1）配方（质量份）

聚醚醚酮粗粉	400	石墨	50
聚醚醚酮细粉	300	硫化锌	50
聚四氟乙烯	100	短切碳纤维	100

注：聚醚醚酮粗粉熔融指数为 80g/10min，粒径为 1mm；聚醚醚酮细粉熔融指数为 80g/10min，粒径为 500 目；聚四氟乙烯粒径为 300 目；石墨粒径为 300 目；硫化锌粒径为 300 目；短切碳纤维为日本东丽公司 T700 产品。

（2）加工工艺 将聚醚醚酮粗粉料、聚醚醚酮细粉料、聚四氟乙烯、石墨、硫化锌、碳纤维在恒温干燥箱内干燥处理，干燥温度 120℃，干燥时间 6h；按配方称取，先以 200r/min 的转速分散 15min，使各个组分充分混合，然后以 2500r/min 的转速分散 15min，得到混合原料。混合原料与聚醚醚酮粗粉进行混合，混料机转速 200r/min，将混合后的物料放入双螺杆挤出机中，同时将 1000g 短切碳纤维（日本东丽公司生产的产品型号为 T700）进行侧喂料给料，挤出机挤出温度优选为 170℃，挤出机口模孔径为 2mm，得到颗粒，所述的颗粒尺寸控制在直径 1~1.5mm，长度为 1~1.5mm；然后经冷却、30 目分级筛筛分后进行密封包装。

（3）参考性能 轴承领域普遍使用的高分子有机材料复合层主要以聚四氟乙烯和聚甲醛为主，在高温、重负载、冲击性大的恶劣使用工况下抗冲击性能差、磨耗高、使用寿命短。轴承用聚醚醚酮复合材料是以聚醚醚酮为基础料并复合了改善轴承产品应用性能的材料，具有低摩擦系数，高负载、低磨损、耐高温、无油润滑等一系列优点。目前主要应用于高温、重负载、冲击性大的使用工况下，现已成功应用于重型汽车转向节部位、橡胶制造设备等领域，延长了原有材料轴承的使用寿命；同时，也应用在水利工程设备无油润滑领域。轴承用聚醚醚酮见表 10-6。

表 10-6 轴承用聚醚醚酮性能

性能指标	数值	性能指标	数值
拉伸强度/MPa	150.5	耐温性/℃	260
断裂伸长率/%	2.10	成型收缩率/%	0.19
冲击强度/(kJ/m²)	4.01	硬度（邵氏）	87.6
弯曲强度/MPa	215.52	摩擦系数	0.102
弯曲模量/MPa	9761.99	磨耗量/mm³	0.003

10.2.5 聚醚醚酮陶瓷轴承材料

（1）配方（质量份）

聚醚醚酮	60	抗氧剂双十二碳醇酯	2
玻璃纤维	20	硅烷偶联剂偶	3
聚苯酯	10		

（2）加工工艺 按配方称量进行混合，球磨混合的时间为 2h，得到浆料；对浆料进行

真空干燥，然后过 100 目筛，得到干燥粉；对干燥粉进行喷雾造粒，浆料的流量为 2kg/h，热风进口温度为 250℃，得到造粉粒；将造粉粒倒入轴承模具，然后于 100MPa 的压力下模压成型，制得聚醚醚酮素坯；将聚醚醚酮素坯放入真空高温烧结炉中进行烧结，烧结温度为 1200℃，烧结时间为 0.5h。

（3）参考性能　聚醚醚酮陶瓷轴承材料尺寸稳定且耐摩擦，聚醚醚酮陶瓷轴承耐磨系数为 15000。

10.2.6　聚醚醚酮复合超声电机合金摩擦材料

（1）配方（质量份）

聚醚醚酮	74	纳米二氧化硅	8
聚苯酯	3	二硫化钼	5
聚四氟乙烯	10		

（2）加工工艺　将聚醚醚酮在 140℃下干燥 100min；聚苯酯在 170℃下干燥 140min；聚四氟乙烯在 130℃下干燥 220min；纳米二氧化硅在 175℃下干燥 150min；二硫化钼在 200℃下干燥 80min。将以上干燥好的物料冷却至常温待用，对原料进行高速混合，混合速度为 900r/min，混合时间为 50min；利用手动压力机将混合物料在常温下进行冷压预成型，压力设定为 65MPa；将冷压预成型的物料放入转盘式烧结炉内进行烧结，烧结温度为 395℃，烧结时间为 25min。

（3）参考性能　聚醚醚酮复合超声电机合金摩擦材料性能见表 10-7。

表 10-7　聚醚醚酮复合超声电机合金摩擦材料性能

性能指标	合金摩擦材料	市售商品
堵转力矩/N·m	1.5	0.8
空载转速/(r/min)	146	129
反馈电压峰值/V	11	7
最大电机效率 η	0.24	0.18
温升(0.5h)/℃	22	29
硬度(邵氏)	75	65
弹性模量/MPa	3358	2651
摩擦系数	0.32	0.43

10.2.7　二元环保聚醚醚酮基刹车片材料

（1）配方（体积分数/%）

PEEK	90	C_3N_4	10

注：聚醚醚酮（PEEK）为英国威格斯（Victrex）公司生产，牌号为 PEEK450PF，平均粒度为 50μm。

（2）加工工艺　将 PEEK 粉料置于 150℃鼓风干燥箱中干燥 3h 以上，将筛分的粉体 C_3N_4 在 90℃下干燥 5h 以上，然后进行复合材料的制备。将粉体 C_3N_4 常温下置于浓氨水中改性、离心、干燥；PEEK 和改性干燥后的粉体 C_3N_4 置于双螺杆挤出机中熔融混合并挤出；双螺杆挤出机一区加热温度为 370～375℃，二区温度为 380～385℃，三区温度为 390～395℃，四区温度为 400～405℃，螺杆转速为 200r/min。将熔融混合的挤出料经注射机注塑成型，注射机的注射模具温度为 180℃，注射筒温度为 385℃，注射背压为 4MPa，注射压力为 180MPa。

（3）参考性能　二元环保聚醚醚酮基刹车片材料摩擦性能测试是采用高速环块摩擦磨损试验机，在载荷 50N、线速度 1m/s、测试时间 3h 的条件下进行的；摩擦系数稳定在 0.61，磨损率为 $4.0×10^{-7}mm^3/nm$。

10.2.8 空心微珠增强聚醚醚酮耐磨复合材料

(1) 配方 (质量份)

PEEK	90	改性空心微珠	10

(2) 加工工艺

① 空心微珠活化处理 取 10 份空心微珠,将质量分数为空心微珠 1% 的硅烷偶联剂用无水乙醇稀释,并与空心微珠混合,磁力搅拌 30min 至均匀,之后在超声波振荡仪中振荡分散 30min,烘干至恒重,研磨过筛。

② 空心微珠增强聚醚醚酮耐磨复合材料的制备 对 PEEK 粉末、空心微珠进行干燥,温度设置为 120℃,干燥时间为 10h;将处理后的空心微珠、PEEK 放入行星式球磨机中混料,混料时间为 45min。混合后的材料放入 390℃的热压模具模腔中,待熔融后,在 10MPa 压力下成型,冷却脱模。脱模后的材料在 220℃时保温 120min 进行退火处理,以消除残余应力,得到成品复合材料。

(3) 参考性能 空心微珠增强聚醚醚酮耐磨复合材料摩擦性能见表 10-8。

表 10-8 空心微珠增强聚醚醚酮耐磨复合材料摩擦性能

性能指标	空心微珠增强材料	纯 PEEK
摩擦系数	0.37	4.93×10^{-6}
磨损率/(mm^3/nm)	0.29	1.86×10^{-6}

注:测量参数为载荷 196N,转速为 200r/min,摩擦时间为 120min。

10.2.9 汽车刹车片石墨烯杂化物/聚醚醚酮塑料

(1) 配方 (质量份)

① 氧化石墨烯改性配方

氧化石墨烯	16	聚酰胺-胺树枝型分子	22
水	58	抗坏血酸	1
纳米蒙脱土	3		

② 硫酸钙晶须与树枝型 PAMAM/石墨烯/蒙脱土的杂化物的配方

混合液	58	硫酸溶液	17
氢氧化钙悬浊液	21	晶化导向剂	2

③ 石墨烯杂化物/聚醚醚酮塑料的配方

4,4'-二氟二苯甲酮	12	碳酸钾	2
二苯砜	46	杂化物	21
对苯二酚	19		

(2) 加工工艺

① 氧化石墨烯改性 将氧化石墨烯分散于水中,加入纳米蒙脱土、聚酰胺-胺树枝型分子 (PAMAM),超声分散,然后加入抗坏血酸作为还原剂,磁力搅拌均匀,制得树枝型 PAMAM/石墨烯/蒙脱土混合液。超声分散的时间为 1.5h,磁力搅拌的时间为 8.5h。

② 杂化物的制备 向制得的树枝型 PAMAM/石墨烯/蒙脱土混合液中加入氢氧化钙悬浊液,并滴入硫酸溶液,升温进行反应,然后加入晶化导向剂,过滤、干燥,制得硫酸钙晶须与树枝型 PAMAM/石墨烯/蒙脱土的杂化物。其中,硫酸溶液的浓度为 0.3mol/L,滴加速度为 1.1mL/min,反应温度为 92℃,搅拌速度为 430r/min,反应时间为 55min。

③ 石墨烯杂化物/聚醚醚酮塑料的制备 将 4,4-二氟二苯甲酮溶于二苯砜中,移入反应釜中,加入对苯二酚、催化剂碳酸钾、制得的杂化物,通过可控的反应条件进行缩聚反应,制得石墨烯杂化物/聚醚醚酮塑料。反应温度为 166℃,压力为 0.9MPa,时间

为 6.5h。

(3) 参考性能 刹车片用复合塑料性能如表 10-9 所示。

表 10-9 刹车片用复合塑料性能

性能指标	数值	性能指标	数值
摩擦系数	0.61	成本/元	3.2
热膨胀率/%	0.14	锈蚀情况	未添加金属材料,无锈蚀

注:市售塑料刹车片市场价为 10～15 元/个,半金属刹车片为 20～50 元/个。

10.3 聚醚醚酮抗静电、导电改性

10.3.1 防静电聚醚醚酮复合材料

(1) 配方 (质量份)

聚醚醚酮	90	硅烷偶联剂(KH-602)	2
羟基化碳纳米管	8		

(2) 加工工艺 将聚醚醚酮置于 160℃干燥箱中干燥 3h,将羟基化碳纳米管置于高速混合机中,然后在 50mL 无水乙醇中加入硅烷偶联剂 (KH-602),制成偶联剂溶液;再用注射器将偶联剂溶液注入碳纳米管中,60℃下预混 10min,然后将偶联剂溶液抽提,最后将处理的碳纳米管在 120℃下烘除残余溶液。处理后的聚醚醚酮、碳纳米管置于高速混合机中混合,转速为 800～1500r/min,混合 30min 后,双螺杆挤出造粒,挤出温度为 340～380℃。注塑成型工艺条件:注塑温度为 340～380℃,注塑压力为 80MPa,保压压力为 90MPa,保压时间为 10s,冷却时间为 30s。

(3) 参考性能 防静电聚醚醚酮复合材料在电子工业可用于高温线圈端部固定环、耐热电阻保护和其他高温条件下开关、电子变压器等各种耐高温及防潮保护的电子元器件;还可用于面粉厂等机器零部件防静电制品。防静电聚醚醚酮复合材料性能见表 10-10。

表 10-10 防静电聚醚醚酮复合材料性能

性能指标	数值	性能指标	数值
拉伸强度/MPa	105	悬臂梁缺口冲击强度/(kJ/m^2)	10
断裂伸长率/%	15	热变形温度/℃	161
弯曲强度/MPa	186	表面电阻率/Ω	$1.86×10^8$

10.3.2 高导电聚醚醚酮

(1) 配方 (质量份)

PEEK	80	硅烷偶联剂	2
芳纶纤维	10	抗氧剂	0.5
接枝改性碳纳米管	10	聚四氟乙烯	1
纳米氧化铝	5		

(2) 加工工艺

① 接枝改性碳纳米管制备 向质量分数为 50%的乙醇水溶液中加入偶联剂 KH570,用稀酸水溶液调节 pH 值为 3.5,配制成质量分数为 30%的 KH570 偶联剂溶液;向反应容器中加入 15 份碳纳米管、120 份丙酮、15 份 KH570 硅烷偶联剂溶液,搅拌均匀,并在 60℃下搅拌反应 6h;当反应结束后,过滤,以无水丙酮洗涤,干燥,制得硅烷偶联剂改性的碳纳米管。

② 改性碳纳米管表面接枝改性 向反应器中加入 10 份改性碳纳米管、70 份甲基丙烯酸甲酯、20 份苯乙烯、200 份丙酮，搅拌并升温至 70℃；加入 0.8 份引发剂，搅拌保温 2h；升温至 100℃再保温反应 5h；以丙酮洗涤产物后干燥，得表面接枝改性的碳纳米管。

③ 高导电聚醚醚酮复合材料的制备 将 PEEK 在 150℃下进行烘干，干燥 2h 备用；将干燥好的 PEEK、芳纶纤维、接枝改性碳纳米管、纳米氧化铝、硅烷偶联剂、抗氧剂、聚四氟乙烯加入高速混合机进行混合，得到混合料。通过注塑成型制备得到高导电聚醚醚酮复合材料。

(3) 参考性能 高导电聚醚醚酮复合材料性能见表 10-11。

表 10-11 高导电聚醚醚酮复合材料性能

性能指标	数值	性能指标	数值
体积电阻率/Ω·m	1.5×10^3	高温(200℃)颜色稳定性	1 级

对高温颜色稳定性进行如下评价：将得到的材料制品在 200℃下焙烧 24h，肉眼观察制品表面黑点数量，并进行分级比较。评价标准如下：黑点数量 10 个以下 1 级；黑点数量 10～50 个或出现直径 1～5mm 的黑色色斑 5 个以下 2 级；黑点数量 50 个以上或出现直径 1～5mm 的黑色色斑 5～10 个 3 级；黑点数量密集或出现大量直径 1～5mm 黑色色斑或出现直径 5mm 以上的黑色色斑 4 级。

10.3.3 导电聚醚醚酮

(1) 配方 (质量份)

聚醚醚酮	90	GPPS	3
石墨	2	改性多壁碳纳米管	10

(2) 加工工艺

① 改性多壁碳纳米管的制备 将多壁碳纳米管 5 份投入 89 份二甲基乙酰胺中，在 55℃条件下进行超声，超声 30min。随后将碳纤维 5 份投入上述混合液中，在 55℃条件下进行超声，超声 30min。取 1 份聚醚酰亚胺投入上述混合体系内，60℃温度下持续超声 480min 并进行过滤，用沸去离子水冲洗 10 次，将滤出物放入 170℃真空干燥环境进行干燥，干燥时间 120min。

② 导电聚醚醚酮的制备 将改性多壁碳纳米管、聚醚醚酮微粉、石墨、GPPS 进行高速混合，混合速度为 800r/min，混合时间为 60min；在挤出造粒机中进行混合造粒，加工温度为 375℃，螺杆转速为 35r/min。

(3) 参考性能 导电聚醚醚酮性能见表 10-12。

表 10-12 导电聚醚醚酮性能

性能指标	数值	性能指标	数值
拉伸强度/MPa	113	电导率/(S/m)	0.1
断裂伸长率/%	40	热失重温度/℃	625
熔融指数/(g/10min)	41		

10.4 其他改性

10.4.1 耐热聚醚醚酮

(1) 配方 (质量份)

聚醚醚酮	82.3	聚酰胺酰亚胺	16

| 液体反应型相容剂 | 1 | 聚四氟乙烯 | 0.2 |
| 液体胶化稳定剂 | 0.5 | | |

注：聚醚醚酮的粒径小于 200 目，聚酰胺酰亚胺的粒径小于 200 目，聚四氟乙烯的粒径小于 500 目。

（2）加工工艺　将原料均匀混合，干燥，干燥温度为190℃，干燥时间为7h；双螺杆挤出造粒，得到耐热聚醚醚酮。

（3）参考性能　耐热聚醚醚酮材料性能见表10-13。

表 10-13　耐热聚醚醚酮材料性能

性能指标	未改性	改性后
160℃/1.2MPa	轻微变化	无变化
200℃/1.2MPa	软化，较大变形	无变化
240℃/1.2MPa	软化，完全变形	无变化

10.4.2　耐高温聚醚醚酮

（1）配方（质量份）

聚醚醚酮	75	中空玻璃微珠	3
碳纤维	15	水滑石	3
纳米二氧化硅	3	钛酸酯偶联剂	1

注：水滑石包括质量比为 2:1 的微米级水滑石和纳米级水滑石，微米级镁铝水滑石的粒径为 40～50μm，纳米级镁铝水滑石的粒径为 80～100nm。

（2）加工工艺　将聚醚醚酮、纳米二氧化硅、中空玻璃微珠、微米级水滑石、钛酸酯偶联剂混合均匀后，得到混合料，将混合料加入双螺杆配混挤出机的主喂料口中，将碳纤维加入双螺杆配混挤出机的侧喂料口中，对混合后的物料进行挤出造粒。双螺杆配混挤出机的参数设置为：一区温度为 340℃，二区温度为 350℃，三区温度为 375℃，四区温度为 385℃，机头温度为 380℃，主机转速为 200r/min，喂料速度为 20kg/h。

（3）参考性能　耐高温聚醚醚酮材料性能见表10-14。

表 10-14　耐高温聚醚醚酮材料性能

性能指标	数值	性能指标	数值
拉伸强度/MPa	210	热变形温度/℃	265
弯曲强度/MPa	290		

10.4.3　发泡聚醚醚酮

（1）配方（质量份）

聚醚醚酮颗粒	7	聚酰亚胺	0.1
超临界态二氧化碳	0.1	三氧化二铝	0.1
苯基四唑	0.2	二氧化硅	0.1

注：聚醚醚酮颗粒熔融指数为 20～25g/10min。超临界态二氧化碳纯度≥99%，二氧化硅粒径为 20nm。

（2）参考性能　该耐高温的发泡材料是在连续使用温度 250℃左右、短期使用温度 310℃的环境下可以使用。常见的 PVC、ABS、PP 等绝大多数使用温度在 100℃以下，PC、PMMA、PPS、PES 等均在 200℃以下。发泡聚醚醚酮材料性能见表10-15。

表 10-15 发泡聚醚醚酮材料性能

性能指标	配方样	性能指标	配方样
拉伸强度/MPa	85	T_g/℃	128
弯曲强度/MPa	131	泡孔密度/(cell/cm³)	$1.06×10^7$
T_m/℃	334	体积膨胀率/%	11.7

10.4.4 聚醚醚酮基协效阻燃纳米复合材料

(1) 配方（质量份）

聚醚醚酮粉末	35	八苯基笼形硅氧烷	6
聚醚醚酮超细粉	35	纳米碳酸钙	24

(2) 加工工艺 将八苯基笼形硅氧烷与粒径小于 25μm 的聚醚醚酮超细粉（长春吉大特塑工程研究有限公司生产）加入无水乙醇分散液中，超声分散 24h 后，旋蒸干燥，制得混合粉末；将制得的混合粉末和粒径为 40～80nm 的经表面修饰的纳米碳酸钙混入粒径 50～100μm 聚醚醚酮粉末中，高速搅拌 20min，获得具有协效阻燃的聚醚醚酮粉料；将粉料进行双螺杆挤出。五区加热的温度分别为：控制一区温度 260℃，二区温度 350℃，三区温度 380℃，四区温度 385℃，五区温度 390℃，螺杆转速为 60r/min。真空高温模压成型，热压成型的温度为 390℃，压力为 5MPa，保压时间为 10min，冷却速度为 20℃/min。

(3) 参考性能 聚醚醚酮基协效阻燃纳米复合材料性能见表 10-16。

表 10-16 聚醚醚酮基协效阻燃纳米复合材料性能

项目	极限氧指数 LOI (体积分数)/%	锥形量热仪			拉伸强度/MPa
		峰值热释放速率 /(kW/m²)	总生烟量/m²	峰值生烟速率 /(m²/s)	
聚醚醚酮	36.8	305	10.4	0.1189	85
阻燃聚醚醚酮	42.2	187	2.3	0.0127	70

10.4.5 PEEK/SiC-BN 导热复合材料

(1) 配方（质量份）

PEEK	14	BN	1
SiC	5		

(2) 加工工艺 将 PEEK 原料放在干燥箱中，120℃下放置 6～8h。然后将 PEEK、SiC 和 BN 置于高速混合机共混 5min，混合均匀后放入双螺杆挤出机中造粒。加工温度从下料口到机头温度分别为 350℃、350℃、375℃、380℃、385℃、385℃、385℃，转速为 52r/min。

(3) 参考性能 纯 PEEK 的热导率仅为 0.21W/(m·K)，不利于热量的传导。为了提高 PEEK 的导热性能，需要添加高热导率的填料。碳化硅（SiC）具有高温绝缘性能优良、热膨胀系数低、成本低廉等优点，且其热导率为 80～170W/(m·K)。氮化硼（BN）同样电绝缘性能良好，热导率极高，达 300～600W/(m·K)。SiC-BN 填料可有效改善 PEEK/SiC-BN 复合材料的导热性能。SiC 粒径为 5μm 时，复合材料的热导率为 0.63W/(m·K)；相对于纯 PEEK 提高 2 倍，可满足一般导热复合材料的性能要求。SiC 和 BN 加入后，复合材料的热稳定性提高。SiC 粒径为 10μm 时，复合材料的热稳定性更高，初始和失重 10%、20%热分解温度分别提高了 73.60℃、81.40℃、121.39℃。

10.4.6　导热绝缘聚醚醚酮电缆料

(1) 配方（质量份）

PEEK	75	改性纳米氮化硅	3
PPS	16	改性纳米 ZnO	1
改性六钛酸钾晶须	5		

(2) 加工工艺

① 改性六钛酸钾晶须的制备　将 1～3g 钛酸酯偶联剂-焦磷酸型单烷氧基类钛酸酯 TMC-114 或 KR-38S 加入 10mL 水和 20mL 乙醇混合溶剂中，搅拌 30min 后，将 100g 直径为 0.2～1.5μm、长度为 10～50μm 的六钛酸钾晶须加入以上钛酸酯偶联剂溶液中，超声分散 1h，然后旋转蒸发去除溶剂乙醇和水，得到 100g 表面改性的六钛酸钾晶须。

② 改性纳米氮化硅的制备　将 1.0g 硅烷偶联剂 KH550 加入 10mL 水和 20mL 乙醇混合溶剂中，搅拌 30min 后，将 100g 纳米氮化硅加入硅烷偶联剂溶液中，超声分散 1h，然后旋转蒸发去除溶剂水和乙醇，得到表面改性的纳米氮化硅。

③ 导热绝缘聚醚醚酮电缆料的制备　将 PEEK、PPS、改性六钛酸钾晶须、改性纳米氮化硅、改性纳米 ZnO 分别置于鼓风烘箱中，于 120℃干燥 2h。使用高速搅拌混合机将配料混合，得到混合料。通过双螺杆挤出机在 250～400℃工艺温度下充分熔融、混合后挤出造粒。

(3) 参考性能　导热绝缘聚醚醚酮电缆料性能见表 10-17。

表 10-17　导热绝缘聚醚醚酮电缆料性能

性能指标	纯 PEEK	导热 PEEK
拉伸强度/MPa	75	94
弯曲强度/MPa	161	163
热导率/[W/(m·K)]	0.3	5.3

10.4.7　聚醚醚酮/纳米羟基磷灰石生物复合材料

(1) 配方（质量份）

聚醚醚酮	140	针状纳米羟基磷灰石	60

(2) 加工工艺　将聚醚醚酮原料置于真空干燥箱中，于 120℃真空干燥 12h。称取针状纳米羟基磷灰石（针状纳米羟基磷灰石按质量比计为聚醚醚酮与针状纳米羟基磷灰石总质量的 30%），通过球磨机（球料比 1:1）进行共混预处理。调节球磨机转速为 400r/min，球磨 2h。将球磨预混的混合粉体倒入双螺杆挤出机中，在挤出复合工艺过程中，主机电流保持 1～10A、主机转速 110r/min、喂料转速 10Hz，控温六区分别为 300℃、330℃、350℃、355℃、350℃、360℃，挤出时间为 25min。

(3) 参考性能　聚醚醚酮/纳米羟基磷灰石（针状）复合材料的抗拉强度测试结果显示其抗拉强度为（104.67±1.98）MPa。可用于硬组织医疗植入物制备和医学美容等领域。

10.4.8　具有弹性的聚醚醚酮改性材料

(1) 配方（质量份）

聚醚醚酮	69	硬脂酸锌	1
硅橡胶	30		

硅橡胶粉末的粒径为 $10\sim100\mu m$；粉末的粒径为 $10\sim100\mu m$。

（2）加工工艺 按照配方配比称取各组分，混合均匀后，得到混合料；加入双螺杆配混挤出机挤出造粒。挤出机工艺参数设置：一区温度为 330℃，二区温度为 340℃，三区温度为 350℃，四区温度为 365℃，机头温度为 365℃，主机转速为 200r/min，喂料速度为 20kg/h。

（3）参考性能 具有弹性的聚醚醚酮改性材料性能见表 10-18。

表 10-18　具有弹性的聚醚醚酮改性材料性能

性能指标	改性后	未改性
压缩强度/MPa	105	35
拉伸强度/MPa	96.5	45
弯曲模量/MPa	3700	1550
Izod 缺口冲击强度/(J/m)	91	810
Izod 无缺口冲击强度/(J/m)	—	—
热变形温度/℃	120	130

10.4.9　强度可控的聚醚醚酮生物组织复合材料

（1）配方（质量份）

聚醚醚酮(PEEK)	55	珊瑚	10
羟基磷灰石(HA)	10	骨水泥	15
β-磷酸三钙(β-TCP)	10		

（2）加工工艺 将聚醚醚酮、羟基磷灰石（HA）、β-磷酸三钙（β-TCP）、珊瑚、骨水泥五种粉体相互混合，经高能激光烧结成型。

（3）参考性能 能用于生物组织工程中，如颅骨修复、骨骼替代以及支架材料等。强度可控的聚醚醚酮生物组织复合材料性能见表 10-19。

表 10-19　强度可控的聚醚醚酮生物组织复合材料性能

性能指标	数值	性能指标	数值
弹性强度/MPa	27.8	生物相容性	优
可承受最大应力/MPa	42.3	评价	优
促进细胞生长	有		

10.4.10　纳米陶瓷颗粒填充的聚醚醚酮基人工关节材料

（1）配方（质量份）

聚醚醚酮树脂	85	碳化硅颗粒	5
碳纤维	10		

注：聚醚醚酮树脂为医用级的聚醚醚酮粉末或粒料。碳纤维是单丝直径为 $7\mu m$、长度为 $35\sim70\mu m$ 的短切碳纤维。碳化硅是颗粒粒度为 $20\sim100nm$ 的 β-纳米碳化硅。羟基磷灰石粉末是指粒径为 $20\sim200nm$ 的纳米羟基磷灰石。

（2）加工工艺 原料经机械混合、挤压、注塑成型制得。

（3）参考性能 以纳米陶瓷颗粒填充的聚醚醚酮基人工关节材料在模拟体液润滑条件下，相关高速环-块摩擦磨损试验数据见表 10-20。

表 10-20　高速环-块摩擦磨损试验数据

性能指标	数值	性能指标	数值
摩擦系数	0.052	磨损率/($\times10^{-7}mm^3/nm$)	2.82

10.4.11 薄壁电器用石墨烯/聚醚醚酮工程塑料

(1) 配方 (质量份)

聚醚醚酮树脂	100	助剂	2
GE/TLCP	30		

注：助剂为白油、抗氧剂 1010、氢氧化镁、银粉、铅盐、氧化锌、聚乙烯蜡按照质量比 3：1：1：0.5：1：3：2 复合而成。

(2) 加工工艺

① 石墨烯/热致液晶共聚酯　将石墨烯微片加入乙醇中，超声分散 33min，得到石墨烯分散液；在石墨烯分散液中，乙醇、石墨烯微片的质量比为 100：22；制得的石墨烯微片的层数为小于 100 层；将联苯二酚、对苯二甲酸、催化剂混合均匀后加入反应釜中，接着通入氮气置换空气，然后加入石墨烯分散液，加热加压进行聚合反应，得到石墨烯/热致液晶共聚酯的复合物，即 GE/TLCP；催化剂为乙酸钾。在加热加压反应中，压力为 1.6MPa，反应温度分为三段；第一段在 240℃下恒温反应 3h，第二段在 260℃下恒温反应 2h，第三段在 280℃下恒温反应 30min。在复合物制备中，石墨烯分散液、联苯二酚、对苯二甲酸、催化剂的质量比为 100：46：26：5。

② 薄壁电器用石墨烯/聚醚醚酮工程塑料的制备　将制备的 GE/TLCP、聚醚醚酮树脂、助剂高速混合后送入双螺杆挤出机中，将温度分为六段进行熔融挤出，在第三段区间添加电场诱导装置，在熔融条件下诱导挤出，制得薄壁电器用石墨烯/聚醚醚酮工程塑料；熔融挤出的温度第一段为 90℃，第二段为 300℃，第三段 320℃，第四段为 340℃，第五段为 330℃，第六段为 320℃；第三段区间的诱导电场为交流电场，诱导电压为 18kV/mm。

(3) 参考性能　薄壁高刚材料具有以下特点：高流动性，满足薄壁注塑成型要求；高刚性，满足壁厚减少带来的强度损失；高韧性，满足碰撞要求。高强度且轻质的薄壁高刚材料以高性能纤维改性热塑性塑料为主，如玻璃纤维、碳纤维改性塑料，虽然提高了原有塑料的强度，但是增强纤维的添加大大降低了原有塑料的流动性，使得薄壁化的加工过程困难，制件易发生注塑材料部分堆叠，使制件表面有毛刺、边缘翘曲等缺点，并且增强纤维易在薄壁制件中产生纤维剥离的现象，从而影响制件的外观。薄壁电器用石墨烯/聚醚醚酮工程塑料性能见表 10-21。

表 10-21　薄壁电器用石墨烯/聚醚醚酮工程塑料性能

性能指标	数值	性能指标	数值
拉伸强度/MPa	115.5	热失重试验质量损失率/%	4.5
熔融指数/(g/10min)	8.5		

10.4.12 具有抗菌性的压电聚醚醚酮复合材料

(1) 配方 (质量份)

聚醚醚酮	50	铌酸钠钾锂粉	50

(2) 加工工艺　将聚醚醚酮与铌酸钠钾锂粉末分别在 120℃下干燥 12h，混合均匀后，通过熔融共挤法得到纤维状聚醚醚酮/铌酸钠钾锂复合材料，其中熔融共挤腔室温度为 150℃，喷嘴温度为 360℃；将得到的聚醚醚酮/铌酸钠钾锂复合纤维材料表面经过高温等离子体溅射处理后，浸泡在 200mL 1.5mol/L 的阿霉素 DMF 溶液中 3h，用浓度为 95% 的无水乙醇冲洗三次后再用丙酮溶液清洗三次，于 40℃真空干燥，制得具有抗菌性的压电聚醚醚酮复合材料。

(3) 参考性能　将聚醚醚酮与压电材料复合形成一种具有抗菌性的压电材料生物相容性

好的材料，可实现在体外电磁环境作用下控制和促进细胞或组织生长的途径，并且具有一定的抗菌消炎作用，可作为重要医学材料用于临床使用。具有抗菌性的压电聚醚醚酮复合材料经过紫外线杀菌处理后，在 1.5V 电场环境下进行人体成骨细胞培养，与未经处理的聚醚醚酮纤维相比，聚醚醚酮复合材料弹性模量为 16.7GPa，其表面细胞浓度提高 30.5%，阿霉素药物释放稳定持久，持续释放 24h 后仍能保持 75.8%的含量。

10.4.13　动力电池壳体用聚醚醚酮复合材料

（1）配方（质量份）

聚醚醚酮	80	钛酸酯偶联剂	0.5
白炭黑	5	碳纤维	适量

注：碳纤维添加量的体积分数为 53%。

（2）加工工艺　将配方量的聚醚醚酮、白炭黑、钛酸酯偶联剂混合均匀后，得到混合料。将混合料加入双螺杆配混挤出机的主喂料口中，并将按配方计量的纤维材料加入双螺杆配混挤出机的侧喂料口中，对混合后的物料进行挤出造粒，得到聚醚醚酮复合材料。

（3）参考性能　动力电池壳体用聚醚醚酮复合材料性能见表 10-22。

表 10-22　动力电池壳体用聚醚醚酮复合材料性能

性能指标	配方样	性能指标	配方样
拉伸强度/MPa	2000～2400	降解起始温度/℃	402
拉伸模量/GPa	100～140	200℃下弯曲强度/MPa	28
压缩强度/MPa	1200～1600	UL-94	V-0
压缩模量/GPa	100～140		

10.4.14　航空液冷系统用聚醚醚酮改性管材

（1）配方（质量份）

PEEK 树脂	94	醇酯	0.5
纳米蒙脱土	5	季戊四醇硬脂酸酯	0.5
β-(3,5-二叔丁基-4-羟基苯基)丙酸正十八碳			

（2）加工工艺　将 PEEK 树脂放入 130～150℃烘箱中干燥，将干燥后的原料按比例混合均匀后，加入双螺杆挤出机中，熔融后挤出，经冷却、风干、切粒得到耐 65# 冷却液 PEEK 材料。其中，双螺杆挤出机各区温度为：一区 330～340℃，二区 340～350℃，三区至五区 350～360℃，六区至九区 340～350℃，机头温度为 350～360℃，螺杆转速控制在 350～400r/min。

（3）参考性能　航空液冷系统用聚醚醚酮改性管材性能见表 10-23。

表 10-23　航空液冷系统用聚醚醚酮改性管材性能

性能指标	数值	性能指标	数值
拉伸强度/MPa	105	弯曲强度/MPa	150
简支梁冲击强度/(kJ/m²)	7.1	弯曲模量/MPa	3682

10.4.15　飞机用高强度聚醚醚酮复合材料

（1）配方（质量份）

聚醚醚酮	50	纳米氧化铁粉体	20

纳米纤维状氢氧化镁	10	纳米超细滑石粉	5
乙烯-乙酸乙烯酯共聚物	15	聚丁烯	15
玻璃纤维	20	增塑剂邻苯二甲酸二丁酯	10
陶土	20	硅烷类偶联剂	10
聚乙烯	20	润滑剂石蜡	2
氧化铝陶瓷	15	抗氧剂1010	1.5
聚四氟乙烯	5		

注：纳米氧化铁粉体的粒径为 12nm，纳米纤维状氢氧化镁的粒径为 20nm，纳米超细滑石粉的粒径为 8nm。

（2）加工工艺　按配方称取各原料，干燥，干燥温度为 60℃，各原料的含水量小 0.2%；放入高速混合机中进行混合，将混合物料加入双螺杆挤出机中进行熔融挤出造粒。对于双螺杆挤出机温度设置，一区温度为 300℃，二区温度为 310℃，三区温度为 320℃，四区温度为 330℃；五区温度为 345℃，六区温度为 360℃，七区温度为 370℃，八区温度为 360℃。

（3）参考性能　制备的聚醚醚酮复合材料可替代铝和其他金属材料制造飞机零部件，用于制造轴承、垫片、密封片、齿环等各种零部件。飞机用高强度聚醚醚酮复合材料性能见表 10-24。

表 10-24　飞机用高强度聚醚醚酮复合材料性能

性能指标	增强 PEEK	纯 PEEK
耐压强度/MPa	280	110
弯曲强度/MPa	217	186
热变形温度/℃	245	137
腐蚀面积/%	21.6	2.51

第 11 章 ▶▶▶

氟材料改性配方与应用

11.1 聚四氟乙烯 PTFE

11.1.1 聚四氟乙烯自增强复合材料

（1）加工工艺 取一定量 PTFE 织物和悬浮 PTFE 模塑粉，交替层叠放入模具中。保持各层织物经纬纱方向相同，各层织物之间含等量 PTFE 模塑粉，使之分布均匀，最顶层和最底层也为 PTFE 粉，其量为两层织物之间的一半。PTFE 织物在整个体系中含量为60%（质量分数）。常温 40MPa 下保压 1h，在此期间放气若干次；保压 10MPa 升温到335℃，保温、保压 2h；保压降温到常温，根据产品要求裁样。

（2）参考性能 聚四氟乙烯自增强复合材料适用于航空、航天、机械、电子、汽车等领域，所得材料性能及其与常规方法得到的纯 PTFE 样品比较如表 11-1 所示。

表 11-1 聚四氟乙烯自增强复合材料的性能

性能指标	自增强 PTFE	纯 PTFE
拉伸强度/MPa	89.2	28
断裂伸长率/%	51	230
洛氏硬度(D)	66	62
摩擦系数	0.21	0.24
磨损率/(mm^3/nm)	2.4×10^{-4}	4.9×10^{-4}

11.1.2 改性刚玉超微粉增强聚四氟乙烯

（1）加工工艺 将 325~1000 目的 Na$_2$O 改性的刚玉超微粉按质量分数 10.5%~50.0% 同聚四氟乙烯塑粉混合，机械搅拌使混合粉末混合均匀；将均匀混合的粉末原料置于模具之内，在 30~70MPa 的压力下保压 5min，然后在烧结炉中于 350~400℃下保温 50~70min，烧结成型。

（2）参考性能 超微粉作为聚四氟乙烯的增强剂和抗磨剂，以提高聚四氟乙烯的强度和硬度。加入 Na$_2$O 改性刚玉粉对聚四氟乙烯抗拉强度和布氏硬度的影响见表 11-2。

表 11-2 加入 Na₂O 改性刚玉粉对聚四氟乙烯抗拉强度和布氏硬度的影响

Na₂O 改性刚玉粉加入量(质量分数)/%	抗拉强度/MPa	布氏硬度/(kg/mm²)
0	27.34	HB 4.56
10.5	46.89	HB 5.68
20.0	82.67	HB 6.16
30.0	120.36	HB 6.86
40.0	142.52	HB 7.29
50.0	132.38	HB 8.19

11.1.3 增强型聚四氟乙烯分散树脂管

(1) 配方 (质量份)

PTFE　　　92　　　碳化硅微粉 SiC　　　8

(2) 加工工艺　将聚四氟乙烯分散树脂与碳化硅微粉一起混合、陈化，制成混合物；将混合物经过两次分级预压制坯，使得所制坯棒内填充物均匀分布，保证所制坯棒密度一致；在选用的聚四氟乙烯分散树脂原料许可压缩比范围内，选取合适直径的推挤缸筒，并修正缸筒、模座和模口温度，调整挥发、预烧结和烧结段各温区温度参数，烧结完成后，制得成型管 (PTFE-s 管)。

(3) 参考性能　目前使用的纯聚四氟乙烯分散树脂管 (俗称 PTFE 管) 在火力发电、垃圾焚烧场合使用的低压换热器 (俗称省煤器、余热回收器) 替代常规型金属管装置中，发挥了聚四氟乙烯所独有的优良耐腐蚀性、极低的摩擦系数、相对重量较轻、单位体积传热面积大，而且不易积垢的优点。但材料固有的过低热导率、偏弱的抗磨损能力又严重影响了它的全面推广使用。本例在原有的 PTFE 材料中增加 SiC 材料，SiC 材料具有稳定的化学性能、高热导率、极小的热膨胀系数，以及优异的耐磨性能和抗冲击等特性，补充和增强了聚四氟乙烯分散树脂管的性能。在纯 PTFE 管的延伸率、拉伸强度和爆破压力等各项指标几乎没有下降或微量降低 (不影响原有使用性) 的前提下，其抗磨性、热导率等指标参数显著上升。增强型聚四氟乙烯分散树脂管性能见表 11-3。

表 11-3 增强型聚四氟乙烯分散树脂管性能

测试项目	增强型	传统 PTFE
抗拉强度/MPa	37.0	38
爆破压力/MPa	2.70	3.12
热导率/[W/(m·K)]	0.269	0.25
抗磨损率/次	27000	6200
延伸率/%	276	285

11.1.4 轴承保持架用聚四氟乙烯复合材料

(1) 配方 (质量份)

聚四氟乙烯　　　92　　　KH-570 改性的纳米 Al₂O₃　　　3
二硫化钼　　　5

(2) 加工工艺

① Al₂O₃ 改性处理　将纳米 Al₂O₃ 置于盛有质量分数为 2% 的硅烷偶联剂 KH-570 的无水乙醇溶液的容器中，将容器放入超声槽内，对纳米 Al₂O₃ 进行偶联、超声分散，超声

频率为 18kHz，超声时间为 30min。将上述偶联、超声处理过的纳米三氧化二铝置于真空干燥箱中进行真空干燥，干燥处理时原料平铺在真空干燥箱中，平铺厚度不超过 25mm，控制真空度为 −0.08MPa，温度为 135℃，真空干燥 10h 后取出冷却。对所得 KH-570 改性的纳米 Al_2O_3 进行 300 目过筛处理，取筛下物密封保存备用。

② 轴承保持架用聚四氟乙烯复合材料的制备　将二硫化钼放在真空干燥箱内进行真空干燥。干燥处理时，原料平铺在真空干燥箱中，平铺厚度不超过 25mm，控制真空度为 −0.08MPa，温度为 115℃，干燥 4h 后取出冷却，并对二硫化钼进行 100 目过筛处理，取筛下物密封保存备用。

按配方称取物料，加入机械搅拌机内，以 10000r/min 的转速搅拌 3 次，每次搅拌时间为 20s。每次搅拌后打开搅拌机，清理搅拌机死角，出料后对搅拌后的粉料进行 80 目过筛处理，以去除未搅拌均匀的小颗粒。对筛下物进行目视观察，无明显色差即为合格，密封保存备用，得到混合料；将混合料均匀填充入保持架模具的模腔内，然后压上冲头进行合模；模具合模后置于程控式压力机上，对混合料进行双向压制，以 22mm/min 的速度加压至 180kgf/cm² （1kgf＝9.80665N），保压 1min，再以 12mm/min 的速度卸压；去除垫片，然后以 7mm/min 的速度加压至 500kgf/cm²，保压 5min，再以 3mm/min 的速度卸压，脱模即得保持架毛坯；将保持架毛坯放入程控式烧结炉中烧结成型，相邻毛坯之间间距不小于 7.66mm；以 80℃/h 的升温速率加热至 327℃保温 1h，再以 45℃/h 的升温速率加热至 370℃后保温 1h；后以 60℃/h 的降温速率降温至 315℃保温 1h，最后随炉冷却至室温，即得超低温高速轴承用聚四氟乙烯复合保持架。

(3) 参考性能　超低温高速轴承保持架通常采用玻璃纤维改性聚四氟乙烯复合材料，无法满足滑动线速度极限 DN 值大于 150 万的轴承工况需求，主要表现为轴承噪声、摩擦力矩及温升突增，钢球磨损严重，保持架变形较大甚至出现断裂现象。本方法制得的聚四氟乙烯复合保持架满足滑动线速度极限 DN 值大于 150 万的超低温高速轴承工况对复合保持架材料的要求，制得成品的内径 d＝30.6mm、外径 D＝38.3mm、高度 H＝6mm。在保持架模具中，模套的内径＝D＋5mm＝43.3mm，模芯的外径＝d－3mm＝27.6mm，模套的高度＝模芯的高度≥3.5×（H＋2）（即 28mm）。

11.1.5　针型截止阀用聚四氟乙烯

(1) 配方（质量份）

可溶性聚四氟乙烯	90	液晶性全芳香族聚酯树脂　5
帕拉橡胶	5	

(2) 加工工艺　将可溶性聚四氟乙烯和帕拉橡胶分别置于 100～120℃下干燥 25h 以上，将液晶性全芳香族聚酯树脂置于 140～160℃下干燥 4～6h；将配方物料混合均匀，注塑成型，分别获得阀体和阀芯。成型参数为：料筒后段温度 220～240℃，料筒中段温度 240～260℃，料筒前段温度 260～280℃，喷嘴温度 260～280℃；模具温度 80～100℃，注塑压力 30～50MPa，保压压力 10～20MPa，螺杆背压 2～5MPa，注射速度为 200～300mm/s，螺杆转速为 60～80r/min。

(3) 参考性能　针型截止阀是电站、炼油、化工装置和仪表测量管路中的一种先进连接方式的阀门，现有的针型截止阀一般采用钢制、铜质、陶瓷阀门等材料制作成型，但上述材料的耐化学腐蚀性、耐候性不良，在运输强酸强碱溶液或氯化氢、氟化氢等强腐蚀气体时会被腐蚀，导致使用寿命大大缩短。本例提供一种耐腐蚀性能强的高强度聚四氟乙烯材料，可以用来制备具有优良耐腐蚀性和强度的针型截止阀。针型截止阀用聚四氟乙烯性能见表 11-4。

表 11-4　针型截止阀用聚四氟乙烯性能

性能指标	数值	性能指标	数值
拉伸强度/MPa	59	密度/(g/cm³)	2.97
断裂伸长率/%	190		

11.1.6　消防栓用高阻燃聚四氟乙烯

（1）配方（质量份）

聚四氟乙烯	80	纳米铜	2
云母粉	5	改性酚醛树脂-二氧化硅-玻璃纤维	10
滑石粉	3		

（2）加工工艺

① 活化玻璃纤维的制备　将以质量份计的 10 份玻璃纤维加入是其体积 5 倍的质量分数为 5% 的氢氧化钠溶液中，在 90℃ 下，以 400r/min 的转速搅拌 2h，再用质量分数为 3% 的稀盐酸溶液调节其 pH 值至中性；然后继续超声处理 30min 后，抽滤，冷冻干燥，得到活化玻璃纤维。

② 改性酚醛树脂-二氧化硅-玻璃纤维的制备　将玻璃纤维放入 8 倍于其体积的正硅酸乙酯和正己烷的混合溶液中，正硅酸乙酯与正己烷的比例为 1∶2。将溶液温度加热至 48℃，在 200r/min 的速度下搅拌 30min 后过滤，将所得物在 100℃ 下干燥 10h 后，转入马弗炉中进行焙烧，以 2℃/min 的速率升温至 320℃ 后，焙烧 1h。然后继续以 2℃/min 的速率升温至 450℃，焙烧 2h，接着以 3℃/min 的速率降温至 400℃，保温 1h，得到二氧化硅-玻璃纤维。将其加入 5 倍于其体积的酚醛树脂乳液中，酚醛树脂乳液固含量为 25%。通入氮气作为保护气体，并在 75℃ 下以 400r/min 的速度磁力搅拌，得到悬浮液，搅拌反应 10h 后，离心，离心转速为 3500r/min，时间为 10min，并用蒸馏水洗涤 2 次，放入烘箱中，在 50℃ 下干燥，得到改性酚醛树脂-二氧化硅-玻璃纤维复合物。

③ 云母粉、滑石粉、纳米铜改性处理　将云母粉、滑石粉、纳米铜放入球磨机中球磨均匀，然后加入 10 份氯化锑，继续球磨 20min，然后将所得物加入 10 倍于其体积的饱和氨水中，30Hz 下超声处理 20min，然后过滤，将所得物放入 80℃ 下烘干，然后转入马弗炉中，在 500℃ 下焙烧 3h，以 4℃/min 的速率降至室温。

④ 消防栓用高阻燃聚四氟乙烯　将云母粉、滑石粉、纳米铜经过改性处理后，与聚四氟乙烯粉末、改性酚醛树脂-二氧化硅-玻璃纤维放入高速搅拌机中，充分搅拌均匀，然后加入消火栓磨具中，用 35MPa 的压力压制 10min 后撤去压力出模。然后将所得物置于温控电炉中进行热处理，以 2℃/min 的速率升温至 140℃，热处理 30min；然后继续升温至 220℃，热处理 20min，随后以 4℃/min 的速率降温至 120℃，热处理 40min，继续冷却至室温即可。

（3）参考性能　消防栓用高阻燃聚四氟乙烯材料性能见表 11-5，符合 GB 50084—2017《自动喷水灭火系统设计规范》以及 GB 3445—2018《室内消火栓》的规定。

表 11-5　消防栓用高阻燃聚四氟乙烯材料性能

性能指标	数值	性能指标	数值
常温下破坏压力/MPa	3.15	在火堆中燃烧 15min 的破坏压力/MPa	2.21
在火堆中燃烧 10min 的破坏压力/MPa	2.87	防火等级	A1 级不燃

11.1.7　聚四氟乙烯阀门密封材料

（1）配方（质量份）

聚四氟乙烯	80	改性石墨烯	15

（2）加工工艺

① 石墨烯改性处理　将 5 份石墨烯置于电阻炉中，在 420℃下烧结 130min，然后以 4℃/min 的速率冷却至室温，再放入 5 倍于其体积的表面处理剂中，表面处理剂为聚四氟乙烯、环己烯混合乳液，其固含量为 15%，聚四氟乙烯与环己烯的质量比为 10:0.3。超声浸泡 1h，超声条件为 45Hz。后转入 -7℃下冷冻 3h，然后转移至 120℃下处理 2h，再进行超声浸泡 1h。循环上述处理 3 次，最后在 130℃下干燥。将所得产物与 10 份聚四氟乙烯纤维放入混合机中，加入 30 份异丙醇，在 300min 下混合 20min，然后在 70℃下进行干燥处理，随后将其加入 5 倍于其体积的正硅酸乙酯溶液中，正硅酸乙酯溶液的质量分数为 12%。在 60℃、200r/min 下搅拌处理 30min，然后缓慢滴加 1 份稀盐酸溶液，稀盐酸溶液质量分数为 3%。滴加完毕后转入 40℃、300r/min 条件下反应 6h，然后在 30℃下静置 2h，过滤，用去离子水冲洗 2 次后，在 200℃下烘干。

② 聚四氟乙烯阀门密封材料的制备　将 80 份聚四氟乙烯粉末、改性石墨烯加入 2 倍于其体积的异丙醇溶液中，在 10℃下 102Hz 超声处理 30min 后过滤并将其置于干燥箱中，在 102℃下干燥 25h。将混合物加入模具中，在平板硫化机上压制成型，放入电阻炉中，以 3℃/min 的速率升温至 230℃，压力为 0.12MPa，恒温恒压烧结 2h；用同样速率接着升温至 300℃，调压至 -0.08MPa，恒温恒压烧结 1h，然后继续升温至 325℃，调压至 0.11MPa，烧结 2h，最后以 1℃/min 的速率冷却至室温，放压即可。

（3）参考性能　在聚四氟乙烯作为阀门密封垫长期使用时，还存在着抗蠕变性能、密封性能欠佳的问题。聚四氟乙烯阀门密封材料性能见表 11-6。制备的聚四氟乙烯阀门密封材料具有较高的回弹率和压缩率，同时其蠕变松弛率、泄漏率较低，抗蠕变性能、密封性能较好。

表 11-6　聚四氟乙烯阀门密封材料性能

性能指标	数值	性能指标	数值
回弹率/%	15.8	蠕变松弛率/%	7.2
压缩率/%	47.1	泄漏率/%	0.01×10^{-4}

11.1.8　超声电机用氮化碳改性聚四氟乙烯复合材料

（1）配方（质量份）

聚四氟乙烯	90	多壁碳纳米管	2
氮化碳	5	氧化硅	3

（2）加工工艺

① 石墨型氮化碳的制备　称取 10 份三聚氰胺放于刚玉坩埚中并加盖，在 550℃马弗炉中焙烧 5h，升温速率为 3℃/min，自然冷却至室温后研磨即得类石墨型氮化碳。然后加入 5 倍（体积比）的无水乙醇进行超声分散，超声 30min 后加入质量为氮化碳质量 2% 的乙烯基三乙氧基硅烷表面改性剂，继续超声分散 10min 后烘干待用。

② 超声电机用氮化碳改性聚四氟乙烯复合材料的制备　按质量分数分别称取聚四氟乙烯粉末、氮化碳粉末、多壁碳纳米管粉末、氧化硅粉末加入球磨罐中，然后加入 3 倍（体积比）的无水乙醇后进行高速球磨共混，球磨机运行速度为 1000r/min，球磨 8h 后烘干过 200 目筛得到复合粉末。将混好的模料加入模具中进行冷压成型，模压 20MPa，保压 20min；脱模后在四氟烧结炉中进行烧结，温度 380℃，保温后随炉冷却至室温，得到产品；将制成的聚四氟乙烯复合材料切片至 0.25mm 厚，粘贴至铝合金转子表面，然后将聚四氟乙烯复合材料表面粗糙度研磨至 0.1μm 以下后供摩擦磨损测试和超声电机使用。

（3）参考性能 旋转型超声电机使用的摩擦材料主要存在以下问题：一是表面自由能较高；二是抗蠕变性能较差；三是使用寿命较短。目前，国内还没有摩擦材料能够完全解决以上三个问题并同时满足超声电机的使用需求。因此，寻求长寿命高可靠的耐磨材料是超声电机亟待解决的难题。超声电机用氮化碳改性聚四氟乙烯复合材料性能见表 11-7。相比纯聚四氟乙烯，摩擦系数和磨损率都有所下降。

表 11-7 超声电机用氮化碳改性聚四氟乙烯复合材料性能

性能指标	数值	性能指标	数值
邵氏硬度(D)	68	摩擦系数	0.165
磨损率/(mm³/nm)	6.3×10^{-6}		

11.1.9 超声电机用高耐磨聚四氟乙烯

（1）配方（质量份）

聚四氟乙烯	100	多壁碳纳米管	0.5
氟化石墨烯	0.5	氧化镧	0.1

注：聚四氟乙烯平均粒径为 $20\mu m$，购自上海合成树脂研究所；氧化镧（50nm）、氧化钐（40nm）和氧化铈（100nm）稀土氧化物购自上海阿拉丁生化科技股份有限公司；氟化石墨烯为高纯度试剂级氟化石墨烯片状粉末，纯度大于 99%，表面尺寸为 $1\sim5\mu m$，厚度为 $0.8\sim1.2nm$，购自南京吉仓纳米科技有限公司；多壁碳纳米管直径为 $8\sim15nm$，长度为 $10\sim50\mu m$，购自中国科学院成都有机化学有限公司。

（2）加工工艺 将氟化石墨烯、多壁碳纳米管、氧化镧于丙酮中超声分散 30min 后，加入聚四氟乙烯粉末，并用球磨机球磨 4h；在真空干燥箱中于 50℃下烘干，粉碎以及过 200 目筛处理得到混合粉末；在 20MPa 压力下将混合粉末压制成型；成型生胚静置（24±2）h 后在烧结炉中自由烧结，烧结温度为（900±10）℃，于（365±5）℃下保温 1h，随炉降温，制得高耐磨聚四氟乙烯复合材料。将制成的高耐磨聚四氟乙烯复合材料进行切片、粘贴以及表面处理供超声电机转子使用。

（3）参考性能 复合材料与磷青铜在 1MPa、200r/min 条件下对磨时的厚度磨损率为 7.5nm/h。如果超声电机转子摩擦材料的使用寿命按磨损 0.15mm 计算，使用该摩擦材料时超声电机的使用寿命将超过 20000h，比传统的摩擦材料使用寿命（约 10000h）约高一倍。

11.1.10 高耐磨电机用聚四氟乙烯密封垫片材料

（1）配方（质量份）

聚四氟乙烯	60	改性堇青石	10
三硫化钼	2		

（2）加工工艺

① 改性堇青石的制备 将 10 份堇青石放入球磨机中，球磨至粒径为 $10\mu m$，然后加入 10 倍于其体积的盐酸与双氧水的混合溶液中，盐酸与双氧水的混合溶液中两者比例为 10:1。升温至 30℃，在 80Hz 下超声处理 30min，然后过滤，在 70℃的氮气氛围中烘干，得预处理后的堇青石粉末。

将预处理后的堇青石粉末加入 5 倍于其体积的硅烷偶联剂溶液中，偶联剂质量分数为 3%。在 400r/min 条件下混合反应 3h，然后过滤，于 90℃下干燥 20h；将堇青石粉末与 10 份聚四氟乙烯粉末、20 份聚酰胺切片经混合机混合后，再经过挤出机熔融，挤出机温度为 265℃。然后利用纺丝组件进行高速纺丝，纺丝温度为 260℃。冷却后在 -40℃下冷冻 3h，然后利用粉碎机粉碎为长度 $\leqslant100\mu m$ 的纤维，即得改性堇青石。

② 三硫化钼的预处理 将三硫化钼放入真空干燥箱中，在真空条件下于 120℃烘干

10h，然后加入乙醇、油酸混合液中，500r/min 条件下搅拌 5min 后转移至反应釜中。在 100℃下反应 10h，冷却后过滤，乙醇洗涤 3 次后烘干。

③ 高耐磨电机用聚四氟乙烯密封垫片材料的制备　将改性董青石、2 份三硫化钼、60 份聚四氟乙烯粉料放入高速混合机中，在 3000r/min 的转速下混合 3min，然后降速至 2000r/min；混合 10min 后，将所得混合料放入模具中，冷压成型，冷压成型条件为 30MPa。取出后置于高温炉中，以 3℃/min 的速率升温至 250℃，烧结 1h，然后以同样速率升温至 320℃，烧结 1h，以 5℃/min 的速率降至室温即可。

（3）参考性能　高耐磨电机用聚四氟乙烯密封垫片材料性能见表 11-8。

表 11-8　高耐磨电机用聚四氟乙烯密封垫片材料性能

性能指标	数值	性能指标	数值
拉伸强度/MPa	25.2	磨损率/(10^{-10} cm^3/nm)	3.1
弯曲强度/MPa	29.8	摩擦系数	0.12

11.2　聚三氟氯乙烯

11.2.1　改性聚三氟氯乙烯

（1）配方（质量份）

聚三氟氯乙烯	88	碳纤维	10
石墨	2		

（2）加工工艺　将聚三氟氯乙烯进行干燥直到水分含量在 0.05%；将改性剂进行干燥直到水分含量在 0.08%；干燥温度均为 90℃；混合前先将干燥后的改性剂和聚三氟氯乙烯过 20 目筛；混合后需将混合料过 10 目筛，将干燥后的改性剂和聚三氟氯乙烯放入混料机中混匀，制成混合料；混料机的转速为 10m/s。将混合料倒入硫化机的模腔中后对模腔进行加热，同时对模腔中的混合料进行第一次挤压，挤压的压力为 4～10MPa；加热的升温速率为 1～2℃/min，直到混合料的温度达到 250℃后，保持混合料的温度为 240～250℃，时间为 10～200min 不等，具体依据物件壁厚而定，形成模压混料。挤压的压力会随混合料温度的变化而变化：当温度小于 50℃时，挤压的压力为 10MPa；当温度大于 50℃且小于 100℃，或温度等于 100℃时，挤压的压力为 8MPa；当温度大于 100℃且小于 150℃，或温度等于 150℃时，挤压的压力为 6MPa；当温度大于 150℃且小于 200℃，或温度等于 200℃时，挤压的压力为 5MPa；当温度大于 200℃且小于 250℃，或温度等于 250℃时，挤压的压力为 4MPa。

将模压混料放在温度为 -10～70℃范围内环境下降温冷却，且在降温冷却的同时进行第二次挤压，冷却至 70℃内时取出模压混料，即得成品。

（3）参考性能　制得的改性聚三氟氯乙烯硬度为 85，而纯聚三氟氯乙烯为 82，硬度有明显提高；产品成型的精准度也有提高，收缩比由原来的 1% 降到 0.7%，因碳纤维和石墨改性剂密度低于聚三氟氯乙烯，混料制品的密度也有微量降低，实测得出密度为 2.08g/cm^3。材料经车削产生的刨花仍能成丝带状，并且仍有一定的韧性。

11.2.2　SF6 密度继电器的接线盒用改性聚三氟氯乙烯塑料

（1）配方（质量份）

聚三氟氯乙烯	40	乙烯-乙酸乙烯酯共聚物	20

聚丙烯酸	5	玻璃纤维	20
双酚 A 型聚芳酯	20	超细改性高岭土	20
过氧化二异丙苯	1	白土	15
二亚乙基三胺	2	玻璃微珠	10
2-羟基三乙胺	1	纳米二氧化硅	20
氧化铈	2	防老剂 264	1
氧化镧	0.5	防老剂 DPPD	2
硬脂酸	3	对苯二胺	1
液体古马隆	1		

（2）加工工艺　超细改性高岭土制备工艺：称取 50 份高岭土、10 份甲醇、15 份水搅拌 20min，升温至 200℃继续搅拌 20h，加入 15 份六偏磷酸钠后送入球磨机中研磨 5h，过滤，干燥，加入 2 份硅烷偶联剂 KH-902、5 份水进行搅拌，搅拌温度为 85℃，搅拌时间为 1h，研磨至 20μm；加入 1 份氯化钠、2 份碳酸钙、1.2 份硬脂酸进行搅拌，搅拌速率为 340r/min，搅拌温度为 200℃，得到超细改性高岭土。

11.2.3　注塑成型改性聚三氟氯乙烯材料

（1）配方（质量份）

PCTFE	600	丙烯酸酯	6
稀土复合稳定剂	36	硬脂酸	6
N,N'-双[β-(3,5-二叔丁基-4-羟基苯基)丙酰]肼	6	PE 蜡	12

（2）加工工艺　按配方称量物料，将物料混合均匀后加入混炼机中进行熔融塑化，混炼加工温度为 265℃，转速为 30r/min；将混炼机制得的产物加入注塑机中进行注射加工，注塑机加工温度为 260℃，模具温度为 100℃。参照拉伸强度标准、弯曲强度标准、冲击强度标准和维卡热变形温度标准，对样品进行性能测试与结果表征。

（3）参考性能　注塑成型改性聚三氟氯乙烯材料性能见表 11-9。

表 11-9　注塑成型改性聚三氟氯乙烯材料性能

性能指标	数值	性能指标	数值
拉伸强度/MPa	18.34	弯曲强度/MPa	38.12
冲击强度/(kJ/m²)	7.14	维卡热变形温度/℃	126.7

11.2.4　耐寒高强聚三氟氯乙烯

（1）配方（质量份）

聚三氟氯乙烯	40	4-二甲氨基吡啶	2
紫脲酸胺	10	聚天门冬氨酸酯树脂	3
三苯基甲基甲醚	12	三乙烯二胺	1

（2）加工工艺　将聚三氟氯乙烯、紫脲酸胺和三苯基甲基甲醚加入高速混合机中，高速混合搅拌 10min，制得改性母料；将 4-二甲氨基吡啶和三乙烯二胺混合，加入质量为混合物质量 2 倍的 35%乙醇，搅拌均匀得混合液；将制得的改性母料粉碎过筛 40 目，再将改性母料与混合液混合均匀；将所得产物与聚天门冬氨酸酯树脂分别送入干燥塔内，在 100℃温度下鼓风干燥 1h，用失重式喂料机同步按比例加入双螺杆挤出机进行挤出，挤出机加工温度为 215～218℃，经冷却、切粒、干燥，制得高分子复合材料。

（3）参考性能　耐寒高强聚三氟氯乙烯材料性能见表 11-10。

表 11-10　耐寒高强聚三氟氯乙烯材料性能

性能指标	数值	性能指标	数值
低温拉伸强度/MPa	201.3	低温催化温度/℃	−120
低温冲击强度/(J/m)	20.7	热导率/[W/(m·K)]	2.31
低温弹性模量/MPa	6781		

11.2.5　高韧性手机充电器外壳

(1) 配方 (质量份)

聚三氟氯乙烯	30	过氧化二苯甲酰	2
丙烯腈-丁二烯-苯乙烯共聚物	18	氧化聚乙烯蜡	1
三元乙丙橡胶	5	氧化钇	0.2
玻璃纤维	8	氧化铈	0.2
碳纳米管	2	抗氧剂 CA	1.5
硬质陶土	5	抗氧剂 BHT	0.2
膨胀珍珠岩	2		

(2) 参考性能　高韧性手机充电器外壳性能见表 11-11。

表 11-11　高韧性手机充电器外壳性能

性能指标	高韧性手机充电器外壳	普通手机外壳
拉伸强度/MPa	45	35
缺口冲击强度/(kJ/m²)	155	120
断裂伸长率/%	15	20

第 **12** 章

▷▷▷

聚苯硫醚 PPS 改性配方与应用

12.1 聚苯硫醚增强改性

12.1.1 短切玻璃纤维增强聚苯硫醚

（1）配方（质量份）

聚苯硫醚　　　　　　　　　52.2	甲基丙烯酸缩水甘油酯接枝 POE　　6
抗氧剂 1010　　　　　　　　0.3	短切玻璃纤维　　　　　　　40
聚硅氧烷粉　　　　　　　　1.5	

（2）加工工艺　将聚苯硫醚、抗氧剂 1010、聚硅氧烷粉和甲基丙烯酸缩水甘油酯接枝 POE 在高速混合机中混合均匀，由挤出机的加料斗加入，短切玻璃纤维由挤出机的侧喂料斗加入，经挤出、冷却、烘干、造粒，制备出短切玻璃纤维增强聚苯硫醚树脂材料。

（3）参考性能　短切玻璃纤维增强聚苯硫醚性能见表 12-1。

表 12-1　短切玻璃纤维增强聚苯硫醚性能

性能指标	数值	性能指标	数值
拉伸强度/MPa	153	弯曲强度/MPa	230
断裂伸长率/%	1.2	弯曲模量/MPa	12356
缺口冲击强度/(kJ/m²)	10.0		

12.1.2 纤维增强高填充聚苯硫醚

（1）配方（质量份）

聚苯硫醚　　　　　　　　　100	聚硅氧烷　　　　　　　　　5.5
聚氨酯　　　　　　　　　　15	十二烷基苯磺酸钠　　　　　5
二月桂酸二正丁基锡　　　　4	聚乙烯蜡　　　　　　　　　20
铝酸钙　　　　　　　　　　4	超细碳酸钙　　　　　　　　5
硅灰石　　　　　　　　　　4	抗氧剂 1010　　　　　　　　2
玄武岩纤维　　　　　　　　4	偶联剂 γ-氨丙基三乙氧基硅烷　4
间位芳酰胺芳纶纤维　　　　8	增容剂硬脂酸锌　　　　　　5
碳化硅晶须　　　　　　　　3	

(2) 加工工艺　按配方称重，将物料加入高速配料搅拌机中，混合均匀，将预混料加入挤出机中，挤出造粒，得到纤维增强高填充聚苯硫醚复合材料。

(3) 参考性能　纤维增强高填充聚苯硫醚性能见表 12-2。

表 12-2　纤维增强高填充聚苯硫醚性能

性能指标	数值	性能指标	数值
拉伸强度/MPa	1020	弯曲强度/MPa	820
悬臂梁缺口冲击强度/(J/m)	190	热变形温度/℃	246

12.1.3　自修复的碳纤增强聚苯硫醚

(1) 配方 (质量份)

PPS	65	抗氧剂 1010	0.3
碳纤维	30	抗氧剂 168	0.3
烯丙硫醇	3	润滑剂 PETS	0.6
纳米银	2		

注：PPS 的熔融指数（316℃/5kg）是 300g/10min，碳纤维是东丽的 T700，纳米银的粒径为 100nm。

(2) 加工工艺　将 PPS 树脂、抗氧剂、润滑剂加入混合搅拌机中进行混合，从挤出机主喂料口喂入；将碳纤维从挤出机的第 5 节筒体的侧喂口喂入，将烯丙硫醇和纳米银从挤出机的第 8 节筒体的侧喂口喂入，挤出温度为 310℃，通过双螺杆挤出机共混，进行共混造粒。

(3) 参考性能　自修复的碳纤增强聚苯硫醚性能见表 12-3。其弯曲模量高，拉伸 3% 应变放置 1h 后拉伸强度能自修复；而普通的 PPS 碳纤增强材料在拉伸屈服后无法修复。

表 12-3　自修复的碳纤增强聚苯硫醚性能

性能指标	数值	性能指标	数值
弯曲模量/GPa	250	屈服强度	210
无缺口冲击强度/(J/m)	460	拉伸 3% 应变释放应力表面	无变化

12.1.4　玻璃纤维、SiO_2 增强增韧聚苯硫醚

(1) 配方 (质量份)

PPS	70	抗氧剂 1010	0.2
玻璃纤维	30	抗氧剂 168	0.4
SiO_2	0.4		

(2) 加工工艺

① SiO_2 改性处理　将 SiO_2 在 80～100℃下真空干燥 8～10h，在乙醇中分散，置于高速搅拌器中搅拌分散 20～40min；再加入 4～8 倍体积的硅烷偶联剂乙醇溶液继续处理 1～3h，抽滤，用乙醇漂洗 2～4 次，自然干燥，并于鼓风干燥箱中在 120℃下干燥 10～15h。

② 玻璃纤维改性处理　在 80～100℃、10～15MPa、4～6h 的条件下，在超临界 CO_2 反应釜中将硅烷偶联剂均匀接枝在玻璃纤维表面。

③ PPS 接枝改性　将已经干燥的 PPS 粉悬浮分散于二氯甲烷中预溶胀一段时间，在 Al_2O_3 的作用下，加入乙酰氯，待反应结束，将反应液移入冰盐酸中进行分解，抽滤。先用低浓度的 NaOH 溶液洗涤，之后用去离子水和乙醇反复洗涤，于 80～100℃真空干燥 20～30h，得到乙酰化聚苯硫醚。在氮气保护下，将乙酰化聚苯硫醚分散于无水甲苯中，缓慢加入硅烷偶联剂，反应 8～12h，抽滤，洗涤，并用乙醇溶液索式抽提 20～30h，80～

100℃下真空干燥至恒重，得到有机硅接枝改性的聚苯硫醚。最后将有机硅接枝改性的聚苯硫醚进行水解交联，抽滤，产物在 80～100℃下真空干燥。

④ 玻璃纤维、SiO$_2$ 增强增韧聚苯硫醚的制备　将配方中的各组分按配比在高速混合机中混合均匀，将混合的物料加入双螺杆挤出机中进行熔融挤出。双螺杆挤出机料筒一区温度为 260～275℃，二区温度为 280～290℃，三区温度为 280～290℃，四区温度为 280～290℃，五区温度为 280～290℃，六区温度为 280～290℃，压力为 10～16MPa，螺杆长径比 35～40，主机转速 400～600r/min。将各组分按配比混合均匀置于双螺杆挤出中，经熔融混合挤出造粒。

（3）参考性能　玻璃纤维、SiO$_2$ 增强增韧聚苯硫醚性能见表 12-4。

表 12-4　玻璃纤维、SiO$_2$ 增强增韧聚苯硫醚性能

性能指标	数值	性能指标	数值
拉伸强度/MPa	175.02	弯曲强度/MPa	259.89
断裂伸长率/%	3.61	弯曲模量/GPa	12.69
缺口冲击强度/(kJ/m^2)	17.11		

12.1.5　聚苯硫醚材料增强专用玄武岩纤维

（1）配方（质量份）

改性剂	1	水	10
聚四氟乙烯乳液	50	硅烷偶联剂	10
甘油	30	硬脂酸甲酯	3

注：改性剂组成按质量份计为磺酸钠：硫酸：苯酚＝5：3：2。

（2）加工工艺

① 玄武岩纤维原丝的制备　将玄武岩矿石进行粉碎处理，得到的粒径为 0.5mm 的玄武岩矿石粉体；将得到的粉体加热，在 1250℃下进行熔融，形成纺丝熔液，在 2000m/min 的速度下进行拉丝，得到直径为 5mm 的玄武岩纤维原丝。

② 玄武岩纤维原丝改性　将玄武岩纤维原丝在温度为 60℃的浸润剂中进行浸润处理改性。

③ 改性玄武岩纤维原丝后处理　将经过浸润处理的原丝进行退解、并捻，得到聚苯硫醚材料增强专用玄武岩纤维。

（3）参考性能　玄武岩纤维增强聚苯硫醚材料性能见表 12-5。

表 12-5　玄武岩纤维增强聚苯硫醚材料性能

性能指标	改性后	未改性
拉伸强度/MPa	83	58
断裂伸长率/%	47	26
缺口冲击强度/(J/m)	74	32

12.1.6　传感器用高性能纤维增强聚苯硫醚

（1）配方（质量份）

聚苯硫醚	50	润滑剂聚硅氧烷母粒(GM-50)	0.5
SBS(相容剂)	3	母粒	4
铬铁矿偶联剂	0.8		

（2）加工工艺　称取相应的原料，其中，聚苯硫醚应于 130℃鼓风干燥处理 3h，用铬铁矿偶联剂处理干燥。将聚苯硫醚树脂、相容剂和偶联剂先加入高速混合机中，低速搅拌

2min，再将润滑剂聚硅氧烷母粒和母粒加入高速混合机中，高速搅拌 3～4min；将物料置入双螺杆挤出机中经熔融挤出造粒。挤出工艺为：一段温度 300℃、二段温度 300℃、三段温度 305℃、四段温度 310℃、五段温度 315℃，机头温度为 320℃；主机频率：60Hz；喂料频率：15Hz。从侧喂料口加入增强纤维，含量控制在 45%；切粒机转速为 400r/min。

采用聚苯硫醚复合材料注塑成型工艺可制备易连接组件、耐腐蚀、耐高抗冲击传感器过流组件。其过程为：将聚苯硫醚复合材料置于干燥箱中在 135℃下干燥 2h 后，在螺杆注塑机中注塑成型。注塑过程中料筒温度为 315℃，螺杆转速为 80r/min，注塑压力为 140MPa，模具温度控制在 135℃。

（3）参考性能 PPS 复合材料是目前用于汽车传感器最理想的高性能工程塑料。该聚苯硫醚复合材料用于制备易连接组件、耐高温、耐高抗冲击强度、耐腐蚀传感器的组件。

12.1.7 低温等离子处理碳纤维增强聚苯硫醚

（1）配方（质量份）

PPS 树脂	50	润滑剂	5
抗氧剂	5	短切碳纤维	40

（2）加工工艺

① 低温等离子处理碳纤维 将碳纤维置于密闭的等离子装置中，采用低温等离子喷射装置，空气作为等离子源，在 600W 的功率下将碳纤维表面进行溅射处理 15s；将处理后的碳纤维加入带搅拌装置的反应釜中，将用去离子水稀释后的硅烷偶联剂喷洒到碳纤维表面搅拌 15min，搅拌速率为 300r/min，搅拌温度为 40～50℃，干燥待用。其中，偶联剂浓度为 0.05mol/L，用量为碳纤维质量的 1%。

② 碳纤维增强聚苯硫醚复合材料的制备 按配方称重后，将物料加入高速混合机混合均匀，用双螺杆挤出机挤出造粒，挤出温度为 280～290℃。

（3）参考性能 低温等离子处理碳纤维增强聚苯硫醚性能见表 12-6。

表 12-6 低温等离子处理碳纤维增强聚苯硫醚性能

性能指标	数值	性能指标	数值
拉伸强度/MPa	166	弯曲强度/MPa	195
缺口冲击强度/(kJ/m²)	32.5	熔融指数/(g/10min)	66

12.1.8 碳纤维增强聚苯硫醚散热管复合材料

（1）配方（质量份）

聚苯硫醚(PPS)	10000	双脂肪酸酰胺	200
导热微纳米石墨	3850	KH550	80
碳纳米管(单壁和多壁共混物)	2.50	KH560	60
聚四氟乙烯(耐磨剂)	155	抗紫外光剂 745	10
EPDM-*g*-MA 马来酸酐共聚物	850	抗氧剂 1010	5
高分子量聚乙烯蜡	200	抗氧剂 164	5

（2）加工工艺 按配方称重，在高速混合机上以低速（60r/min）、高速（80r/min）进行均匀混合搅拌，经口模 295～316℃熔融挤出造粒，得到散热功能 PPS 复合材料粒料。再用该复合材料经注塑成型或拉挤成型制备成所需要尺度的高强度、高散热、高防腐蚀的散热管（器）。

（3）参考性能 碳纤维增强聚苯硫醚散热管复合材料性能见表 12-7。其具有以下优良性能：①优良的耐腐蚀性，可在 170℃时 15% 的盐酸、45% 的硫酸、15% 的硝酸和磷酸、

5%的氢氟酸介质中长期无腐蚀；②优良的耐温性能，最高使用温度为 300℃，长期可靠使用温度为 260℃；③优良的导热性能，热导率可达 5～20W/(m·K)，不锈钢材料为 16.3W/(m·K)；④最高使用压力可达 2.0MPa，长期可靠使用压力可达 1.6MPa。与哈氏合金管、钛合金管、双相不锈钢管、聚四氟乙烯管、金属外包聚四氟乙烯管等相比较，具有很大的性能和价格方面优势。

表 12-7　碳纤维增强聚苯硫醚散热管复合材料性能

性能指标	数值	性能指标	数值
拉伸强度/MPa	228	弯曲模量/MPa	32486
断裂伸长率/%	2.03	模收缩率/%	0.45
拉伸模量/MPa	31705	散热表面电阻率/Ω	306
简支梁缺口冲击强度/(kJ/m²)	3.41	热导率/[W/(m·K)]	18.27
弯曲强度/MPa	275	静摩擦系数	1.259

12.1.9　玻璃纤维、无水硫酸钙晶须增强低氯素聚苯硫醚

（1）配方（质量份）

低氯聚苯硫醚树脂	30.1	乙烯-丙烯酸甲酯-甲基丙烯酸缩水甘油酯无规	
水滑石	0.3	三元共聚物	4
硬脂酰胺	0.3	无水硫酸钙晶须	25
玻璃纤维	40	炭黑	0.3

注：低氯聚苯硫醚树脂总氯含量低于 $1200×10^{-6}$，直径为 $10μm$，无水硫酸钙晶须直径为 $2μm$。

（2）加工工艺　将除玻璃纤维之外的配方各组分加入混合机中，混合均匀；混合料加入双螺杆挤出机的主喂料口中，将玻璃纤维加入双螺杆挤出机的侧喂料口中熔融挤出得到挤出料，将挤出料通过水冷后切粒。其中，双螺杆挤出机的挤出温度为 270～330℃，螺杆转速为 300～350r/min。

（3）参考性能　玻璃纤维、SiO₂ 增强增韧聚苯硫醚性能见表 12-8。

表 12-8　玻璃纤维、SiO₂ 增强增韧聚苯硫醚性能

性能指标	数值	性能指标	数值
拉伸强度/MPa	154	弯曲强度/MPa	241
断裂伸长率/%	2.2	弯曲模量/GPa	18200
缺口冲击强度/(J/m)	83	密度/(g/cm³)	1.91
无缺口冲击强度/(J/m)	520	翘曲度/%	0.75

12.1.10　与金属具有高粘接强度的玻璃纤维增强聚苯硫醚复合物

（1）配方（质量份）

聚苯硫醚树脂	51.7	抗氧剂 168	0.15
乙烯-丙烯酸丁酯-甲基丙烯酸缩水甘		硬脂酸季戊四醇酯	0.5
油酯共聚物	5	助剂	2
受阻胺类光稳定剂	0.5	玻璃纤维	40
季戊四醇类十二硫代丙酯(412S)	0.15		

（2）加工工艺　将物料混合均匀并在双螺杆挤出机上生产，连续玻璃纤维从双螺杆中部加入，控制玻璃纤维含量为 40。加工条件：物料混拌转速为 500r/min，一区温度 200℃，二区温度 300℃，三区温度 290℃，四区温度 280℃，五区温度 210℃，六区温度 210℃，七区温度 210℃，八区温度 270℃，九区温度 300℃。主机转速为 350r/min。

（3）参考性能 本例制备的与金属具有高粘接强度的玻璃纤维增强聚苯硫醚复合物，与金属粘接一起经阳极氧化处理后不变色，粘接强度衰变小，而且兼顾了优异的耐候性能、低介电性能和低损耗因子，可以满足客户不同颜色需求。与金属具有高粘接强度的玻璃纤维增强聚苯硫醚复合物性能见表12-9。

表12-9 与金属具有高粘接强度的玻璃纤维增强聚苯硫醚复合物性能

性能指标	数值	性能指标	数值
拉伸强度/MPa	150	UL-94(1.6mm)	V-0
断裂伸长率/%	1.0	拉拔力(阳极氧化处理前)/MPa	19.7
Izod 缺口冲击强度/(kJ/m²)	8.7	拉拔力(阳极氧化处理后)/MPa	16.8
弯曲强度/MPa	220	色差/96h	2.66
弯曲模量/MPa	8000	介电常数	3.1
密度/(g/cm³)	1.5		

12.1.11　LED用纳米氧化镧改性膨润土增强聚苯硫醚基散热材料

（1）配方（质量份）

聚苯硫醚	50	硅烷偶联剂	0.4
纳米氧化锌	8	钙锌稳定剂	1
纳米氧化镧	0.1	硬脂酸	0.5
纳米铁	1	去离子水	适量
纳米膨润土	4	无水乙醇	8
氧化硼	0.1		

（2）加工工艺

① 纳米氧化镧改性膨润土粉体的制备 先将纳米氧化镧、纳米膨润土、去离子水投入高能研磨机中，充分研磨混合40min，研磨结束后将混合物料充分干燥除去水分，随后将所得复合粉体与氧化硼混合后在氮气氛围下以15℃/min的升温速率加热至700℃，保温煅烧1h。煅烧结束后自然冷却至室温，得纳米氧化镧改性纳米膨润土复合粉体。最后再将该粉体与硬脂酸、无水乙醇混合，水浴加热至70℃，高速混合搅拌1.5h后完全干燥除去乙醇，将所得物料粉碎研磨备用。

② 改性聚苯硫醚母粒的制备 将聚苯硫醚与步骤①中制备的粉体一起投入高速混合机中，搅拌混合均匀后投入双螺杆挤出机中熔融共混造粒，得改性聚苯硫醚母粒备用。

③ LED用纳米氧化镧改性膨润土增强增韧聚苯硫醚基散热材料的制备 将纳米氧化锌、纳米铁与硅烷偶联剂混合搅拌均匀后与改性聚苯硫醚母粒及其他剩余成分一起投入高速混合机中搅拌混合均匀，再次投入双螺杆挤出机中挤出切粒。

（3）参考性能 LED用纳米氧化镧改性膨润土增强聚苯硫醚基散热材料性能见表12-10。

表12-10 LED用纳米氧化镧改性膨润土增强聚苯硫醚基散热材料性能

性能指标	数值	性能指标	数值
拉伸强度/MPa	146	热导率/[W/(m·K)]	8.2
弯曲强度/MPa	328	UL-94	V-0
体积电阻率/Ω·cm	>10¹³		

12.1.12　增强剂改性聚苯硫醚

（1）配方（质量份）

① 聚苯硫醚用增强剂配方

| 碳纳米管/铜复合粉 | 117 | 苯乙烯-乙烯-丁二烯-苯乙烯接枝马来酸酐 | 8 |
| 碳纤维 | 222 | 壬基酚聚氧乙烯醚 | 1.5 |

② 增强剂改性聚苯硫醚

| 聚苯硫醚 | 65 | 阻燃剂 | 3 |
| 增强剂 | 12 | 紫外线吸收剂 | 3 |

（2）加工工艺

① 碳纳米管-铜复合粉的制备　多壁碳纳米管的团聚颗粒平均直径为 $280\mu m$，比表面积为 $250m^2/g$，外径为 25nm。将 30 份多壁碳纳米管加入 45 份无水乙醇中，以频率为 130kHz 超声波分散 35min 后除去乙醇；将所述多壁碳纳米管加入 50 份质量分数为 43% 的硫酸铜溶液中，在 90℃ 恒温下以频率为 130kHz 的超声波分散 100min；搅拌并加入无水乙醇直至硫酸铜溶液中不再析出晶体；将析出的晶体过滤，加热至 250℃，并保持 200min，获得无水硫酸铜-碳纳米管复合粉；将所述无水硫酸铜-碳纳米管复合粉加热至 490℃，通氢气还原 89min，即获得所述碳纳米管-铜复合粉。

② 碳纤维改性　将日本东丽公司 6mm 的碳纤维在质量分数为 68% 的 HNO_3 溶液中 80℃ 下浸渍 9h，洗净烘干后制得改性碳纤维。

（3）参考性能　增强剂改性聚苯硫醚性能见表 12-11。

表 12-11　增强剂改性聚苯硫醚性能

性能指标	数值	性能指标	数值
拉伸强度/MPa	87.5	弯曲模量/MPa	4360
断裂伸长率/%	9.81	电导率/(S/cm)	8.13×10^{-4}
缺口冲击强度/(kJ/m²)	8.642	外观	质地均匀：采用厚度为 0.1mm 的刮刀以 10N 的压力，刀刃垂直于材料所制成的 3mm 平板进行划刻，无碳粒脱落或沉淀
弯曲强度/MPa	136.77		

12.1.13　高强度聚苯硫醚管材

（1）配方（质量分数/%）

| 聚苯硫醚树脂 | 58.5 | 硫酸钙晶须 | 40 |
| 聚氧乙烯醚亚磷酸三苯酯 | 1.5 | | |

（2）加工工艺

① 聚苯硫醚树脂的前处理　将聚苯硫醚树脂以 30%（质量分数）的浓度加入含水 30% 的 N-甲基吡咯烷酮和二甲基乙酰胺混合溶液中，并加入 0.5%（质量分数）的硼氢化钠，升温至 260℃，保温 0.5h 后，冷却到 150℃ 趁热过滤，得到分子量分布系数为 1.91～1.93 及重均分子量为 7 万～8 万的聚苯硫醚树脂。最后，用去离子水反复洗涤、过滤 8 次，在 100℃ 下真空干燥，得到处理后的好聚苯硫醚树脂。经过检测聚苯硫醚熔融指数为 63g/10min，树脂分子量分布系数为 1.93，重均分子量达 7.7 万。

② 高强度聚苯硫醚管材加工工艺　将熔融指数为 147g/10min 的聚苯硫醚树脂 107kg 加入热交联机里，温度控制在 220℃，氧化热交联 3h；再加入 3kg 聚氧乙烯醚亚磷酸三苯酯以及 40kg 硫酸钙晶须，在高速搅拌机里搅拌均匀得到聚苯硫醚树脂预混料。在上述预混料中加入 $10\mu m$ 的长玻璃纤维，其添加量为 40kg。聚苯硫醚树脂经双螺杆挤出机混炼挤出导入单螺杆挤出机，由挤出机机头管状模具挤出，拉管成型，制得聚苯硫醚树脂管材；拉管时控制单螺杆挤出机的转速和拉管速度，物料挤出流动的线速度控制在 300mm/min，管材冷却

区 2000mm，控制冷却区进口温度为 260℃，冷却区出口温度为 90℃。

（3）参考性能　高强度聚苯硫醚管材性能见表 12-12。

表 12-12　高强度聚苯硫醚管材性能

性能指标	数值	性能指标	数值
纬向强度/MPa	327.1	密度/(g/cm³)	1.87
径向强度/MPa	847.1		

12.1.14　满足熔接线强度的聚苯硫醚树脂

（1）配方（质量份）

PPS	100	玻璃纤维	40
石墨烯	0.5		

（2）加工工艺　将 PPS、石墨烯在高速混合机中混合后，从挤出机主喂料口加入，将玻璃纤维从挤出机侧喂料口加入，挤出机温度设定为 330℃，经熔融、挤出、冷却、切粒得到粒状聚苯硫醚树脂组合物。将此粒状物在 130℃的烘箱中干燥 3h 后，使用注塑机，在树脂温度为 320℃、模具温度为 70℃条件下，注塑成型 ISO 标准样条（样条模具尺寸为宽 10mm×厚 4mm）。测定时使用岛津 20kN 拉伸试验机，在拉伸速度 5mm/min 的速度下测定拉伸强度，以拉伸强度作为熔接线强度。测试次数为 5 次，取其平均值。

（3）参考性能　满足熔接线强度的聚苯硫醚树脂性能见表 12-13。

表 12-13　满足熔接线强度的聚苯硫醚树脂性能

性能指标	数值	性能指标	数值
熔接线强度/MPa	70	石墨烯粒径/μm	2.4
结晶温度/℃	239		

12.1.15　高增强增韧型聚苯硫醚

（1）配方（质量份）

聚苯硫醚	50	环氧树脂 A	1
PA66	2.0	抗氧剂 1010	0.1
SEBS-g-MAH	3.0	抗氧剂 9228	0.1
GMA	3.0	聚硅氧烷粉	1

注：PA66 为神马集团生产的产品，牌号为 EPR24；SEBS-g-MAH 为美国科腾公司生产的产品，牌号为 1901；GMA 为美国杜邦公司生产的产品，牌号为 PTW；相容剂选择高分子量的固态环氧树脂，具体可选择环氧值为 0.115~0.130 的双官能团环氧树脂；玻璃纤维经 KH560 浸渍处理。

（2）加工工艺　将物料按配方在高速混合机中混合均匀，由挤出机的加料斗加入，玻璃纤维由挤出机的侧喂料斗加入，经熔融挤出、冷却、造粒、烘干，制备得到高增强增韧型聚苯硫醚复合材料。

（3）参考性能　高增强增韧型聚苯硫醚复合材料性能见表 12-14。

表 12-14　高增强增韧型聚苯硫醚复合材料性能

性能指标	数值	性能指标	数值
拉伸强度/MPa	166	弯曲强度/MPa	241
断裂伸长率/%	1.2	弯曲模量/MPa	12952
简支梁缺口冲击强度/(kJ/m²)	23	UL-94	V-0

12.2 聚苯硫醚增韧改性

12.2.1 高韧性聚苯硫醚

(1) 加工工艺

① 将丁苯橡胶在 $-20℃$ 下，经过研磨和高速撞击粉碎成 $100\mu m$ 的微米级丁苯橡胶粒子，取 30g 微米级丁苯橡胶粒子加入 200mL 溶剂中，微波分散 2h，分散均匀；将 15mol 的 $Na_2S \cdot 9H_2O$ 进行脱水处理，然后加入高压釜，再加入 10mol 对二氯苯、800mL 溶剂和 0.5mol 预聚催化剂，升温至 200℃，预聚合 2h，得到预聚物。

② 将高压釜中得到的预聚物倒出 60% 体积份备用，然后将含有丁苯橡胶的溶剂加入高压釜中，同时加入 3mol 支化剂和 0.03mol 支化催化剂，在氮气氛围下搅拌均匀，升温至 240℃，控制反应压力为 1.0MPa，反应 3h；将倒出的 60% 体积份的预聚物加入高压釜中，加入 0.8mol 共聚催化剂和 0.8mol 增稠剂，在氮气氛围下搅拌均匀，升温至 260℃，控制反应压力为 1.5MPa，反应 8h；然后将高压釜中的产物倒入热水中沉淀、过滤、洗涤后，先后用水和丙酮进行抽提制得所述高韧性聚苯硫醚。

其中，预聚催化剂为苯甲酸钠和硝基对氯二苯摩尔比为 3:1 的混合物；支化催化剂为碳酸钾；共聚催化剂为氯化锂与氢氧化钠摩尔比为 1:1 的混合物；支化剂为 1,2,3-三氯苯；所述的增稠剂为乙二胺四乙二酸钠与乙二醇 400 摩尔比 1:3 的混合物；溶剂为六甲基磷酰三胺和二甲基甲酰胺体积比为 2:1 的混合物。

(2) 参考性能 按照上述方法对制得的高韧性聚苯硫醚进行性能测试，测得该高韧性聚苯硫醚的熔点为 285℃，冲击强度为 42J/m，在 300℃的零剪切黏度为 34000Pa·s。

12.2.2 含增韧材料的聚苯硫醚粒料

(1) 配方 (质量份)

聚苯硫醚交联树脂	60	PA6	32
抗氧剂亚磷酸壬三苯酯	1.4		

(2) 加工工艺

① 聚苯硫醚交联树脂的制备 将重均分子量为 4.5 万、熔融流动指数为 360g/10min 且分子量分布系数为 2.4 的线型聚苯硫醚树脂加入氧化热交联器中氧化热交联 2.8h，得聚苯硫醚交联树脂。

② 聚苯硫醚预混料的制备 在高速搅拌机中，加入 60 份聚苯硫醚交联树脂、1.4 份亚磷酸三苯酯抗氧剂、32 份粒度为 $36\mu m$ 的 PA6 弹性体增韧材料后搅拌 3h，使其混合成质地均匀的聚苯硫醚复合物。

③ 含增韧材料的聚苯硫醚粒料的制备 将质量分数为 54% 的聚苯硫醚预混料与质量分数为 46%、经过 β-(3,4-环氧环己基) 乙基三甲氧基硅烷 (A-168) 表面处理剂处理之后，单纤维直径为 $36\mu m$ 的玻璃纤维加入双螺杆挤出机；经双螺杆挤出机混炼挤出成型、冷却、切粒形成成品复合粒料。

(3) 参考性能 含增韧材料的聚苯硫醚粒料性能见表 12-15。

表 12-15 含增韧材料的聚苯硫醚粒料性能

性能指标	数值	性能指标	数值
拉伸强度/MPa	245	缺口冲击强度/(kJ/m²)	10.9
断裂伸长率/%	4.7	玻璃纤维曲褶强度/MPa	231

性能指标	数值	性能指标	数值
飞边长度/mm	0.36	提高熔体强度/%	27
熔体强度/N	0.175	热变形温度/℃	221

12.2.3 有机硅增韧改性的聚苯硫醚

(1) 配方（质量份）

聚苯硫醚	60	抗氧剂1010	0.2
GF（玻璃纤维）	40	抗氧剂168	0.4
二氧化硅	0.2		

(2) 加工工艺

① SiO₂ 改性 称取一定量纳米 SiO_2，加入一定体积的甲苯，常温超声分散 30min，得到均匀悬浮液；再向其中加入硅烷偶联剂 KH-560，继续超声 3～4min，转移到装有回流冷凝管、增力电动搅拌装置的 100mL 四颈烧瓶中，于设定好的油浴温度中搅拌反应一定时间。反应后的浆液用台式高速冷冻离心机以 12000r/min 的速度常温离心分离，得到改性纳米 SiO_2。改性纳米 SiO_2 超声分散、离心分离 6 次。将改性纳米 SiO_2 置于真空干燥箱中，常温干燥 8～10h，得到制备好的改性纳米 SiO_2 白色粉末。

② PPS 有机硅接枝改性 将干燥的 PPS 粉悬浮分散于二氯甲烷中预溶胀一段时间，在 Al_2O_3 的作用下，加入乙酰氯，待反应结束，将反应液移入冰盐酸中进行分解，抽滤，先用低浓度的 NaOH 溶液洗涤，之后用去离子水和乙醇反复洗涤，于 80～100℃ 真空干燥 20～30h，得到乙酰化聚苯硫醚。在氮气保护下，将乙酰化聚苯硫醚分散于无水甲苯中，缓慢加入硅烷偶联剂，反应 8～12h，抽滤、洗涤，并用乙醇溶液索式抽提 20～30h，于 80～100℃ 下真空干燥至恒重，得到有机硅接枝改性的聚苯硫醚。最后将有机硅接枝改性的聚苯硫醚进行水解交联，抽滤，产物在 80～100℃ 下真空干燥。

③ 有机硅增韧改性的聚苯硫醚 将各组分按配比混合均匀置于双螺杆挤出机中，经熔融混合挤出造粒。双螺杆挤出机料筒一区温度为 260～275℃，二区温度为 280～290℃，三区温度为 280～290℃，四区温度为 280～290℃，五区温度为 280～290℃，六区温度为 280～290℃，压力为 10～16MPa，螺杆长径比为 35～40，主机转速为 400～600r/min。

(3) 参考性能 有机硅增韧改性的聚苯硫醚性能见表 12-16。

表 12-16 有机硅增韧改性的聚苯硫醚性能

性能指标	数值	性能指标	数值
拉伸强度/MPa	173.69	弯曲强度/MPa	263.87
缺口冲击强度/(kJ/m²)	16.38	断裂伸长率/%	3.55

12.2.4 高韧性聚苯硫醚/铁氧体磁性复合材料

(1) 配方（质量份）

聚苯硫醚	100	季戊四醇硬脂酸酯	0.5
POE	3	铁氧体磁粉	615

(2) 加工工艺

① 母粒加工 将聚苯硫醚、增韧剂乙烯-辛烯共聚物（POE）、润滑剂季戊四醇硬脂酸酯经双螺杆挤出机制得多功能母料，加工温度为 250～270℃。

② 偶联铁氧体磁粉加工 将 615 份铁氧体磁粉用 4 份 KH-550 偶联剂偶联处理，于真

空干燥箱里 100℃烘干 4h，冷却、破碎、筛分，得到偶联铁氧体磁粉。

③ 高韧性聚苯硫醚/铁氧体磁性复合材料的制备　将多功能母粒和偶联剂处理过的铁氧体磁粉混合均匀，经双螺杆挤出机混炼造粒，加工温度为 300～310℃。

（3）参考性能　高韧性聚苯硫醚/铁氧体磁性复合材料性能见表 12-17。

表 12-17　高韧性聚苯硫醚/铁氧体磁性复合材料性能

性能指标	数值	性能指标	数值
拉伸强度/MPa	28.5	弯曲强度/MPa	93.1
断裂伸长率/%	3.61	熔融指数/(g/10min)	214
缺口冲击强度/(kJ/m²)	8.2		

12.2.5　汽车塑料件用增韧耐低温改性聚苯硫醚

（1）配方（质量份）

① 改性聚苯硫醚配方

聚苯硫醚	100	氢化松香	5
ABS 高胶粉	14	聚异丁烯	10
钨酸钠	6	3-氨丙基三甲氧基硅烷	3
氯化镁	5	聚四氢呋喃醚二醇	3
氧化锌	3	氯化石蜡	6
脂肪酸钠	2	助剂	15
聚乙烯	14		

② 助剂配方

黏土	300	抗氧剂 1035	1
丙烯酸二甲基氨基乙酯	3	二甲基硅油	1
纳米二氧化钛	4	丁香油	1
纳米二氧化硅	1	促进剂 TMTD	2
SnO₂	1	氢氧化铝	8
B₂O₃	5	交联剂 TAC	1
亚硒酸钠	5		

（2）加工工艺

① 助剂制备方法　将黏土放入煅烧炉中在 740℃下煅烧 4h，冷却，放入 12%盐酸溶液中浸泡 2h，过滤、取出，用清水洗净烘干，粉碎成 400 目粉末；与其他剩余成分混合，研磨分散均匀，即得。

② 汽车塑料件用增韧耐低温改性聚苯硫醚材料的制备　将 ABS 高胶粉、聚乙烯、聚异丁烯、氯化镁、聚四氢呋喃醚二醇、助剂混合熔融搅拌 12min，送入双螺杆挤出机造粒，得到 A 料；将聚苯硫醚、氧化锌及其他剩余成分混合熔融搅拌 8min 后，送入双螺杆挤出机中挤出造粒，得到 B 料；将 A、B 料混合均匀后，在双螺杆挤出机上熔融挤出造粒。

（3）参考性能　汽车塑料件用增韧耐低温改性聚苯硫醚性能见表 12-18。

表 12-18　汽车塑料件用增韧耐低温改性聚苯硫醚性能

性能指标	数值	性能指标	数值
拉伸强度/MPa	156	弯曲强度/MPa	224
断裂伸长率/%	2.1	弯曲模量/MPa	10400
缺口冲击强度/(kJ/m²)	10.2		

12.2.6 耐高低温循环开裂聚苯硫醚增韧复合材料

（1）配方（质量份）

PPS 树脂	35.7	抗氧剂 1098	0.25
PPS 粉	15	抗氧剂 626	0.25
PPS 增韧剂	6	增黏剂	2.5
高温润滑剂聚硅氧烷	0.3	玻璃纤维	40

注：PPS 增韧剂是以苯乙烯-异戊二烯-苯乙烯嵌段共聚物为基体通过溶液聚合的方法接枝苯硫醚基团和有机硅柔性链段所得的共聚物；增黏剂为气相二氧化硅与硅烷类偶联剂的复配物，气相二氧化硅为德固赛 A200，硅烷偶联剂为 KH560，气相二氧化硅与硅烷类偶联剂的质量比为 10：2。

（2）加工工艺 将 PPS 树脂和 PPS 粉加入转速为 80r/min 的中速混料机中混合 2min，加入高温润滑剂和高温抗氧剂，于转速为 85r/min 的中速混料机中混合 3min，加入长径比为 40：1 的双螺杆挤出机中进行熔融挤出，玻璃纤维在挤出过程中挤出机的中段加入。所述混合物料在双螺杆挤出机中各段的温度分别为：一区 270℃、二区 300℃、三区 305℃、四区 305℃、五区 300℃、六区 295℃、七区 275℃、八区 270℃、九区 270℃、十区 300℃，主机转速为 400r/min。经水冷、风冷和造粒后制得所述耐高低温循环开裂聚苯硫醚增韧复合材料。

（3）参考性能 请注意，普通的 PPS 工程塑料在卫浴行业冷热水水阀应用中往往会存在以下问题：低温韧性较差，缺口冲击强度较低，易产生应力脆裂，低温（-20℃）以下冷冻容易开裂漏水。耐高低温循环开裂聚苯硫醚增韧复合材料性能见表 12-19。

表 12-19 耐高低温循环开裂聚苯硫醚增韧复合材料性能

性能指标	数值	性能指标	数值
拉伸强度/MPa	171	熔融指数/(g/10min)	12
缺口冲击强度/(kJ/m²)	19	热变形温度/℃	245
-30℃缺口冲击强度/(kJ/m²)	18	冷热冲击	不漏
弯曲强度/MPa	245	吸水率/%	0.01
弯曲模量/MPa	12265	耐冻试验	不漏
密度/(g/cm³)	1.63		

12.3 聚苯硫醚阻燃改性

12.3.1 无卤阻燃聚苯硫醚

（1）配方（质量份）

聚苯硫醚树脂	60	抗氧剂 1010	0.25
相容剂	3	TAF	0.8
增韧增塑剂	2	玻璃纤维	40

注：相容剂为 M1-A，是科艾斯（厦门）塑胶科技有限公司产品；增韧增塑剂为 TOTM，是无锡百川化工有限公司产品。

（2）加工工艺 先将聚苯硫醚树脂在 130℃下鼓风干燥 3h，再按配方比例称取聚苯硫醚树脂、相容剂、增韧增塑剂、抗氧剂和加工助剂，并在高速搅拌机中混合均匀。将混合物经喂料器送入双螺杆挤出机中，并在双螺杆挤出机的辅助加料口中加入经偶联剂处理过的玻璃纤维，共混挤出。喂料器转速为 250r/min，双螺杆挤出机的各段温度在 250～300 的范围内，双螺杆挤出机的转速为 400r/min。

（3）参考性能 无卤阻燃聚苯硫醚性能见表 12-20。

表 12-20 无卤阻燃聚苯硫醚性能

性能指标	数值	性能指标	数值
拉伸强度/MPa	175	弯曲强度/MPa	235
熔融指数/(g/10min)	25	弯曲模量/MPa	13000
缺口冲击强度/(kJ/m²)	15	UL-94(1.6mm)	V-0

12.3.2 抗溶滴改性聚苯硫醚

（1）加工工艺

① 制备阻燃剂 制备中间体：在装有搅拌器、温度计、滴液漏斗、回流冷凝管及氯化氢吸收装置的 100mL 三颈圆底烧瓶中，加入 50mL 二乙二醇二甲醚作为溶剂和 0.1mol（13.62g）季戊四醇，在冰水浴搅拌下，逐滴滴加 0.1mol（14.95g）甲基三氯硅烷，控制体系反应温度不高于 50℃，滴完后慢慢升温到 60℃，保温反应 1h 后，升温到 140℃反应 4h。待无氯化氢气体放出后，减压蒸馏除去大部分二乙二醇二甲醚，得白色黏稠状液体，静置冷却、结晶、过滤后，用二氯乙烷洗涤、干燥，制得白色固体甲基硅酸季戊四醇酯（CSRC）。

制备苯硫醇钠：常温下，在无水干燥的锥形瓶中，加入 0.1mol（11.0g）苯硫醇，再加入 0.1mol（2.3g）钠粒，缓缓摇匀，直到无气泡生成，静置。

制备甲基苯硫基硅酸季戊四醇酯：将第一步合成出的甲基硅酸季戊四醇酯加入圆底烧瓶中，加入 50mL 二乙二醇二甲醚作为反应溶剂，同时加入 0.1mol（13.6g）ZnCl₂，边搅拌边滴加 0.1mol（3.65g，约 8mL）浓盐酸，滴加完后，控制反应温度不超过 25℃，搅拌时间为 15min。将反应产物进行分离，保留有机相层溶液。在进行三次无水氯化钙脱水后，加入适量（约 5g）的三氧化二铝作为催化剂，将上述活化过的苯硫醇钠逐滴滴加到有机相中，控制反应温度为 25℃，反应时间约为 25min。待反应结束后，减压蒸馏除去有机溶剂二乙二醇二甲醚，制得白色固体甲基苯硫基硅酸季戊四醇酯，制得率为 95%。

② 阻燃剂浸润聚苯硫醚 将获得的白色固体甲基苯硫基硅酸季戊四醇酯利用溶剂充分溶解。该溶剂为水、苯、甲苯、酮类化合物、有机醇、酰胺化合物、二甲基亚砜、四氢呋喃、乙醚、二甲醚、环己烷、正己烷、有机酸或卤代烃中的至少一种。将阻燃剂溶剂浸润至所述聚苯硫醚基体中，使阻燃剂溶剂充分扩散至聚苯硫醚基体；浸润温度为 30℃，浸润时间为 3h。

③ 脱溶剂挤出 采用反应型双螺杆挤出机将阻燃剂溶剂与聚苯硫醚基体充分混合挤出，形成改性聚苯硫醚材料。

（2）参考性能 抗溶滴改性聚苯硫醚性能见表 12-21。

表 12-21 抗溶滴改性聚苯硫醚性能

性能指标	数值	性能指标	数值
耐温性/℃	220	力学性能	好
耐酸碱	好	价格	低
抗氧化	一般		

12.3.3 阻燃聚苯硫醚/尼龙合金

（1）配方（质量份）

PPS 树脂	20	PA6	32.5

石墨烯微片	20	抗氧剂 1010	0.25
沥青基碳纤维	20	抗氧剂 168	0.25
二乙基次膦酸铝	5	润滑剂 E 蜡	0.5
黑色母	2		

(2) 加工工艺 将 PPS 树脂、PA6 树脂在 110℃条件下烘干 3h，然后将烘干后的 PA6 树脂、PPS 树脂和石墨烯微片、二乙基次膦酸铝、黑色母、抗氧剂、润滑剂加入高速混合机中混合 5min，混合机的转速为 300r/min，在混合机中混合均匀；将预混合物料从主喂料口加入双螺杆挤出机中，沥青基碳纤维从侧喂料口加入双螺杆挤出机中，经双螺杆挤出机熔融挤出；将沥青基碳纤维通过侧向喂料系统，双螺杆挤出机的螺杆长径比为 40∶1，主机转速为 400r/min，双螺杆挤出机中从进料段到机头的各反应段温度分别为 250℃、260℃、270℃、280℃、280℃、280℃、280℃、270℃、275℃、280℃，模头温度为 280℃。

(3) 参考性能 目前 LED 行业普遍采用塑料外壳包裹铝基板的形式以实现散热设计。当塑料材料的收缩率与铝基板收缩率差异较大及发生翘曲时，铝基板易与塑料分离，导致散热不良，针状碳纤维的加入可以减小塑料的收缩率。阻燃聚苯硫醚/尼龙合金性能见表 12-22。

表 12-22 阻燃聚苯硫醚/尼龙合金性能

性能指标	数值	性能指标	数值
拉伸强度/MPa	132	UL-94	V-0
缺口冲击强度/(kJ/m²)	6.3	热导率/[W/(m·K)]	4.2
弯曲强度/MPa	232	收缩率流向/%	0.3
弯曲模量/MPa	11221	收缩率横向流向/%	0.4
熔融指数/(g/10min)	12		

12.3.4 高灼热丝阻燃性能聚苯硫醚

(1) 配方（质量份）

聚苯硫醚	100	磷酸锑	16
溴化聚苯乙烯	16	灼热丝协效剂	5.8
聚氰胺氰尿酸盐	7.2	短切玻璃纤维	80

(2) 加工工艺 按配方称取物料，投入高速搅拌机内混合均匀后得到混合料；高速搅拌机的转速为 650r/min，混合时间为 4min。将混合料经失重计量由主喂料喂入双螺杆造粒机，将称取的短切玻璃纤维经失重计量由侧喂料喂入双螺杆造粒机。在双螺杆造粒机中挤出造粒，挤出温度为 285～300℃。

(3) 参考性能 高灼热丝阻燃性能聚苯硫醚性能见表 12-23。

表 12-23 高灼热丝阻燃性能聚苯硫醚性能

性能指标	数值	性能指标	数值
拉伸强度/MPa	118	弯曲强度/MPa	157
熔融指数/(g/10min)	25	弯曲模量/MPa	7450
断裂伸长率/%	1.6	灼热丝起燃温度/℃	855
缺口冲击强度/(kJ/m²)	6.5		

12.3.5 耐磨阻燃的碳纤增强聚苯硫醚

(1) 配方（质量份）

PPS	45	碳纤维	30

| 玻璃微珠 | 30 | 抗氧剂 | 0.5 |
| LDPE | 5 | | |

注：PPS 的 MI（316℃/5kg）为 300g/10min；碳纤维是东丽的 T700；玻璃微珠的粒径为 2μm；LDPE 的重均分子量为 3000；抗氧剂为 CIBA 公司生产的抗氧剂 1010、抗氧剂 168。

（2）加工工艺　将 PPS 和抗氧剂混合后从挤出机主喂料口喂入，碳纤维和玻璃微珠分别从侧喂料口喂入，在 280～310℃下熔融挤出，螺杆挤出机转速为 500r/min，压力为 2MPa，经过熔融挤出，造粒即得到产品。

（3）参考性能　耐磨阻燃的碳纤增强聚苯硫醚性能见表 12-24。

表 12-24　耐磨阻燃的碳纤增强聚苯硫醚性能

性能指标	数值	性能指标	数值
无缺口冲击强度/(J/m)	90	UL-94	V-0
弯曲模量/MPa	22000	表面状态	★★

注：材料表面耐磨性质测试条件是将材料注塑成高光面，于 50N 负荷条件下用无纺布摩擦 5000 次，观察表面状态。"★"越多表示划痕越严重。

12.4　聚苯硫醚抗静电、导电改性

12.4.1　抗静电增强聚苯硫醚

（1）配方（质量份）

聚苯硫醚	455	丙烯酸酯接枝苯乙烯-丁二烯-苯乙	
氯化锂	10	烯共聚物	50
聚氧化乙烯	80	硼酸酯偶联剂	10
玻璃纤维	290	抗氧剂 B215	2
高岭土	100	加工助剂	4

（2）加工工艺　将配方中各物料经高速混合机分散混合后，通过双螺杆挤出机挤出切粒。

（3）参考性能　抗静电增强聚苯硫醚性能见表 12-25。

表 12-25　抗静电增强聚苯硫醚性能

性能指标	数值	性能指标	数值
拉伸强度/MPa	148.2	UL-94	V-0
Izod 缺口冲击强度/(kJ/m²)	9.5	热变形温度/℃	262
弯曲强度/MPa	215.7	密度/(g/cm³)	1.83
弯曲模量/GPa	11.9	体积电阻率/Ω·cm	0.11×10^9
熔融指数/(g/10min)	12		

12.4.2　高强度抗静电聚苯硫醚

（1）配方（质量份）

聚苯硫醚	100	棉纤维	2.5
聚甲醛	12	玄武岩纤维	2
聚苯胺	5	抗氧剂 1010	1
硫酸亚锡	3	硅酮粉	6
十六烷基三甲基氯化铵	3	偶联剂 γ-氨丙基三乙氧基硅烷	3
聚硅氧烷	4.5	苯甲酸钠	0.5

（2）加工工艺　按配方配比称重，将物料加入高速配料搅拌机中混合均匀，挤出造粒，得到导热绝缘聚苯硫醚复合材料。

（3）参考性能　高强度抗静电聚苯硫醚性能见表12-26。

表 12-26　高强度抗静电聚苯硫醚性能

性能指标	数值	性能指标	数值
拉伸强度/MPa	172	弯曲模量/MPa	13400
弯曲强度/MPa	241	体积电阻率/Ω·cm	3.9×10^8

12.4.3　高强度导热抗静电聚苯硫醚

（1）配方（质量份）

碳纳米管母粒	20	硬脂酸钙	0.5
聚苯硫醚	5	碳纤维	29.5
导电陶瓷纤维	5		

（2）加工工艺

① 碳纳米管母粒的制备　将质量分数为80％的聚苯硫醚和质量分数为20％的酸洗后的碳纳米管原料投入球磨机中研磨混合获得混合料，将混合料投入双螺杆挤出机中挤出造粒获得碳纳米管母粒。

② 高强度导热抗静电聚苯硫醚　将制备的碳纳米管母粒、聚苯硫醚、导电陶瓷纤维、硬脂酸钙投入回转速度为60r/min的回转式混合机混合5min；将混合物从双螺杆挤出机的主下料口投入，将碳纤维经振动式送料器从挤出机侧喂料口投入，在双螺杆挤出机内熔融混合挤出造粒。双螺杆挤出机吐出量设置为200kg/h，转速设置为300r/min，机筒各段温度设置为310℃，机头温度设置为330℃，真空段抽出压力为-0.1MPa。

（3）参考性能　高强度导热抗静电聚苯硫醚性能见表12-27。

表 12-27　高强度导热抗静电聚苯硫醚性能

性能指标	数值	性能指标	数值
拉伸强度/MPa	260	熔融指数/(g/10min)	12
弯曲强度/MPa	290	热导率/[W/(m·K)]	5.7
弯曲模量/GPa	22	体积电阻率/Ω·cm	90

12.4.4　导电聚苯硫醚树脂

（1）配方（质量份）

聚苯硫醚	60	炭黑	0.5
硅酸盐玻璃纤维	25	碳纤维	14.5
碳酸钙	10		

（2）加工工艺　按配方混合物料，用注塑机注塑成型，喷嘴温度为330℃，模具温度为150℃，模具填满后冷却定型，得到聚苯硫醚树脂电池盖板。料筒四段温度设定如下：第一段300℃；第二段320℃；第三段330℃；第四段330℃。注塑压力为150MPa，注塑速度为150mm/s。

（3）参考性能　可用于新能源汽车电池盖板，导电聚苯硫醚主要作为正极的导电片。导电聚苯硫醚树脂性能见表12-28。

表 12-28　导电聚苯硫醚树脂性能

性能指标	数值	性能指标	数值
拉伸强度/MPa	230	熔融指数/(g/10min)	12
断裂伸长率/%	1	UL-94	V-0
缺口冲击强度/(kJ/m^2)	6	热变形温度/℃	>260
弯曲强度/MPa	320	电阻/Ω	605
弯曲模量/GPa	24	表面电阻率/Ω	$10^3 \sim 10^4$
密度/(kg/m^3)	2100		

12.4.5　导电增强型聚苯硫醚/聚酰胺

（1）配方（质量份）

① 导电 PA66 母粒

PA66(ERP24)	70	抗氧剂 1010(Chinox 1010)	0.2
导电炭黑(卡博特 XC-72)	30	润滑剂 EBS(P130)	0.3

② 导电增强型 PPS/PA66

导电 PA66 母粒	35	抗氧剂 1010	0.3
PPS 1190C	50	润滑剂 EBS(P130)	0.2
玻璃纤维 988A	15		

（2）加工工艺

① 导电 PA66 母粒的制备　将 ERP24 树脂、导电炭黑、抗氧剂和润滑剂一起加入高速混合机中混合均匀后，经双螺杆挤出机熔融、挤出，最后切粒干燥即得到导电 PA66 母粒。其中，加工温度一区为 190℃、二区为 255℃、三区为 260℃、四区为 260℃、五区为 265℃、六区为 265℃、七区为 260℃、八区为 260℃、九区为 265℃。转速为 280r/min。

② 导电增强型 PPS/PA66 复合材料的制备　按配方称量物料，经高速混合机分散混合后，通过双螺杆挤出机熔融、挤出、冷却、干燥得导电增强型 PPS/PA66 复合材料。其中，加工温度一区为 200℃、二区为 265℃、三区为 275℃、四区为 280℃、五区为 280℃、六区为 270℃、七区为 270℃、八区为 270℃、九区为 285℃。转速为 280r/min。

（3）参考性能　导电增强型聚苯硫醚/聚酰胺性能见表 12-29。

表 12-29　导电增强型聚苯硫醚/聚酰胺性能

性能指标	数值
Charpy 缺口冲击强度/(kJ/m^2)	8.1
表面电阻率/Ω	10^3

12.4.6　聚苯硫醚/聚醚醚酮导电复合材料

（1）加工工艺

① PPS/PEEK 共混物的制备　将 PPS 与 PEEK 以 50∶50 的质量比混合均匀后，在 360℃下熔融挤出、切粒，得到 PPS/PEEK 共混物。

② PPS/碳材料母料的制备　将 CNT 和 GNP 加入无水乙醇中超声分散 1h，得到 CNT 悬浊液；将 PPS 粉体与经超声分散的碳材料悬浊液进行机械搅拌 2h，于 100℃真空干燥 24h，290℃下熔融共混制备 PPS/碳材料母料，这里 PPS、CNT 和 GNP 以 95∶5∶5 的质量比添加。

③ PPS/PEEK 导电复合材料的制备　将 PPS/PEEK 共混物和 PPS/碳材料母料以 85∶15 的质量比在 310℃下熔融共混。PPS、PEEK、CNT 和 GNP 的粒径分别为：100 目、100 目、20nm、30nm。

（2）参考性能　聚苯硫醚/聚醚醚酮导电复合材料的性能见表 12-30。

表 12-30　聚苯硫醚/聚醚醚酮导电复合材料的性能

性能指标	数值	性能指标	数值
拉伸强度/MPa	92.1	弯曲强度/MPa	115
缺口冲击强度/(J/m)	81.4	体积电阻率/Ω·cm	$2.1×10^1$

12.5　聚苯硫醚导热改性

12.5.1　变压器用导热条

（1）配方（质量份）

聚苯硫醚	30	相容剂	15
聚甲醛	20	抗氧剂 1010	0.3
碳纳米管	10	光稳剂	0.6
碳纤维	15	三聚氰胺	4

注：聚苯硫醚选择 PPS-HXMR62，其结晶度控制在5%，密度控制在 $1.3g/cm^3$。聚甲醛选择 POM-100P，其密度控制在 $1.42g/cm^3$。碳纳米管的外径控制在 8～30nm，长度控制在 20～40μm。碳纤维的长度控制在 5～8mm，直径 8～10μm。相容剂选择乙烯-丙烯酸甲酯-甲基丙烯酸缩水甘油酯三元共聚物（E-MA-GMA）。光稳定剂选择受阻胺类。

（2）参考性能　变压器用导热条要求其具备导热效果且绝缘，同时还要能够在250℃下不产生形变。变压器用导热条性能见表 12-31。

表 12-31　变压器用导热条性能

性能指标	数值
热导率/[W/(m·K)]	1.109
绝缘效果(体积电阻率的对数)	14.913

12.5.2　导热绝缘聚苯硫醚

（1）配方（质量份）

聚苯硫醚	90	硬脂酸锌	3
碳化硅	4	光稳定剂 UV-6408	0.8
石炭酸	3	抗氧剂 1010	1
氮化硼	1	偶联剂 γ-氨丙基三乙氧基硅烷	1.5
亚乙基双硬脂酰胺	2.5	增韧剂乙烯-辛烯共聚物接枝马来酸酐	1.5
聚乙烯蜡	4	成核剂滑石粉	0.5

（2）加工工艺　按配方配比称重，加入高速配料搅拌机中混合均匀，挤出造粒，得到导热绝缘聚苯硫醚复合材料。

（3）参考性能　导热绝缘聚苯硫醚性能见表 12-32。

表 12-32　导热绝缘聚苯硫醚性能

性能指标	数值	性能指标	数值
拉伸强度/MPa	151	热导率/[W/(m·K)]	1.52
弯曲强度/MPa	197	体积电阻率/Ω·cm	$2.8×10^{16}$

12.5.3　高导热低介电聚苯硫醚

（1）配方（质量份）

聚苯硫醚	100	氮化硼(氮化硼纤维)	45

KH-560	2	相容剂(SEBS-*g*-GMA)	10
聚硅氧烷粉	3	玻璃纤维	25
抗氧剂(1010/S9228＝1/2)	0.8		

（2）加工工艺　将氮化硼和偶联剂（KH-560）加入高速混合机中，以 200r/min 的转速在 30℃的温度下混合 3min；再加入分散剂（聚硅氧烷粉），以 600r/min 的转速在 70℃的温度下混合 5min。将 PPS 树脂、相容剂（SEBS-*g*-GMA）和抗氧剂以 100r/min 的转速在 30℃的温度下混合 1min，从螺杆挤出机的主喂料口加入，将氮化硼混合物从螺杆挤出机的侧喂料口加入，将 25 份玻璃纤维从螺杆挤出机的玻璃纤维加入口加入，经螺杆挤出机挤出造粒，得到呈粒料形态的改性聚苯硫醚复合材料。螺杆挤出机的各区温度为：主喂料口和侧喂料口 290℃、第一区 295℃、第二区 295℃、第三区 300℃、第四区 310℃，螺杆挤出机的模头温度为 305℃。主机转速为 50r/min。

（3）参考性能　高导热低介电聚苯硫醚性能见表 12-33。

表 12-33　高导热低介电聚苯硫醚性能

性能指标	数值	性能指标	数值
拉伸强度/MPa	81	无缺口冲击强度/(kJ/m^2)	47
弯曲强度/MPa	241	热导率/$[W/(m \cdot K)]$	4.2
弯曲模量/MPa	7681	介电损耗因子	0.0026
缺口冲击强度/(kJ/m^2)	8.6		

12.5.4　高垂直热导率聚苯硫醚

（1）配方（质量份）

| 聚苯硫醚 | 50 | 球状石墨 | 5 |
| 片状石墨 | 45 | 聚硅氧烷粉 | 1 |

（2）加工工艺　将聚苯硫醚及片状石墨、球状石墨在 80℃下真空干燥 24h，然后将聚苯硫醚、片状石墨、球状石墨及聚硅氧烷粉加入密炼机于 300℃下进行熔融混炼。预混时，密炼机的转子速度为 20r/min，熔融混炼 2min，然后将转子速度提升至 50r/min，熔融混炼 5min，获得共混物。共混物进行熔融压片，压力为 25MPa，温度为 300℃，保压 3min；之后保持压力 25MPa，常温，保压 2min，制备成 500μm 厚度的薄片。

（3）参考性能　高垂直热导率聚苯硫醚性能见表 12-34。

表 12-34　高垂直热导率聚苯硫醚性能

性能指标	数值
垂直热导率/$[W/(m \cdot K)]$	5.08

12.5.5　导热耐磨高强度聚苯硫醚

（1）配方（质量份）

PPS1350C	40	乙烯-马来酸酐-甲基丙烯酸缩水甘油酯三元共	3
碳纤维 HT C605	40	聚物	
石墨烯 KNG-C162	10	抗氧剂 1098	0.1
MoS₂	6	抗氧剂亚磷酸酯 S-9928	0.1
KT-20	3	聚硅氧烷粉 TEGOMER E525	0.4
硅烷偶联剂 KBM-903	0.4		

（2）加工工艺　按配方称取原料。将偶联剂、石墨烯、二硫化钼在 80℃混合 4min，再加入 PPS、相容剂、抗氧剂和润滑剂于 60℃混合 5min，然后加入挤出机主喂料斗，在侧喂

料斗加入碳纤维，通过双螺杆挤出机挤出。双螺杆挤出机的转速为 400r/min，温度为 260～300℃。

（3）参考性能　导热耐磨高强度聚苯硫醚性能见表 12-35。

表 12-35　导热耐磨高强度聚苯硫醚性能

性能指标	数值	性能指标	数值
弯曲强度/MPa	270	磨耗量/mg	35
热导率/[W/(m·K)]	1.54		

12.5.6　电机外壳用的高导热聚苯硫醚/丙烯腈-苯乙烯-共聚物合金

（1）配方（质量份）

聚苯硫醚	15	KH-560	3
聚丙烯腈-苯乙烯共聚物	45	聚乙烯蜡	0.5
改性氧化铝	25	抗氧化剂 1010	1.5
ABS 高胶粉	9	BEO 与 Sb_2O_3（1:1）	1

（2）加工工艺　将聚丙烯腈-苯乙烯共聚物、聚苯硫醚在 120℃的真空环境下烘干 6h；将原材料加入高速混合机中与助剂进行预混合；在双螺杆挤出机中进行 200℃塑化、挤出并造粒。将粒料导入注塑机，注塑机熔融温度为 200℃，注塑压力为 10kg，电机外壳模具成型，模具温度为 100℃，得到产品。

12.6　其他聚苯硫醚改性

12.6.1　抗腐聚苯硫醚

（1）配方（质量份）

聚苯硫醚	100	羟丙基纤维素	5
纳米二氧化硅	5	环氧树脂	3
甲壳素纤维	8	抗氧剂 1010	3
硅烷偶联剂 γ-氨丙基三乙氧基硅烷	5	聚硅氧烷粉	4
聚四氟乙烯	20	增韧剂三元异丙橡胶接枝马来酸酐	3
叶蜡石粉	10	马来酸酐接枝线型低密度聚乙烯	8

（2）加工工艺　将物料按配方比例加入高速配料搅拌机中，混合均匀，挤出造粒，得到抗腐聚苯硫醚。

（3）参考性能　对抗腐聚苯硫醚在硫酸（50%）中浸泡 24h 和硫酸（90%）中浸泡 24h 的拉伸性能和弯曲性能进行检测，以此判断材料的抗腐性，见表 12-36。

表 12-36　抗腐聚苯硫醚性能

性能指标	数值	性能指标	数值
拉伸强度/MPa(未浸泡)	157	弯曲强度/MPa(50%硫酸)	203
弯曲强度/MPa(未浸泡)	204	拉伸强度/MPa(90%硫酸)	151
拉伸强度/MPa(50%硫酸)	155	弯曲强度/MPa(90%硫酸)	200

12.6.2　防开裂聚苯硫醚

（1）配方（质量份）

聚苯硫醚树脂	58.3	无碱纤维	35

无规乙烯-丙烯酸酯-马来酸酐三元共聚物	5	β-(3,5-二叔丁基-4-羟基苯)丙酸十八	
硅烷偶联剂	0.6	碳醇酯	0.7
聚硅氧烷粉	0.4		

（2）加工工艺　将苯硫醚树脂、增韧剂、偶联剂先加入配料搅拌机中，低速搅拌 1min，再将润滑剂、抗氧剂加入配料搅拌机中，高速混合 1～2min；将混合后的预混料置于双螺杆中经熔融挤出造粒。其挤出工艺参数双螺杆机温度区：一段温度 275℃、二段温度 285℃、三段温度 285℃、四段温度 290℃、五段温度 295℃，机头温度为 300℃。主机频率为 35Hz；喂料频率为 11Hz。从侧喂料口加入玻璃纤维，含量控制在 35%，切粒机转速为 400r/min。将挤出的物料冷却，送入切粒机中切粒，将切好的粒子打包，即制得防开裂聚苯硫醚复合材料。

（3）参考性能　防开裂聚苯硫醚复合材料性能见表 12-37。

表 12-37　防开裂聚苯硫醚复合材料性能

性能指标	数值	性能指标	数值
拉伸强度/MPa	155	缺口冲击强度/(kJ/m²)	13.5
弯曲强度/MPa	215	制件开裂率/%	<4
弯曲模量/MPa	7681		

12.6.3　低介电常数的聚苯硫醚

（1）配方（质量份）

PPS 树脂	80	抗氧剂	0.3
玻璃纤维	35	热稳定剂	1
笼形倍半硅氧烷	2.5	润滑剂	1
增韧剂	3		

注：笼形倍半硅氧烷的结构通式为 $(RSiO_{3/2})_n$。其中，R 为反应性的基团或惰性基团，n 为 8。

（2）加工工艺　按照配比，将 PPS 树脂、笼形倍半硅氧烷、增韧剂、抗氧剂、热稳定剂、润滑剂进行混合，得到混合物；向混合物中加入玻璃纤维，投入挤出机中，进行熔融挤出造粒，搅拌均匀，制得聚苯硫醚树脂组合物。挤出机的加热温度设置如下：一区 160～200℃、二区 220～250℃、三区 230～270℃、四区 250～290℃、五区 270～310℃、六区 280～320℃，机头温度为 260～280℃。

（3）参考性能　低介电常数的聚苯硫醚性能见表 12-38。

表 12-38　低介电常数的聚苯硫醚性能

性能指标	数值	性能指标	数值
拉伸强度/MPa	116	拉拔力/(kgf/cm²)	240
缺口冲击强度/(kJ/m²)	15.5	UL-94(1.5mm)	V-0
弯曲模量/MPa	8379	介电常数(1GHz)	3.0

注：1kgf/cm² = 98.0665kPa。

12.6.4　透波自润滑性聚苯硫醚

（1）配方（质量份）

聚苯硫醚	43	增韧剂	15
自润滑改善助剂	12	抗氧剂 1010	0.1
玻璃纤维	30	抗氧剂 168	0.1

注：自润滑改善助剂是黏均分子量为 $1.0×10^6～5.0×10^6$ 的聚乙烯。玻璃纤维为长玻璃纤维，其直

径为 12μm。增韧剂为乙烯、马来酸酐和甲基丙烯酸缩水甘油酯的三元共聚物（EMG）。

（2）加工工艺 将配方物料在高速混合机（转速为 800r/min）内均匀混合，温度为 40℃，时间为 5min，加入单螺杆挤出机中，控制进料段的温度为 270℃，塑化段的温度为 280℃，出料段的温度为 270℃。经单螺杆挤出机拉条切粒，得到透波自润滑性聚苯硫醚材料。

（3）参考性能 透波材料主要用于航空、航天以及军事装备等领域，具体应用于导弹、飞行器天线罩、天线窗以及雷达天线罩等几类产品，性能测试结果见表 12-39。动摩擦系数根据 ISO 8295 标准来测定，测试方法为：样品与样品对摩擦。

表 12-39　导电聚苯硫醚树脂性能

性能指标	数值	性能指标	数值
拉伸强度/MPa	136	密度/(g/cm³)	1.57
断裂伸长率/%	1	熔融指数/(g/10min)	12
简支梁缺口冲击强度/(kJ/m²)	8.6	热变形温度/℃	231
Izod 缺口冲击强度/(kJ/m²)	8.5	介电常数(1.1GHz)	3.5
弯曲强度/MPa	241	介电损耗(1.1GHz)	0.031
弯曲模量/MPa	8265	动摩擦系数	0.20

12.6.5　低气味聚苯硫醚复合材料

（1）配方（质量份）

聚苯硫醚	38	增韧剂马来酸酐接枝乙烯-辛烯共聚物	10
短切玻璃纤维	40	润滑剂	1
氢氧化铝	10	抗氧剂	1

（2）加工工艺 将聚苯硫醚树脂在 130℃下干燥 3h；称取干燥的物料在高速混合机中搅拌 3~5min；经双螺杆挤出机熔融挤出，造粒；加工温度为 300~330℃，主机转速是 20Hz。采用 ASTM 标准注塑，测试试样，使用塑料注塑机在 300~330℃下注塑成型。样条尺寸（长度×宽度×厚度）分别为：拉伸样条（哑铃型），170mm×13mm×3.2mm；弯曲样条，127mm×13mm×3.2mm；无缺口冲击样条，127mm×13mm×3.2mm；缺口冲击样条，127mm×13mm×3.2mm，V 形缺口，缺口深度为 1/5。

（3）参考性能 低气味聚苯硫醚复合材料性能见表 12-40。气味测试：按 VDA 270 测试，温度为 80℃，测试周期为 2h。拉伸强度：按 ASTM D638 测试，拉伸速度为 5mm/min。弯曲强度和弯曲模量：按 ASTM D790 测试，弯曲速度为 1.25mm/min。简支梁缺口冲击强度：按 ASTM D6110 测试。低气味聚苯硫醚复合材料在加工过程中几乎无气味，工作环境条件好。

表 12-40　低气味聚苯硫醚复合材料性能

性能指标	数值	性能指标	数值
拉伸强度/MPa	160	弯曲模量/MPa	11000
简支梁缺口冲击强度/(kJ/m²)	21	灰分/%	40
弯曲强度/MPa	210	气味/级	3

12.6.6　低介电常数的 NMT 技术用聚苯硫醚

（1）配方（质量份）

PPS 树脂	80	酸酐改性苯乙烯类热塑性弹性体	3
玻璃纤维	35	抗氧剂 1010	1.5
空心玻璃微珠	2.5	抗氧剂 245	1.5

| 氧化锌 | 0.5 | 润滑剂 | 1 |
| UV531 | 0.5 | | |

（2）加工工艺　按配方进行混合，得到混合物；向混合物中加入玻璃纤维，投入挤出机中，进行熔融挤出造粒，搅拌均匀，制得聚苯硫醚树脂组合物。挤出机的加热温度设置如下：一区 160～200℃、二区 220～250℃、三区 230～270℃、四区 250～290℃、五区 270～310℃、六区 280～320℃。机头温度为 260～280℃。

（3）参考性能　聚苯硫醚（PPS）是最常用的纳米注塑专用料之一，但是存在介电常数高（3.6 以上，1GHz）的缺点，无法满足 5G 通信长波长、频率和大容量的要求。低介电常数的 NMT 技术用聚苯硫醚性能见表 12-41。

表 12-41　低介电常数的 NMT 技术用聚苯硫醚性能

性能指标	数值	性能指标	数值
拉伸强度/MPa	128	拉拔力/MPa	22.1
缺口冲击强度/(kJ/m^2)	14.1	介电常数/5GHz	3.02
弯曲模量/MPa	8253		

12.6.7　聚乳酸/聚苯硫醚复合 3D 打印材料

（1）配方（质量份）

① 增韧剂配方

| 碳酸钙 | 12 | 水 | 适量 |
| 钛酸酯偶联剂 | 4 | | |

② 聚乳酸/聚苯硫醚复合 3D 打印材料

| 聚苯硫醚 | 25 | 纳米级碳素钙晶须增韧剂 | 4 |
| 聚乳酸 | 40 | 分散剂十二烷基硫酸钠 | 14 |

（2）加工工艺

① 增韧剂的制备　按配方将碳酸钙、钛酸酯偶联剂和适量的水加入反应釜中，在（70±10）℃的温度下、100～400r/min 的搅拌速率下，用超声波处理反应 2.5～3.5h 出料，经烘干、碾碎得到纳米级碳素钙晶须增韧剂。

② 聚乳酸/聚苯硫醚复合 3D 打印材料的制备　将聚乳酸、聚苯硫醚、增韧剂、分散剂加入冷冻研磨机中，在 300～400r/min 的速度下在低温下（-20～-5℃）进行研磨、分散、混合处理 2～3h 出料；混合物用双螺杆挤出机混合挤出造粒（双螺杆挤出机螺杆直径为 80mm，长径比为 50：1）。挤出机温度设定为：180～190℃，190～200℃，200～210℃，210～220℃，220～225℃。模头温度为 220～225℃。

（3）参考性能　聚乳酸/聚苯硫醚复合 3D 打印材料性能见表 12-42。

表 12-42　聚乳酸/聚苯硫醚复合 3D 打印材料性能

性能指标	数值	性能指标	数值
拉伸强度/MPa	40.3	密度/(g/cm^3)	1.5
简支梁缺口冲击强度/(kJ/m^2)	21.4	氧化诱导时间/min	46.1
弯曲强度/MPa	80.4	熔融温度/℃	136.2
材料收缩率/%	0.83	熔化潜热/(kJ/kg)	153.8
热导率/[W/(m·K)]	20.4		

参 考 文 献

[1] 杨明山，李林楷. 现代工程塑料改性——理论与实践 [M]. 北京：中国轻工业出版社，2009.

[2] 杨明山，郭正虹. 高分子材料改性 [M]. 北京：化学工业出版社，2013.

[3] 张金娜. 聚酰胺6的增强及阻燃改性研究 [D]. 天津：天津大学，2015.

[4] 刘曙阳，李兰军，杜宁宁. 长玻纤增强尼龙复合材料的研究 [J]. 江苏科技信息，2017 (30)：37-40.

[5] 杨艳蓬，朱志勇，宋克东，等. 增强增韧尼龙6挤出工艺及纤维分散研究 [J]. 工程塑料应用，2016 (11)：62-66.

[6] 王道龙，姚峰，宋克东，等. 耐高寒玻纤增强尼龙的制备及性能研究 [J]. 塑料工业，2017 (1)：135-138.

[7] 郭强，杨克俭，刘京力. 高流动性尼龙6的增强增韧改性 [J]. 塑料工业，2014 (7)：43-46.

[8] 沈国春，张玉蓉，等. 玻璃纤维增强MC尼龙力学性能的研究 [J]. 云南化工，2016 (3)：15-18.

[9] 王嘉，李迎春，等. 钛酸钾晶须增强MC尼龙力学性能研究 [J]. 工程塑料应用，2015 (6)：6-10.

[10] 邹翠，李超，等. 相容剂对聚酰胺6/凹凸棒/玻璃纤维复合材料性能的影响 [J]. 塑料科技，2018 (11)：59-62.

[11] 杜婷婷，张玲，等. 玻璃纤维静电吸附粘土和成核剂增强聚酰胺66复合材料 [J]. 材料科学与工程学报，2016 (2)：173-180.

[12] 姜勇，胡朝晖，等. 玻纤增强聚酰胺6/蒙脱土复合材料的制备及其力学性能研究 [J]. 材料研究与应用，2012 (7)：43-45.

[13] 王大中. 玻纤增强尼龙体系体积拉伸流变共混制备及其结构性能研究 [D]. 广州：华南理工大学，2018.

[14] 梁惠霞，李英，等. 酚醛改性对玻纤增强聚酰胺66复合材料耐湿性的影响 [J]. 塑料科技，2016 (44)：49-52.

[15] 陈俊，胡建华，等. 滑石粉-玻纤协同增强尼龙复合材料 [J]. 塑料科技，2018 (9)：33-35.

[16] 张婕，万同. 纳米氮化硼协同玻璃纤维复合增强尼龙 [J]. 塑料，2015 (4)：80-82.

[17] 严世成. 炭纤维增强尼龙复合材料性能及产品应用研究 [J]. 炭素技术，2016 (35)：20-23.

[18] 徐铭韩，宫岐山，等. EPM-g-MAH及玻璃纤维对聚酰胺6的增韧增强研究 [J]. 塑料科技，2011 (7)：45-48.

[19] 郭婷，丁筠，等. MBS/纳米BaSO$_4$协同增强聚酰胺6复合材料的研究 [J]. 塑料，2009 (12)：31-34.

[20] 吴长城. EPT接枝物的制备及其对尼龙6的增韧改性 [D]. 黑龙江：齐齐哈尔大学，2013.

[21] 李国昌. 增韧耐磨尼龙弹带材料的研制 [N]. 工程塑料应用，2015 (9)：40-43.

[22] 吴长城. EPT接枝物的制备及其对尼龙6的增韧改性 [D]. 黑龙江：齐齐哈尔大学，2013.

[23] 陈浩，周松，等. EVA对竹纤维/尼龙6复合材料性能的影响 [J]. 塑料工业，2016 (44)：108-112，136.

[24] 郭唐华，冯德才，等. 增韧剂微观尺寸对增强尼龙66性能的影响 [J]. 塑料工业，2017 (45)：40-43.

[25] 王小斌. 尼龙6的增韧增透改性及性能研究 [D]. 广州：华南理工大学，2016.

[26] 马静. 聚丙烯酸酯核壳粒子制备及其增韧尼龙6 [D]. 河北：河北工业大学，2015.

[27] 罗观晃. 勃姆石-尼龙66复合材料及勃姆石协同阻燃机理研究 [D]. 广州：华南理工大学，2015.

[28] 马悦. 次磷酸铝协效体系阻燃聚酰胺6的研究 [D]. 黑龙江：东北林业大学，2016.

[29] 金雪峰，胡泽宇，等. 不同MCA用量对MCA阻燃尼龙66的影响 [J]. 广州化工，2019 (47)：58-60.

[30] 王成，张勇. 核-壳结构硅橡胶增韧增强无卤阻燃聚酰胺66/玻璃纤维复合材料的改性研究 [J]. 中国塑料，2013 (3)：25-30.

[31] 刘玉坤，赵坤，等. 尼龙610/蛭石纳米复合材料的阻隔阻燃性能 [J]. 工程塑料应用，2016 (44)：19-22.

[32] 薄雪峰，鲁长波，等. 无卤阻燃尼龙6阻隔防爆材料的制备及研究 [J]. 消防科学与技术，2017 (36)：387-390.

[33] 袁军，刘明，等. 碳酸钙和乙烯/辛烯共聚物对废旧聚丙烯塑料的改性 [N]. 武汉工程大学学报，2015.

[34] 刘侨，苗晓鹏，等. LED用导热尼龙6复合材料的制备与性能研究 [J]. 广州化工，2015 (42)：91-92.

[35] 黄安民，甘典松，等. 导热绝缘尼龙复合材料的制备与性能研究 [J]. 电力机车与城轨车辆，2015 (38)：107-110.

[36] 史青，彭勃，等. 膨胀石墨-碳纤维/尼龙三元导热复合材料制备 [J]. 复合材料学报，2019 (36)：555-562.

[37] 徐星驰，张伟，等. 插线板用高抗冲阻燃耐热PET/PC合金的制备 [J]. 工程塑料应用，2019 (6)：20-25.

[38] 孙德亮，林国明，等. 氧化铝/聚砜复合材料的力学性能 [J]. 航空制造技术，2013 (23/24)：86-88.

[39] 沙慧，蔺笔雄，等. 聚苯醚/聚丙烯共混合金的研究 [J]. 现代塑料加工应用，2018 (30)：17-20.

[40] 吴倩，李文斐. 聚苯醚/改性超高分子量聚乙烯共混物的制备及性能 [J]. 高分子材料科学与工程. 2017 (3)：78-83.

[41] 王翔，王启，等. 聚苯醚/聚对苯二甲酸丁二醇酯合金的增容改性研究 [J]. 塑料工业，2017 (45)：27-30，50.

[42] 刘裕红. 高性能无卤阻燃PPO/HIPS合金的改性研究 [J]. 塑料科技，2015 (43)：48-51.

[43] 张玉龙. 实用工程塑料手册 [M]. 第2版. 北京：机械工业出版社，2019.

[44] 赵明，杨明山. 实用塑料配方设计·改性·实例 [M]. 北京：化学工业出版社，2019.